nuclei will be useful later on, but probably not until the
be collected together after the current opposition period. At the end of
April, computations by both Nakano and the undersigned were
to indicate that the presumed encounter with Jupiter (cf. *IAUC* 57
occurred during the first half of July 1992, and that there will b
close encounter with Jupiter around the end of July 1994. Com
from the May data confirm this conclusion, and the following
derived by Nakano from 104 observations extending to May 18:

$$\text{Epoch} = 1993 \text{ June } 22.0 \text{ TT}$$

$T = 1998$ Apr. 5.7514 TT	$\omega = 22.9373$	
$e = 0.065832$	$\Omega = 321.5182$	200
$q = 4.822184$ AU	$i = 1.3498$	
$a = 5.162007$ AU	$n° = 0.0840381$	$P = 11.728$ years

This particular computation indicates that the comet's minimum distance
the center of Jupiter was 0.0008 AU (i.e., within the Roche limit)
ly 8.8 UT and that Δ_J will be only 0.0003 AU (Jupiter's radius
5 AU) on 1994 July 25.4.

on *IAUC* 5726, the positions of the ends of the nuclear train
d by varying the place in orbit at the time of the 1992 en-
nsidering the subsequent differential perturbations. Using
l elements, the undersigned notes that the train as reported
rresponds to a variation of ±1.2 *seconds*. Separation can
impulse along the orbit at encounter, although the veloc-
r the variation along the orbit) depends strongly on the
At the large heliocentric distances involved any differ-
al acceleration must be very small, as Z. Sekanina, Jet
v, has also noted. Extrapolation to shortly before the
s that the train will then be ~ 20' long and oriented
s during the days before encounter the center of the
Jupiter from p.a. ~ 238°.

Brian G. Marsden

Bureau for Astronomical Telegrams
INTERNATIONAL ASTRONOMICAL UNION
Postal Address: Central Bureau for Astronomical Telegrams
Smithsonian Astrophysical Observatory, Cambridge, MA 02138,
Telephone 617-495-7244/7440/7444 (for emergency use only
TWX 710-320-6842 ASTROGRAM CAM   EASYLINK 6279
MARSDEN@CFA or GREEN@CFA (.SPAN, .BITNET or .HARVA

Circula

PERIODIC COMET SHOEMAKER-LEVY 9 (199
Almost 200 precise positions of this comet have now b
about a quarter of them during the past month, notably from
by S. Nakano and by T. Kobayashi in Japan and by E. Meyer
and H. Raab in Austria. These observations are mainly of
the nuclear train, and this point continues to be the most re
computations. Orbit solutions from positions of the brig
nuclei will be useful later on, but probably not until the current opposition period.
be collected together after the current opposition period.
April, computations by both Nakano and the undersigned
to indicate that the presumed encounter with Jupiter (cf. IA
occurred during the first half of July 199   hat there
close encounter with Jupi   uly 1994
from the M   the follo

Circular No. 5725

Central Bureau for Astronomical Telegrams
INTERNATIONAL ASTRONOMICAL UNION
Postal Address: Central Bureau for Astronomical Telegrams
Smithsonian Astrophysical Observatory, Cambridge, MA 02138, U.S.A.
Telephone 617-495-7244/7440/7444 (for emergency use only)
TWX 710-320-6842 ASTROGRAM CAM   EASYLINK 62794505
MARSDEN@CFA or GREEN@CFA (.SPAN, .BITNET or .HARVARD.EDU)

3. April 1993

COMET SHOEMAKER-LEVY (1993e)
Cometary images have been discovered by C. S. Shoemaker, E. M.
Shoemaker and D. H. Levy on films obtained with the 0.46-m Schmidt
telescope at Palomar. The appearance was most unusual in that the comet
appeared as a dense, linear bar ~ 1' long and oriented roughly east-west;
no central condensation was observable, but a fainter, wispy 'tail' extended
north of the bar and to the west. The object was confirmed two nights later.
In Spacewatch CCD scans by J. V. Scotti, who described the nuclear region
as a long, narrow train ~ 47'' in length and ~ 11'' in width, aligned along
p.a. 80°-260°. At least five discernible condensations were visible within
the train, the brightest being ~ 14'' from p.a. 260°, roughly aligned with
trails extended 4.20 in p.a. 74° and 6.89 in p.a. 260° from the midpoint of the train. Tails
the ends of the train and measured from the midpoint, the brightest component extending
extended > 1' from the nuclear train, the brightest component extending
from the brightest condensation to 1.34 in p.a. 286°. The measurements
below refer to the midpoint of the bar or train.

1993	UT	α_{2000}	δ_{2000}	m_1	Observer
Mar.	24.35503	12 26 39.27	−4 03 32.9	14	Shoemaker
	24.43072	12 26 37.21	−4 03 23.0	13.9	Scotti
	26.29531	12 25 42.24	−3 57 55.7	16.7	"
	26.30479	12 25 42.09	−3 57 53.7		"
	26.31448	12 25 41.63	−3 57 34.8		
	26.41291	12 25 38.70			

C. S. Shoemaker, E. M. Shoemaker, D. H. Levy, J. Mueller, and P. Bendjoya (Pal
Measurers D. H. Levy, J. Mueller, P. Bendjoya and E. M. Shoen
J. V. Scotti (Kitt Peak). Last observation made through cirrus.

The comet is located ~ 4° from Jupiter, and the motion sugge
it may be near Jupiter's distance.

SUPERNOVA 1993E IN KUG 0940+495
and G. C. L. Aikman report a measureme
.51 on Feb. 26.28 UT, using the 1.
Observatory)

Jupiter around
onfirm this con
m 104 observati
poch = 1993
5.7514 TT

$n° = 0.08403$
indicates that
was 0.0008 A
Δ_J will be or
25.4.

positions
lace in orb
quent dif
rsigned r
ation of
rbit at
g the
ntric
be

---

net's min
within th
003 AU (Ju

e ends of the t
t the time of t
ntial perturbati
es that the train
1.2 seconds. Sepa
ncounter, although
rbit) depends strong
distances involved an
very small, as Z. Sekan
apolation to shortly be
then be ~ 20' long and o.
fore encounter the center
~ 238°.

Brian G.

.28 years
t's minimum distance
within the Roche limit
AU (Jupiter's radiu

s of the nuclear tra
time of the 1992 e
perturbations. Usi
the train as report
nds. Separation ca
although the vel
nds strongly on
involved any di
as Z. Sekanina,
shortly before
' long and orie
the center o

$T = 1998$ Apr. 5.7514 TT		
$e = 0.065832$	$\omega = 22.9373$	
$q = 4.822184$ AU	$\Omega = 321.5182$	
$a = 5.162007$ AU	$i = 1.3498$	
	$n° = 0.0840381$	$P = 11.728$

$$\text{Epoch} = 1993 \text{ June } 22.0 \text{ TT}$$

This particular computation indicates that the comet's minimu
Δ_J from the center of Jupiter was 0.0008 AU (i.e., within the Ro
on 1992 July 8.8 UT and that Δ_J will be only 0.0003 AU (Jupiter
being 0.0005 AU) on 1994 July 25.4.

As noted in *IAUC* 5726, the positions of the ends of the nuclear
can be satisfied by varying the place in orbit at the time of the 1992
counter and considering the subsequent differential perturbations. Us
the above orbital elements, the undersigned notes that the train as repor
on *IAUC* 5730 corresponds to a variation of ±1.2 *seconds*. Separation ca
be regarded as an impulse along the orbit at encounter, although the vel
ity of separation (or the variation along the orbit) depends
actual value of Δ. At the large heliocentric distances involved any
ential nongravitational acceleration
1994 encounter

---

ory, Cambridge, MA 02138, U.S
GRAM CAM (for emergency use only)
CFA (.SPAN, .BITNET or .HARVARD.E

SHOEMAKER-LEVY 9 (1993e)
of this comet have now been repo
past month, notably from CCD in
in Japan and by E. Meyer, E. Ober
rvations are mainly of the "center'
inues to be the most relevant for on
positions of the brighter individu
obably not until the best data ca
t opposition period. At the end
with Jupiter (cf. IAUC 5726, F
92, and that there will be
end of July 1994. Con
on, and the followir
extending to Ma
22.0 TT
22°.

Astronomical Telegrams
IONAL ASTRONOMICAL UNION
esses: Central Bureau for Astronomical Telegrams
strophysical Observatory, Cambridge, MA 02138, U.S.A.
486-7244/7440/7444 (for emergency use only
-320-6842 ASTROGRAM CAM   EASYLINK 62794505
FA or GREEN@CFA (.SPAN, .BITNET or HARVARD EDU)

COMET SHOEMAKER-LEVY (1993e)
y images have been discovered by C. S. Shoemaker, E. M.
and D. H. Levy on films obtained with the 0.46-m Schmidt
t Palomar. The appearance was most unusual in that the comet
as a dense, linear bar ~ 1' long and oriented roughly east-west;
al condensation was observable, but a fainter, wispy 'tail' extended
of the bar and to the west. The object was confirmed two nights later.
acewatch CCD scans by J. V. Scotti, who described the nuclear region
long, narrow train ~ 47'' in length and ~ 11'' in width, aligned within
80°-260°. At least five discernible condensations were visible within
train, the brightest being ~ 14'' from p.a. 260°, roughly aligned with
rails extended 4.20 in p.a. 74° and 6.89 in p.a. 260° from the midpoint of the train.
the ends of the train and measured from the midpoint, the brightest component
extended > 1' from the nuclear train, the brightest component extending
from the brightest condensation to 1.34 in p.a. 286°. The measurements
below refer to the midpoint of the bar or train.

1993	UT	α_{2000}	δ_{2000}	m_1	Observer
Mar.	24.35503	12 26 39.27	−4 03 32.9	14	Shoemaker
	24.43072	12 26 37.21	−4 03 23.0	13.9	Scotti
	26.29531	12 25 42.24	−3 57 55.7	16.7	"
	26.30479	12 25 42.09	−3 57 53.7		"
	26.31448	12 25 41.63	−3 57 34.8		

C. S. Shoemaker, E. M. Shoemaker, D. H. Levy, and P. Bendjoya (Palomar).
Measurers D. H. Levy, E. M. Shoemaker.
J. V. Scotti (Kitt Peak). Last observation made through cirrus.

The comet is located ~ 4° from Jupiter, and the motion suggests that
it may be near Jupiter's distance.

SUPERNOVA 1993E IN KUG 0940+
D. D. Balam and G. C. L. Aikman report a m
20.3 ±0.1 and $B − V = +0.51$ on Feb. 26.28 UT, usin
(+ CCD) at the Dominion Astrophysical Observatory

1993 March 26

ositions of this
during the past m
Kobayashi in Japan
ustria. These observations
us. Orbit solutions from positions
ll be useful later on, but probably no
llected together after the current oppositio
ril, computations by both Nakano and the und
to indicate that the presumed encounter with Jupiter
occurred during the first half of July 1992, and of July
close encounter with Jupiter around the end of July
from the May data confirm this conclusion, and the
derived by Nakano from 104 observations extending to

$T = 1998$ Apr. 5.7514 TT		
$e = 0.065832$		
$q = 4.822184$ AU	$\omega = 22.9373$	
$a = 5.162007$ AU	$\Omega = 321.5182$	
	$i = 1.3498$	
	$n° = 0.0840381$	$P = 11.728$

$$\text{Epoch} = 1993 \text{ June } 22.0 \text{ TT}$$

This particular computation indicates that the comet's minimu
Δ_J from the center of Jupiter was 0.0008 AU (i.e., within the Roc
on 1992 July 8.8 UT and that Δ_J will be only 0.0003 AU (Jupiter
being 0.0005 AU) on 1994 July 25.4.

As noted in *IAUC* 5726, the positions of the ends of the nuclear
can be satisfied by varying the place in orbit at the time of the 199
counter and considering the subsequent differential perturbations. U
the above orbital elements, the undersigned notes that the train as repo
on *IAUC* 5730 corresponds to a variation of ±1.2 *seconds*. Separation
be regarded as an impulse along the orbit at encounter, although the ve
ity of separation (or the variation along the orbit) depends
actual value of Δ. At the large heliocentric distances involved any
ential nongravitational acceleration, has

---

28 years
t's minimum distance
within the Roche limit
AU (Jupiter's radiu

of the nuclear tra
time of the 1992 e
erturbations. Usi
the train as report
nds. Separation ca
although the vel
nds strongly on
involved an
as Z. Sekan
shortly bei
long and o.
the center

Right margin fragments:

ew images hav
H. Levy on
the appearance
~ 1' long and
object was a fainter,
, who described the nucleu
11'' in width, aligned along
e condensations were visible within
roughly aligned with
the train. Tail
component extendin
286°. The measuremen

δ_{2000}	
−4 03 32.9	14
−4 03 23.0	13.9
−3 57 55.7	16.7

Shoemaker
Scotti
Observer

Circule

Daniel Fischer
Holger Heuseler

Der Jupiter Crash

Zweite, überarbeitete
und erweiterte Auflage

Birkhäuser Verlag
Basel · Boston · Berlin

Erste Auflage 1994
Zweite, überarbeitete und erweiterte Auflage 1996

Die Deutsche Bibliothek – CIP-Einheitsaufnahme

Fischer, Daniel:
Der Jupiter-Crash / Daniel Fischer; Holger Heuseler. – 2. Aufl. –
Basel ; Boston ; Berlin : Birkhäuser, 1996
  ISBN 3-7643-5440-2
NE: Heuseler, Holger:

© 1996 Birkhäuser Verlag, Postfach 133, CH-4010 Basel, Schweiz
Umschlaggestaltung: Matlik und Schelenz, Essenheim
Gedruckt auf säurefreiem Papier, hergestellt aus chlorfrei gebleichtem Zellstoff. TCF ∞
Printed in Germany
ISBN 3-7643-5440-2

9 8 7 6 5 4 3 2 1

Inhaltsverzeichnis

Geleitwort von Richard West 9

Vorwort 11

Vorwort zur 2. Auflage 13

Der zerquetschte Komet – die Entdeckunsgeschichte 15

Die kosmische Perlenschnur – Beschaffenheit, Herkunft
    und Absturzbahn des Unglückskometen 21

Auf Kollisionskurs: Was wird geschehen? 37

Abschied von Shoemaker-Levy 9 – letzte Vorbereitungen
    auf die Stunde X 65

Zehn Tage im Juli – Protokoll einer explosiven Zeit 83

Vom Datenberg zu neuen Erkenntnissen: Was haben wir
    gelernt? 139

Die Erde im Visier – kosmische Bombardements in der
    Vergangenheit 165

Den kosmischen Bomben auf der Spur 191

Epilog von Lucy McFadden 213

*Anhang 1: Eine kurze Geschichte der Beobachtung Jupiters
    von Thomas A. Hockey* 217

Anhang 2: Die Zukunft der Kometenforschung 229

Literaturverzeichnis 235

Der dramatische Einschlag von Shoemaker-Levy 9 auf Jupiter hinterließ enorme schwarze Flecken in der Stratosphäre des Riesenplaneten. Einige waren größer als die Erde. Sie erinnern uns daran, daß Planeten – auch unsere Erde – noch immer als Zielscheibe für katastrophale Einschläge von Kometen oder Asteroiden, den Überresten aus der Geburt des Sonnensystems, dienen.

Clark R. Chapman
September 1994

Geleitwort

Der Tod, den Komet Shoemaker-Levy unlängst erleiden mußte, war aufsehenerregend. Die spektakulären Kollisionen seiner vielen Einzelteile mit dem Riesenplaneten Jupiter, ein Ereignis, das sich über zehn aufregende Julitage (bis zum Eingang der letzten Beobachtungsmeldungen am 25. Juli 1994) erstreckte, werden als eines der unglaublichsten Geschehnisse in die Annalen der Astronomie eingehen, das je von Angehörigen dieses Berufsstandes vorausgesagt und beobachtet wurde. Nie zuvor wurde ein so weit von der Erde entferntes Ereignis von den Medien und einer breiten Öffentlichkeit mit so viel Interesse verfolgt.

Nach dem letzten Einschlag haben die Astronomen sich nun an die langwierige und mühselige Arbeit gemacht, die Flut der gewonnenen Daten zu reduzieren. Auch die Zeit für einen Rückblick ist nun gekommen: Wir müssen versuchen zu verstehen, was sich tatsächlich ereignet hat, obwohl dies sicherlich leichter gesagt als getan ist. Die meisten Astronomen, die unmittelbar mit den Beobachtungen beschäftigt waren, hatten kaum Zeit für andere Dinge, und der interessierte Laie, der die hektischen, weltweiten Aktivitäten auf dem Fernsehschirm verfolgte, war kaum in der Lage, sich daraus einen klaren Überblick über das Geschehene zu verschaffen.

Großer Dank gebührt daher Daniel Fischer, Holger Heuseler und dem Birkhäuser Verlag, daß sie die schwierige Aufgabe übernommen haben, in so kurzer Zeit eine erste Zusammenfassung der Ereignisse zu erarbeiten. In der vorliegenden, umfassenden Bilanz können wir

9

die Arbeit der Astronomen von der Entdeckung dieses seltsamen Kometen im März des Jahres 1993 bis zu seinem spektakulären Tod in den Tiefen des riesigen Planeten, 16 Monate später, mitverfolgen. Wir lesen, welche Gedanken und Sorgen sie sich über die möglichen Auswirkungen des beobachteten Geschehens machten, aber auch über die freudige Erregung, nachdem die ersten Teilstücke des Kometen mit solch unerwarteter Wucht eingeschlagen waren. Darüber hinaus wird der Leser über die ersten vorsichtigen Versuche, diese äußerst komplexen Phänomene verstandesmäßig zu erfassen, informiert.

Bei denen, die unmittelbar an diesem einmaligen Abenteuer beteiligt waren, wird dieses Buch eine Vielzahl von Erinnerungen an Schwerstarbeit, aber auch an außerordentliche wissenschaftliche Erlebnisse hervorrufen. In der Hauptsache wird uns jedoch eindrucksvoll beschrieben, was die außerordentlich erfolgreiche internationale Zusammenarbeit der Astronomen während dieses Ereignisses zu leisten imstande war. Nur durch das Zusammenlegen unserer begrenzten Mittel und Möglichkeiten wurde es möglich, so viele Erkenntnisse zu gewinnen, nicht zuletzt auch über unsere eigene, fragwürdige Lage im All.

All dies hat sich in weiter Entfernung abgespielt, aber wir wissen, daß ein Kometeneinschlag der gleichen Art und Größenordnung auf der Erde unvorstellbar dramatische Auswirkungen gehabt hätte. Wir werden uns weiter mit unseren Beobachtungen beschäftigen und versuchen müssen, mehr Licht in diese für unsere Erde nicht unerhebliche Frage zu bringen.

Richard M. West
S-L9/Jupiter-Koordinator der ESO

10

Vorwort

Wann ist die Zeit gekommen, ein Buch über ein wissenschaftliches Großereignis zu schreiben? Warten Sie doch noch diese oder jene Konferenz ab, bekamen wir oft zu hören, als wir für diese weltweit erste umfassende Darstellung des Kometensturzes auf Jupiter recherchierten. Das Ereignis selbst hatte alle Welt «live» miterleben können, zumindest seine sofort sichtbaren Konsequenzen, die per Massenmedien oder Computernetz einfacher denn je auch von den entferntesten Sternwarten – selbst am Südpol oder im Erdorbit – binnen Stunden verfügbar wurden. Aber wer geglaubt hatte, die wissenschaftliche Durchdringung der Datenfülle von der größten astronomischen Beobachtungskampagne aller Zeiten werde in demselben atemberaubenden Tempo voranschreiten, mußte sich bald eines Besseren belehren lassen.

Gerade *weil* es so umfangreiche und detaillierte Messungen sowohl vom untergehenden Kometen selbst als auch von den Konsequenzen seines Zusammenstoßes mit dem Riesenplaneten gibt und weil ein solches Phänomen noch nie in der Wissenschaftsgeschichte direkt beobachtet worden war, benötigt die Aufbereitung der Daten und ihre Interpretation viel Zeit. Schon jetzt scheint klar, daß manche Kontroversen noch Jahre, wenn nicht Jahrzehnte andauern werden – ein «endgültiges» Buch wird erst das 21. Jahrhundert ermöglichen. Wir können, kein Vierteljahr nach dem Ereignis selbst, nur schildern, wie es dazu gekommen ist, wie die vielen hundert direkt beteiligten

Forscher (und Millionen von Zaungästen) die explosivste Woche in der von der Menschheit verfolgten Geschichte des Sonnensystems erlebten, und wie in den zwei Monaten danach die ersten Schritte in Richtung eines tieferen Verständnisses getan wurden. Recherchen bis kurz vor Druckbeginn verhinderten leider die Erstellung eines Index und eines Glossars; möge dies durch die Aktualität des Bild- und Textmaterials (und den durchweg chronologischen Aufbau) zu entschuldigen sein.

Dieses Buch wäre nicht möglich gewesen ohne die große Bereitschaft von Wissenschaftlern auf allen Kontinenten, ihre ersten Ergebnisse und Bilder so schnell es eben ging der ganzen Welt zugänglich zu machen – und ohne diejenigen, die für die dazu notwendige Infrastruktur sorgten: die University of Maryland mit ihrem Mail-Exploder und dem Bulletin Board für die wissenschaftlichen Blitzmeldungen, die NASA mit ihren täglichen Pressekonferenzen und die Europäische Südsternwarte mit ihrem täglichen *S-L9 News Bulletin*. Im Geiste des freien Informationsaustausches, der den Kometensturz in beispielloser Weise auszeichnete, haben wir auch auf Quellen wie Internet, über die ein Großteil der Kommunikation lief, zurückgegriffen; nicht immer war es dabei möglich oder erschien es sinnvoll, detaillierte Referenzen zu nennen. Auch namentlich nicht Genannten sei daher an dieser Stelle gedankt.

Daniel Fischer ist Susanne Hüttemeister zu besonderem Dank für tatkräftige Unterstützung bei den Recherchen in den USA und die Bereitstellung zusätzlicher EDV-Kapazität verpflichtet, ohne die die Lagerung großer Mengen von Bilddaten (und auch deren Übertragung zum Verlag) kaum möglich gewesen wäre. Ihr, Gereon Dahmen und Rainer Mauersberger sei ferner Dank für die Möglichkeit, die Einschläge von einer großen Sternwarte in Chile aus zu verfolgen. Darüber hinaus stehen wir bei den vielen in der Schuld, die persönlichen Einladungen oder Aufrufen in Computernetzen gefolgt sind, und die dieses Buch mit Bild- und Textbeiträgen bereichert haben. Daniel Fischer ist ferner jenen verbunden, die ihn am Massachussets Institute of Technology, dem Center for Astrophysics, der University of Massachussets, der University of Maryland, dem Goddard Spaceflight Center

12

der NASA und dem Space Telescope Science Institute empfingen und Schauplätze des Geschehens vom Juli aufsuchen ließen: Heidi Hammel, Brian Marsden, Mike Skrutski, Lucy McFadden, Richard M. West, Anne Raugh, Mike A'Hearn, Jim Elliot, Cheryl Gundy, Hal Weaver und manch anderem.

Holger Heuseler bedankt sich bei Kenneth Lang, Clark Chapman, David Morrison und Steve Ostro für wissenschaftliche Diskussionen und Beiträge; bei Elisabeth Völk, Cheryl Gundy und Susanne Pieth für ihre Kooperation und die Bereitstellung von Bildmaterial. Die Autoren danken, last but not least, dem Birkhäuser Verlag für seinen Mut, dieses Buch in Rekordzeit auf den Weg gebracht zu haben, insbesondere seinem Lektor Thomas Menzel und Hersteller (und Bildverarbeitungs-Genius) Justin Messmer, ferner Annette A'Campo, Grit Röscher und Dorothée Engel für ihren Einsatz bei der nicht immer einfachen Kommunikation.

Daniel Fischer, Holger Heuseler
Königswinter, Berlin
Oktober 1994

Vorwort zur 2. Auflage

Gegenüber der ersten Auflage ist insbesondere das Kapitel «Was haben wir gelernt?» auf den neuesten Stand gebracht und stark erweitert worden. Im Kapitel «Den Kosmischen Bomben auf der Spur» wurde der Status der weltweiten Asteroidenjagdprogramme aktualisiert. Daniel Fischer bedankt sich bei den Asteroidenjägern von Arizona und Frankreich für die Möglichkeit zu Besuchen und Interviews und D. Levy und J. Mitton für die Zurverfügungstellung ihrer Bücher.

Daniel Fischer
Königswinter
April 1996

13

Der zerquetschte Komet – die Entdeckungsgeschichte

Was treibt ein älteres Ehepaar nachts auf einem Berg – meilenweit entfernt von Großstadt und Lichterglanz? «Es war eine fürchterliche Zeit da oben», erinnern sie sich, «im Januar hatten wir nur eine gute Nacht, im Februar eine gute Stunde». Im Frühjahr 1993, so hofften beide, würde mehr geschehen.

Für eine Woche in jedem Monat verlassen die Shoemakers ihre Heimstatt in Flagstaff, nahe dem Grand Canyon im US Bundesstaat Arizona, und reisen zum südkalifornischen Palomar Mountain, in der Nähe von San Diego. Die Unrast hat guten Grund: Im dortigen Observatorium fahnden sie mit einem altgedienten 46-cm-Schmidt-Teleskop nach unbekannten Kometen und Asteroiden.

(Eu)gene Schoemaker (66) hat einen weiten Weg vom Geologen zum Astronomen hinter sich – lange bestimmt von dem Wunsch, der erste Wissenschaftler auf dem Mond zu werden. Zunächst wandte er sich als Mitarbeiter der U.S. Geological Survey Vulkankratern auf der Erde zu. In den 50er Jahren beschäftigte er sich mit dem besterhaltenen Meteoritenkrater, dem Barringer-Krater in Arizona, den er genauer als irgend jemand zuvor untersuchte. Weiter auf Mondkurs, befaßte er sich als nächstes mit der geologischen Kartierung des Erdtrabanten – jetzt für die Astrogeological Branch der USGS in Flagstaff –, doch anstatt auf der Liste der Kandidaten landete Shoemaker im Komitee, das die Astronauten aussuchen sollte.

Schon als er den phänomenalen Barringer-Krater unter die Lupe genommen hatte, war Gene die Frage in den Sinn gekommen: «Wie oft wird die Erde von einem großen Impakt getroffen, und was ist die Natur der Objekte da draußen, die auf der Erde einschlagen könnten?» 1959 waren nur 9 Asteroiden bekannt, deren Bahnen die der Erde kreuzten, und Gene ahnte, daß eine vollständigere Katalogisierung allein der geschätzten 2000 größeren Objekte viele Jahre dauern würde. Aber die Aufgabe erschien ihm interessanter als die Mondforschung. So begann er 1969, ein systematisches Suchprogramm zu entwerfen. Zusammen mit der jungen Geologin Eleanor Helin machte er sich 1973 auf dem Palomar Mountain an die Arbeit, zunächst nur 3 Tage jeden Monat. Anfangs vergingen oft Jahre zwischen den Entdeckungen neuer Erdkreuzer. Der Durchbruch kam erst 1980, als Shoemakers Frau Carolyn die Bühne betrat.

Eigentlich auf Geschichte spezialisiert, hatte sie ursprünglich Lehrerin werden wollen, aber sich dann doch auf die Familie konzentriert. Nachdem die zwei Töchter und der Sohn aus dem Haus waren, suchte sie nach neuen Herausforderungen – und sie merkte bald, daß ihr die Asteroidenjagd auf Fotoplatten Spaß machte. Durch das von ihr maßgeblich für die Aufgabe zugeschnittene Stereo-Mikroskop erschien der Himmel wie durch ein Fenster – nun kamen die Entdeckungen häufiger: Rund 150 neue Kleinplaneten hatte sie von 1983–1994 aufgespürt und mit 32 Kometen mehr als jeder andere lebende Astronom, ob Profi oder Amateur. Den Weltrekord, die 37 Funde des französischen Amateurs Jean-Louis Pons aus dem 19. Jahrhundert, wird sie wohl auch noch brechen.

Ende der 80er Jahre erhielten die beiden Asteroiden- und Kometenjäger auf dem Palomar Mountain abermals Verstärkung, als David Levy (45) zu ihnen stieß, auch er von Haus aus Anglist – und Amateurastronom mit Enthusiasmus ohnegleichen. Jede Minute klaren und mondlosen Himmels pflegt er seit 1965 auszunutzen, um mit einer

---

So wurde der Komet entdeckt: Oben Carolyn Shoemaker am Stereokomparator, der ihr zwei Aufnahmen desselben Himmelsfeldes als Stereobild präsentiert (stehend Gene Shoemaker und David Levy); unten Ausschnitte aus dem Bildpaar, auf dem der «zerquetschte» Komet entdeckt wurde. Am 24.3.1993 waren die Aufnahmen entstanden, am 25. hatte Carolyn sie sich angesehen. Nach der Bestätigung

DER JUPITER CRASH

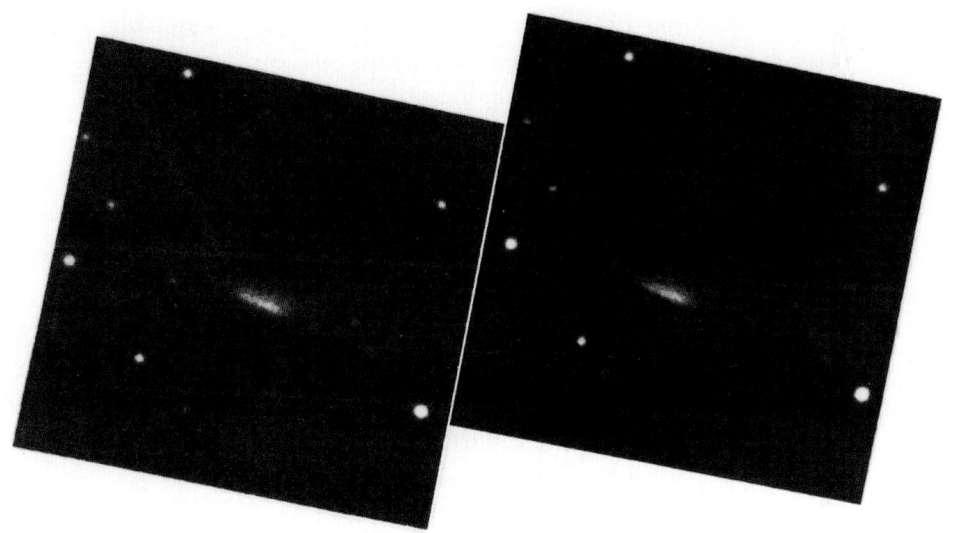

des Kometen durch Jim Scotti erhielt er die provisorische Bezeichnung 1993e, weil er die 5. Kometen-Neuentdeckung des Jahres war, und als neunter periodischer Komet des Dreiergespanns wurde er zu P/Shoemaker-Levy 9, von jedermann bald als «S-L 9» abgekürzt (Quelle: oberes Bild J. Mueller, unten: E. + C. Shoemaker, D. Levy).

17

Der zerquetschte Komet – die Entdeckungsgeschichte

ganzen Palette verschiedenster visueller Teleskope auf Kometenjagd zu gehen. Auch 19 erfolglose Jahre, in denen er 917 Stunden lang den Himmel abgesucht hatte, konnten ihn nicht zum Aufgeben bewegen. Doch seit dem ersten anerkannten Fund im Jahre 1984 ging es Schlag auf Schlag: Nur noch 100 Stunden liegen typischerweise zwischen den Entdeckungen, darunter dem beachtlichen Levy 1990c (ausgesprochen ‹Liiwi› – der gebürtige Kanadier besteht darauf).

Zu den Shoemakers war Levy erst gelangt, nachdem Carolyn beim Versuch, eine seiner Entdeckungen von 1988 zu überprüfen, versehentlich ein falsches Himmelsfeld untersuchte und dort *noch* einen Kometen fand – der sich vor über 10 000 Jahren von Levys Komet getrennt hatte. Inzwischen verbringt David einen Teil seiner Zeit mit den Shoemakers auf dem Berg und konnte so seine Erfolgsbilanz auf 21 Kometen steigern, 13 Co- und 8 Alleinentdeckungen, denn die visuelle Kometensuche führt er natürlich weiter fort. Doch zurück ins Jahr 1993.

Der Vorfrühling präsentierte sich kaum anders als die verregneten Wochen zuvor. «Gut für wilde Pflanzen», grollte Carolyn, «aber nicht für die Beobachtung von Kometen».

Die erste wolkenlose Nacht, die Nacht zum 23. März, nutzte die «Kometen-Gang» (Eugene) für ein paar Sternaufnahmen. Stunden später schockte das Produkt die Späher: Die Aufnahmen waren schwärzer als die Nacht – die mitgebrachte Filmbox mußte in Flagstaff versehentlich geöffnet worden sein! Carolyn «rutschte vor Schreck das Herz in die Hose». Sie erinnert sich: «Es war der einzige Film, den wir hatten. Die geplante nächste Beobachtungsnacht schien den Bach runterzugehen.» Und es hätte die einzige klare Nacht des ganzen Monats sein können. Doch David Levy, Typ: Romantiker, entschied spontan, die (einzige) Box weiterzuverwenden: «Wenn wir nichts draufbekommen, ist es ja auch kein Verlust.»

Wenn…?! Wenn der beschädigte Film nicht zur Hand gewesen wäre, als die nächste Nacht mit schlechten Beobachtungsbedingungen den Einsatz guten Filmmaterials nicht rechtfertigte..., dann wäre der Kometen-Crew, assistiert von Philippe Bendjoya von der Universität in Nizza, ihre «Sternstunde» verwehrt geblieben.

18

Zunächst jedoch herrschte reges Treiben in der Kuppel auf Palomar Mountain (Carolyn legt auf diese Ortsdefinition großen Wert). Und die Arbeitsbedingungen im Observatorium, schildert die Astronomenfrau, sind nicht gerade «up to date»:

«In unseren Beobachtungsnächten sind Gene und David gewöhnlich auf dem ‹Hängeboden›. Von dort aus wird das zum Himmel geöffnete Teleskop nachgeführt. Dies ist eine sehr altmodische Technik, die heute kaum noch angewandt wird. Einer ist am Teleskop, während der andere damit beschäftigt ist, Instrument und Mensch in das richtige Beobachtungsfeld zu bringen, den Film zu wechseln, hoch und runter zu rennen und zu helfen, das Teleskop für die nächste Beobachtung neu auszurichten. Nach jedem vierten Feld tauschten sie die Rollen. Es ist ein ständiges Auf und Ab.»

Nach dem Streß am und mit dem Rohr ist Carolyn an der Reihe. In den langen Beobachtungsnächten entwickelt sie Filme und Spürsinn gleichermaßen. Sie betrachtet die paarweise aufgenommenen Himmelsfelder unter einem Stereo-Mikroskop, um im 3-D-Effekt zu mustern, ob vor dem Meer des Sternenhintergrundes irgendein unbekannter Irrläufer «schwebt»: «Die Sterne erscheinen, als ob sie nett und flach daliegen, ebenso die Galaxien, aber Asteroiden und Kometen ‹schweben› vor deinen Augen. Es ist eine wunderbare Technik.»

Am 25. März kam für Carolyn Shoemaker gleich doppelt Freude auf. Einmal erwies sich die Sorge um einen Totalausfall des ramponierten Films als unbegründet, zum anderen – doch das ist ihre Geschichte:

In dieser Nacht ging meine übliche Arbeit zu Ende, und ich hatte ein seltsam prickelndes Gefühl. Ich sagte zu David: «Jetzt versuche ich mein Glück als Kometenjägerin!» – oft klappt es dann ja wirklich. Und ich begann, in einem Feld mit Jupiter zu suchen. Denn dies ist ein günstiges Gebiet für mich. Schon einmal fand ich dort einen Kometen für einen Kollegen, der mich um eine Bestätigung seiner Entdeckung bat. Ich war voller Hoffnung, daß sich so etwas vielleicht, nur vielleicht, noch einmal wiederholen könnte. Ich sah Jupiters Geisterbild auf dem Film und dann… entdeckte ich ein unbekanntes Objekt. Erst übersah ich es fast, doch dann dachte ich mir, daß ich es mir einmal genauer anschauen sollte. Ich bewegte die Aufnahme zurück, sah genauer hin und entschied: Das ist nicht etwa eine Galaxie von der Seite, es hat Koma und Schweif. Aber am wichtigsten war für mich, daß es «schwebte», ansonsten hätte ich es nicht in 3 Dimensionen gesehen. Und so wußte ich, das war ein Komet. Ich habe immer so ein untrügli-

19

ches Gefühl, wenn ich einen Kometen finde. Aber er sah sehr fremdartig aus, wie ein Balken, anstatt des üblichen runden Halos der Koma und einem Schweif – es war ein Balken mit Koma und Schweif! Wie immer, wenn ich etwas entdecke, ging ich so schnell wie möglich zu den anderen zurück. Wir alle arbeiten sehr schwer, um solche Funde zu machen, und meine Entdeckung war auch ihre. Aber ich bin sehr glücklich, ihn zuerst gesehen zu haben! Ich sagte zu ihnen: «Ich weiß nicht, was ich hier habe, aber es sieht aus wie ein zerquetschter Komet.» Gene eilte herbei und schaute sehr verblüfft. David kam an die Reihe und war genauso verwundert. Auch Philippe erging es nicht anders. Es dauerte eine ganze Minute, bis allen klar geworden war, daß sie etwas ganz Außergewöhnliches entdeckt haben mußten!

Wolken zogen wieder über Palomar Mountain und ließen Shoemakers & Co. für sich allein. Das seltsame Objekt konnte nicht mehr beobachtet werden. Derweil sorgte sich David Levy, daß möglicherweise auch andere Astronomen – es war Jupiter-Saison – den Kometen entdecken könnten. Er sandte über Internet eine Meldung an das Central Bureau for Astronomical Telegrams in Cambridge, Massachusetts, und gab dem Kopf der Institution, Brian Marsden, die Koordinaten des artfremden Kometen an. Zugleich zog er Jim Scotti vom Lunar and Planetary Laboratory in Tucson, Arizona, ins Vertrauen: Er möge doch bitte mit dem leistungsstarken, 91 cm großen Spacewatch Telescope Ausschau nach dem Fremdling halten. Der Astronom, engagiert auf der Suche nach erdnahen Asteroiden, schwenkte sein Instrument auf den nebulösen Strich.

In der Wartezeit hörte Levy Beethovens Erste Symphonie. «Haben wir einen Kometen?» rief er Scotti an. «Ja, es ist ein Komet!» bestätigte der Asteroiden-Sucher den Kometenfund und benachrichtigte nochmals Marsden: «Es ist tatsächlich ein einmaliges Objekt, verschieden von jeder Art von Komet, die ich bisher sah. Es hat das Aussehen wie eine Schnur im Orbit mit aufgereihten Fragmenten.»

Weit über ein Jahr später, als die Geschichte des Subkometen Shoemaker-Levy 9 ihr Ende fand, schenkte Eugene seiner Frau eine Perlenkette!

20

Die kosmische Perlenschnur – Beschaffenheit, Herkunft und Absturzbahn des Unglücks- kometen

Wenn ein neuer Komet entdeckt (oder ein alter zum ersten Mal wiedergefunden) wird, dann gibt es nur einen Weg, dies «amtlich» zu machen: Das Zentrale Büro für Astronomische Telegramme der Internationalen Astronomischen Union muß informiert werden. Was wie eine ehrfurchtgebietende Behörde vom Range der UNO klingen mag, ist in Wirklichkeit nicht mehr als ein kleines und von Papieren, Zeitschriften und Büchern überflutetes Büro in einem alten Flügel des Center for Astrophysics in Cambridge, Massachusetts. Doch der Eindruck trügt: War es einst eine Telexverbindung, so sind es heute Computerleitungen, die die Verbindung zum Rest der Welt herstellen. Rund um die Uhr ist das Büro zu erreichen, entweder in Gestalt seines langjährigen Leiters, des britischen Kometentheoretikers Brian G. Marsden, oder seines ebenfalls auf Kometen spezialisierten Vertreters, Daniel W. E. Green. Nicht selten wird der Diensthabende mitten in der Nacht aus dem Bett geklingelt – zumeist mit der Falschmeldung eines übereifrigen Amateurs. Die erfahrenen Amateure und natürlich die Profis kennen das Protokoll schon besser. Eine Kometenentdeckung sollte stets von einem anderen Beobachter bestätigt worden sein, und das Objekt muß sich mit der Zeit am Himmel fortbewegen. Zwar

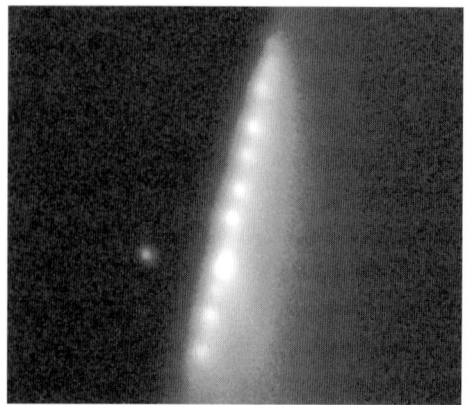

Der Komet entpuppt sich als «Perlenkette»: Aufnahmen vom 28. und 30.3.1993 auf
dem Kitt Peak in Arizona, mit dem 2,3-Meter-Teleskop von W. Wisniewski und mit
der 91-cm-Spacewatch-Kamera von J. Scotti. Das linke Bild zeigt bereits 12 Kerne
(bzw. Verdichtungen des Staubes), ferner, daß die südliche (linke) Grenze der Kette
verglichen mit der nördlichen sehr scharf ist. Die Spacewatch-Aufnahme läßt die
ganze Ausdehnung des Kometen sichtbar werden: Westlich und östlich schließen sich
an die Kernkette lange Staub-«Trails» an, und nach Norden (rechts) setzt sich der Staub
weit fort, während er auf der südlichen Seite überall scharf aufhört (Quelle: J. Scotti).

ist das Büro für alle Arten eiliger astronomischer Entdeckungsberichte
zuständig, vor allem für Berichte über Sternexplosionen in allen Bereichen des Spektrums, aber wenn es einen ungewöhnlichen Kleinplaneten oder gar Kometen zu melden gibt, ist Marsden ganz in seinem
Element.

Die Shoemakers und David Levy hatten es natürlich richtig gemacht und die Realität ihres «zerquetschten Kometen» bereits von
einem anderen Beobachter bestätigen lassen, von Jim Scotti auf dem
Kitt Peak National Observatory im benachbarten Bundesstaat Arizona.
Dessen Aufnahmen mit dem Spacewatch-Teleskop lieferten auch die
ersten klaren Belege für die ungewöhnliche Natur des Kometen. Wie
die Himmelsüberwachung der Shoemakers, so dient auch die Space-
watch-Kamera der Suche nach ungewöhnlichen Kleinplaneten. Dank
eines automatisierten Nachweisverfahrens ist sie dabei auch erfolgrei-
cher als die meisten vergleichbaren Programme. Wegen des größeren
Teleskops konnte Scotti auf seinem Bildschirm sofort sehen, daß der

neue Komet keinem der anderen glich, die er in vielen Jahren zu Gesicht bekommen hatte. Anstelle einer hellen und scharfen Helligkeitsspitze besaß er etwa fünf in einer Kette, und statt von dem üblichen runden Kopf aus Gas und Staub, der Koma, war diese «Lichterkette» von einer Art langgestrecktem Dreieck aus diffusem Licht umgeben. Als erster Mensch der Welt sah Scotti die wahre Natur des Kometen, denn die Weitwinkelkamera der Shoemakers konnte diese Details nicht abbilden. Scotti wußte, daß er es mit einem Kometen zu tun hatte, der in viele Teile zerbrochen war, die sich nun «wie Perlen auf einer Kette» aufgereiht hatten.

Daß Kometen zerbrechen können, war an sich keine Neuigkeit: Seit sich der helle Komet Biela im Winter 1845–46 zweigeteilt hatte (was dem Entdecker des Phänomens damals so unglaublich vorkam, daß er niemandem davon erzählte), ist die Spaltung von Vertretern dieser ungewöhnlichen Bewohner des Sonnensystems etliche Male beobachtet worden. So fielen heute längst vergessene Schweifsterne wie Sawerthal, Campbell, Whipple-Fedtke-Tevzadze, Honda und Tago-Sato-Kosaka unter den Augen der Astronomen auseinander, aber auch der große Komet des Jahres 1976, West. Rund 25 Kometen hat man in den vergangenen zwei Jahrhunderten auseinanderbrechen sehen. Eine neue Statistik – basierend auf 3 solchen Fällen unter 49 aktuellen Objekten – behauptet gar, jedem Kometen passiere das im Mittel alle hundert Jahre. Diese spontanen Spaltungen gehören also zum normalen Werdegang und geben wichtige Hinweise auf das Innenleben der Kometen, das sich normalerweise schon wegen der hell leuchtenden Komae der Betrachtung entzieht. Die mitunter scharfen Helligkeitskonzentrationen, die besonders aktive Kometen in ihren Zentren zeigen können, sind *nie* die Kerne, sondern Staubhüllen, mit denen sie sich umgeben und die treffenderweise *false nuclei*, falsche Kerne, genannt werden – lange führten sie die Kometenforschung in die Irre.

Erst die zwei sowjetischen Vega-Raumsonden und der europäische Giotto brachten wirklich die letzte Gewißheit, daß im Inneren der Kometen ein kleiner aber leidlich fester Kern verborgen ist. Dieser

23

Kern ist die Quelle all der Phänomene, die die eigentliche «Erscheinung» eines Kometen ausmachen. Normalerweise ist ein Komet also nur dann gut zu beobachten, wenn der Kern auf seiner meistens hochelliptischen Bahn der Sonne nahekommt. Der bis dahin nur mit größter Mühe oder oft auch gar nicht wahrnehmbare Kern beginnt, Gas freizusetzen, das wiederum Staub mitreißt: Die Koma entsteht. Bei vielen Kometenerscheinungen ist es damit getan, und die Koma verschwindet wieder, wenn sich der Komet in die Tiefen des Sonnensystems zurückzieht, aus denen er gekommen ist. Ein Teil der Kometen entwickelt in Sonnennähe freilich in seltenen Fällen den halben Himmel überspannende Schweife aus Gas und Staub, wobei das Gas als Plasma (d.h. durch den Beschuß mit ultravioletter Strahlung der Sonne elektrisch aufgeladen) vom gleichfalls geladenen Sonnenwind (einem nie endenden Teilchenstrom von der Sonne) aus der Koma und mitgerissen wird, während den Staub der Strahlungsdruck der Sonne vom Kometen wegtreibt.

Dies war schon lange bekannt, als sich die Vegas und Giotto im März 1986 als erste Späher der Menschheit in die Koma eines Kometen, des berühmten Halley, hineinwagten. Es war Zeit geworden, die Modellvorstellungen von der Quelle aller Kometenaktivität, vom Kern, direkt zu überprüfen. Das Wagnis gelang: Halleys Kern offenbarte sich als sehr dunkler und irregulärer Körper von etwa 16 km Länge und 8 km Durchmesser. Die Dunkelheit der Kernoberfläche, die nur 4% des auftreffenden Sonnenlichts zurückwirft – früher hatte man, einen «Schneeball» im Hinterkopf, auf Werte bis zu 50% getippt –, geht auf Kohlenstoff zurück, der auch sonst in der Kometenmaterie einen überraschend hohen Anteil hat. Gleichwohl bestehen Kometenkerne, wie man aus mühevoller Analyse der Spektren ihrer Komae weiß, in der Regel zu 75–80% aus Wassereis, gefolgt aber von Kohlenmonoxid, Kohlendioxid, Methan, Ammoniak und Formaldehyd. Man nimmt an, daß bei frischen Kometen diese flüchtigen und die festen Bestandteile, die in ihrer Zusammensetzung irdischem Gestein ähneln, gut durchmischt sind; wenn ein Kometenkern freilich etliche Begegnungen mit der Sonne hinter sich hat, gehen die gefrorenen Gase allmählich zur Neige.

P/Machholz 2 – ein neuer Perlenketten-Komet!

Gerade hatte der erste Perlenketten-Komet seine Existenz spektakulär beendet, da fand der österreichische Amateurastronom Michael Jäger auf einem Foto des kurz vorher ebenfalls von einem Amateur, dem Amerikaner Don Machholz, entdeckten Kometen mit der Nummer 1994o 48 Bogenminuten daneben einen schwachen Begleiter, der der gleichen Bahn folgte. An den folgenden Tagen wurden weitere Fragmente entdeckt, so daß P/Machholz 2 offenbar (hier eine CCD-Aufnahme von

Meyer und Raab mit einem 30-cm-Teleskop) aus mindestens 6 Stücken besteht, von denen allerdings in einem, dem eigentlichen Kometen, mit Abstand die meiste Masse zu stecken scheint, und der ein paar Wochen lang deutlich heller war als vorausgesagt. Dann wurde er plötzlich schwächer, während Fragment D (im Bild oben links vom Kometen) heller und kondensierter erschien – auch bei Shoemaker-Levy hatte es Variationen gegeben. Solch eine Konfiguration, ein Komet mit einem oder mehreren kleinen Begleitern, ist häufiger als Ketten ungefähr gleich großer Fragmente. Kometenkerne scheinen sich gelegentlich rund 1/1000 ihrer Masse «abzuschälen». Aber wie es zur spontanen Spaltung von Kometen in Abwesenheit eines Planeten kommt, ist immer noch unverstanden.

25

Die kosmische Perlenschnur...

So kurz nach Shoemaker-Levys feurigem Ende schon wieder ein sonderbarer Komet in den Schlagzeilen – da konnte es wohl nicht ausbleiben, daß damit mindestens eine spektakuläre Falschmeldung einherging: Nach Aussagen eines australischen Astronomen sollte Machholz auf einer Bahn sein, die ihn bereits in einigen Jahrzehnten der Erde gefährlich nahebringen konnte. Nun hatte dieser Australier schon öfter mit ungeschickten Äußerungen Weltuntergangsbefürchtungen ausgelöst, aber diesmal war er dazu von einer seit Jahren auf vermeintlich erdbedrohende Kometen fixierten britischen Wahrsagerin verleitet worden, die jetzt ein an Jupiter vorbeigeschossenes Stück von Shoemaker-Levy auf Erdkurs wähnte. Die wahre Natur von Machholz 2 ist dagegen friedfertig: «Trotz seiner Tendenz zum Zerfall», so Brian Marsden, «hat P/Machholz 2 eine ziemlich stabile Bahn, die keinen nennenswerten Veränderungen durch enge Begegnungen mit Jupiter unterworfen ist. Daher ist es nicht möglich, daß sie in absehbarer Zukunft der Erde näher als 0,12 AU (18 Millionen km) kommen kann. Diese Distanz könnte im Jahre 2036 erreicht werden, aber das ist offenkundig kein Grund zur Sorge.»

Die klarsten Aussagen über die physikalische Beschaffenheit von Kometenkernen beziehen sich zwangsläufig auf den einen, der tatsächlich aus der Nähe photographiert wurde, auf Halley, der von der Kamera Giottos abgelichtet wurde. Die Schroffheit, die an vielen Stellen von Halleys Oberfläche zu erkennen war, gab dem Chefauswerter der Aufnahmen, Uwe Keller, schließlich die Gewißheit, daß er nicht einfach ein großer Klotz aus gefrorenem Gas und Staub war, sondern aus etlichen Untereinheiten bestehen mußte, die mehr oder weniger fest zusammenhingen. Die Entdeckung der wahren Natur des neuen Kometenfundes der Shoemakers und Levys schien die Interpretation Kellers genau zu bestätigen: Auch dieser Komet hatte offensichtlich aus zahlreichen Teilen bestanden, die vor nicht allzulanger Zeit durch ein Ereignis voneinander getrennt worden waren. Scotti sah zunächst fünf eindeutige Helligkeitskonzentrationen in dem Kometen, aber ein noch größeres Teleskop auf Hawaii erhöhte die Zahl kurz danach auf 17, später konnten auf den schärfsten Bildern bis zu 21 oder 22 Kerne unterschieden werden.

Brian Marsden, der sich nicht nur um die Registrierung neuer Kometen, sondern auch um die Berechnung ihrer Bahnen kümmert (was ihm den Spitznamen «Kosmischer Polizist» eingetragen hat), ahnte sofort, daß der neue «Shoemaker-Levy» nicht nur «äußerst ungewöhnlich» aussah, wie er in dem Rundschreiben mit der Entdeckungsmeldung (dem IAU-Zirkular Nr. 5725) am 26. März 1993 schrieb. Scotti waren über einen Zweitageszeitraum hinweg mehrere gute Positionsbestimmungen des Kometen am Sternenhimmel gelungen, und Marsden versuchte, daraus seine ungefähre Bahn im Sonnensystem zu berechnen. Zwar reichen dafür im Prinzip drei Positionen, wie schon der Mathematiker Carl Friedrich Gauß im 19. Jahrhundert gezeigt hatte, aber wenn sie zeitlich und räumlich so nahe beisammen lagen, dann waren die Fehlermöglichkeiten enorm. «Ich versuchte, einige Bahnen zu berechnen, die das Ding bewußt in die Nähe des Jupiter setzten», erinnert sich Marsden. Da es keine Möglichkeit gab, die Entfernung des Kometen direkt zu messen, hätte er eigentlich überall, ebensogut weit vor wie weit hinter Jupiter sein können. Auch Gene Shoemaker hielt es für puren Zufall, daß der Zerquetschte auf derselben Photoplatte wie Jupiter stand. Doch Marsden hatte den richtigen Instinkt: «Ich dachte, wenn der schon nur 4 Grad vom Jupiter entfernt stand, dann muß er da schon eine Weile gewesen sein. Bereits in einem der ersten Zirkulare nannte ich eine Bahn, nach der er im Juli 1992 nahe bei Jupiter war – die Zeit lag nur um 20 Tage daneben.»

Marsden hatte noch eine Information mehr, die auf die richtige Fährte führte. Bereits seit einem Jahr war ein Astronom auf der Suche nach Kometen in Jupiters Umgebung, und er hatte eine große Zahl von Photoplatten erstellt, ohne freilich je einen gefunden zu haben. Und im März – einer alternativen Lösung der Bahnberechnungen zu diesem frühen Zeitpunkt – konnte Shoemaker-Levy Jupiter nicht nahegestanden haben, sonst hätte ihn Tancredi gefunden: «Juli war ein guter Kompromiß» für Marsden. Später erfuhr er von mehreren unabhängigen Entdeckungen desselben Kometen: Wenn einer dieser kosmischen Herumtreiber hell genug geworden ist (und dieser war sogar in größeren Amateurteleskopen zu erkennen) und an einer günstigen Stelle am Himmel steht, dann kann er sich der Entdeckung offenbar kaum entziehen.

27

Die kosmische Perlenschnur...

Bereits am 19. März war der Komet auf dem Palomar Mountain von einer anderen Kleinplanetensucherin, Eleanor Helin, photographiert, doch aus schierem Pech nicht entdeckt worden: Sie hatte an den Tagen, an denen sie sonst ihre Photoplatten untersucht hätte, zu viel anderes zu tun. Sie mußte neben anderem einen Brief an die NASA schreiben und um weitere Finanzierung ihres Suchprogramms bitten. Ein schwedischer Astronom wiederum hatte zwar das längliche Objekt auf einem Film entdeckt, aber nicht als Komet erkannt (man erzählt sich, er habe es erst für einen Kratzer gehalten und den Film weggeworfen). Und von japanischen Amateuren war der Komet bereits Mitte März photographiert und gleichfalls übersehen worden. Zwar mag es statistisch gesehen «gerecht» erscheinen, daß der bemerkenswerteste Komet des Jahrhunderts zuerst von den Shoemakers und Levy gemeldet wurde, die einzeln und als Team zu den erfolgreichsten Kometenjägern überhaupt zählen, aber es war ein ausgesprochen knappes Rennen gewesen.

Als alle Nachzügler ihre Sichtungen des Kometen seit dem 15. März und auch brauchbare Positionsmessungen dazu gemeldet hatten, hatte Marsden mit einem Mal einen Bahnbogen von zwei Wochen in Zeit und Raum – jetzt konnte schon genauer gerechnet werden. «Zum ersten Mal», erinnert sich Marsden, «deutete sich jetzt an, daß der Komet *Jupiter* umkreiste. Nur eine Woche nach der Entdeckung hatte ich das bereits herausgefunden. Wenn der Komet Jupiter beim letzten Mal so nahegekommen war, dann konnte man sich überlegen, daß dies natürlich auch beim nächsten Mal wieder passieren könnte.» Die Leser der IAU-Zirkulare mußten jetzt zwei für die meisten neue Vokabeln lernen: Apojovium und Perijovium, die Begriffe für den jupiterfernsten und den jupiternächsten Punkt der Kometenbahn. Im Zirkular vom 3. April drückte sich Marsden noch mit der angemessenen Vorsicht aus: Zwar gäbe es immer noch keine verläßliche Bahnbestimmung, aber der neue Komet stehe so «nahe der Oberfläche der Einflußsphäre Jupiters», daß sich «das Objekt zumindestens temporär in einem Orbit um Jupiter und gegenwärtig dem Apojovium in 0,31 AU Entfernung befindet.» Eine AU oder eine Astronomische Einheit ist der mittlere Abstand Erde-Sonne: Der Komet befand sich also gerade

28

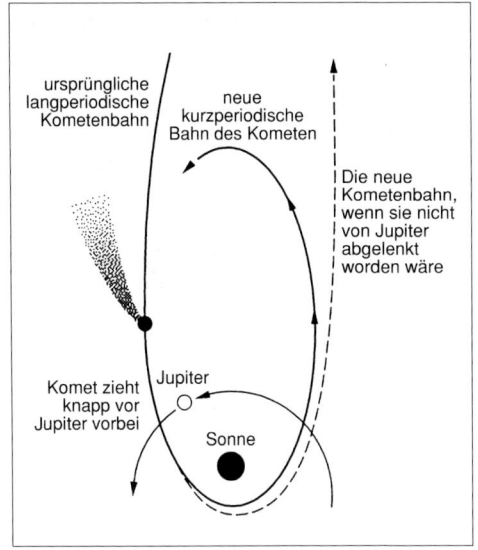
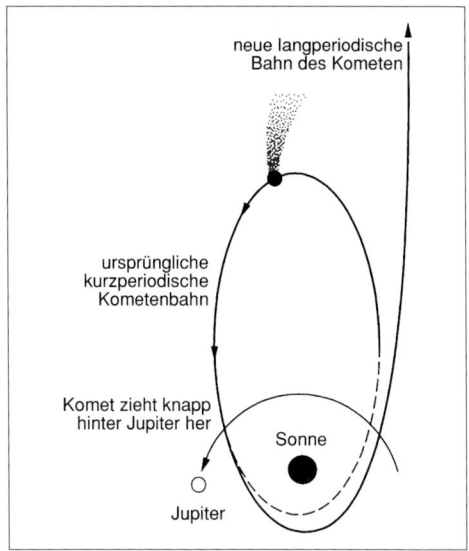

So kann ein langperiodischer Komet vom Jupiter zu einem kurzperiodischen werden: Wenn er *vor* dem Planeten vorbeizieht, wird ihm Bahnenergie genommen, während sie Jupiter (unmerklich) dazugewinnt. Im umgekehrten Fall kann die Passage eines kurzperiodischen Kometen *hinter* Jupiter seine Bahn wieder langperiodisch machen, während der Planet (wieder unmerklich) abgebremst wird. Um allerdings in eine temporäre Bahn um Jupiter einzuschwenken, muß ein bereits periodischer Komet eine präzise «Einflugschneise» finden (Quelle der Grafiken: JPL).

in rund 4,6 Millionen Kilometern Abstand vom Jupiter. Und Marsden gab auch der Vermutung Ausdruck, das letzte Perijovium im Sommer 1992 habe wohl die Spaltung des Kerns ausgelöst. Was aber bei der nächsten Begegnung Shoemaker-Levys mit Jupiter passieren würde, dazu schwieg er vorsichtshalber.

Ein Komet, der nicht um die Sonne, sondern einem Mond gleich um einen anderen Planeten kreist – wie war so etwas möglich? «Das geht ganz leicht!» weiß Marsden, und es hat nichts damit zu tun, daß etwa ein anderer Körper den zerbrechlichen Kometenkern von seiner Sonnen- auf die Jupiterbahn geboxt hätte. «Es ist ein perfektes Beispiel für das Drei-Körper-Problem», doziert der kosmische Polizist, «man benötigt nur die Sonne und Jupiter dazu». Die Voraussetzung ist, daß zwischen den Zeiten, die Jupiter und der Komet um die Sonne brauchen, ein ganzzahliges Verhältnis, eine Resonanz besteht, ein Verhältnis von 3:2 oder 2:1 beispielsweise. Das System Sonne-Jupiter-Komet wird in diesem Fall höchst chaotisch, und der Komet kann ganz von selbst in eine elliptische Bahn um Jupiter einschwenken und sie ebenso leicht auch wieder verlassen. «Der Trick ist, dort für eine längere Zeit zu bleiben», weiß Marsden: «Diese Bahnen sind alle sehr chaotisch und instabil, und die Umstände, die sie stabilisieren könnten, treten nur sehr selten ein.» Auf den ersten Kometen, der eine solche Bahn eingenommen hatte, war Marsden selbst im Jahre 1962 gestoßen, und er hatte seine Erkenntnisse über die «gewaltigen Veränderungen in der Bahn des Kometen Oterma» in einer längst eingegangenen Fachzeitschrift mit ausnehmend kleinen Seiten veröffentlicht, dem *Leaflet of the Astronomical Society of the Pacific*, No. 398.

Zwei Jahre lang, von Dezember 1936 bis Dezember 1938, war Oterma demnach in der sogenannten Einflußsphäre Jupiters gefangen gewesen, einer Region mit etwa 0,32 Astronomischen Einheiten Radius, in der die Schwerewirkung des Jupiter größer als die der Sonne ist. Ein anderer Komet, der es immerhin drei Orbits lang als zeitweiser Mond Jupiters aushielt, ist P/Gehrels 3 (das P/ steht für einen periodischen Kometen, also für einen, der die Sonne wiederholt umrundet; die Ziffer bedeutet, daß dies der dritte periodische Komet ist, den in diesem Fall Tom Gehrels entdeckt hat). Es gab ferner den Kometen Helin-Roman-Crockett, dem dasselbe gelang – und dann war da ein mysteriöser Mond, den Charles Kowal 1975 bei Jupiter entdeckte. «Er sah gut aus», erinnert sich Marsden (als damals 14. Trabant des Riesenplaneten hatte er sogar in Deutschland Schlagzeilen gemacht), «aber nach einem Monat oder zweien konnten wir ihn nicht mehr wiederfinden. Meine Vermutung ist, daß das ein Komet in einer zeitweisen Bahn um Jupiter war.» Es gibt auch Spekulationen, wonach Kowals Mond und P/Shoemaker-Levy 9 ein und dasselbe Objekt seien, oder Gehrels 3 und Shoemaker-Levy 9 Trümmer eines noch größeren Urkometen, der vor über 20 Jahren an Jupiter zerbarst.

Beide Spekulationen werden sich wahrscheinlich nie beweisen lassen, da das unvermeidliche Chaos in den Bahnen um Jupiter keine detaillierten Berechnungen über Jahrzehnte in die Vergangenheit er-

30

laubt – und es gibt für Marsden auch gar keine Veranlassung, einen direkten Zusammenhang zwischen den verschiedenen Himmelskörpern herzustellen, die zu verschiedenen Zeitpunkten für eine Weile um Jupiter kreisten. Denn nach seinen zugegebenermaßen vagen Abschätzungen befinden sich zu jedem beliebigen Zeitpunkt mindestens ein Komet und vielleicht sogar mehrere in einer Bahn um Jupiter, nur sehen kann man sie in der Regel nicht! Kometenkerne, das hat die Schwärze des Halleyschen Kometen eindrucksvoll gezeigt, und mangels Nahaufnahmen von irgendeinem anderen Kometen wird hier verallgemeinert, sind so dunkel, daß sie als reine Reflektoren des Sonnenlichts in der Distanz Jupiters von der Erde aus selbst mit den besten Teleskopen nicht nachzuweisen sind. Der Mißerfolg des bereits erwähnten systematischen Suchprogramms für Jupiterkometen war mithin keine Überraschung. Es ist in der Sonnendistanz Jupiters einfach zu kalt, so daß sich Kometenaktivität nicht entfalten kann. Selbst die leichtflüchtigsten Moleküle im Eis der Kometenkerne gehen freiwillig kaum in die Gasphase über. Nennenswerte Staubmengen werden auch nicht frei. Ausnahmen bestätigen freilich die Regel, und die Hoffnung auf zuweilen stattfindende Ausbrüche auch auf fernen Kernen – über deren genauen Mechanismus immer noch gerätselt wird – rechtfertigt Beobachtungsprogramme durchaus.

Daß Shoemaker-Levy (das P/ und die 9, die ihn als 9. periodischen Kometen des Dreierteams ausweist, seien im Folgenden der Einfachheit halber weggelassen; es gab übrigens auch noch vier unperiodische Shoemaker-Levys, die keine laufenden Nummern erhielten) überhaupt gesehen werden konnte, das war klar, mußte mit seiner besonderen Vergangenheit zusammenhängen. Im April 1993 galt es bereits als ausgemacht, daß bei seinem Zerfall in Sommer 1992, tief im Schwerefeld Jupiters, auch viel Staub freigesetzt wurde, der jetzt das Sonnenlicht zurückwarf und ihn über die Nachweisschwelle gehoben hatte. Bevor freilich das Zerbrechen im Detail modelliert werden konnte, mußte erst einmal die Bahn Shoemaker-Levys besser bestimmt werden, aber nur wenige Fachastronomen sind an solchen Routinejobs interessiert oder haben auch nur die richtigen Teleskope oder das Knowhow dafür. «Die meisten weiteren Beobachtungen, die im April

31

entstanden, stammten von Amateuren», so Brian Marsden, und weil diese Aufnahmen einen ziemlich kleinen Maßstab hatten und die «Perlenkette» der Kerne meist nur als Strich mit vagen Verdickungen zeigten, «beschlossen wir, alle Berechnungen nur auf das Zentrum der Kette zu beziehen».

Anschließend reiste Marsden nach Sizilien, wo eine der damals populär gewordenen Konferenzen über die Bedrohung der Menschheit durch Kleinplaneten – und was man dagegen tun könne – abgehalten wurde. Hier traf er sein japanisches «Gegenstück», den Bahnrechner Syuichi Nakano, der die Fülle von guten Positionsmessungen wie auch die gelegentliche Kometenentdeckung von Japans Amateuren an das Zentralbüro weiterleitete. Auch jetzt hatte Nakano wieder mehr und bessere Zahlen als Marsden selbst. Ihm war bereits eine Bahnberechnung gelungen, nach der Shoemaker-Levy Jupiter 1992 erheblich näher gekommen war als bei Marsdens: Bis auf 0,007 AU oder eine glatte Million Kilometer hatte sich demnach der Komet an den Riesenplaneten herangewagt, gegenüber Marsdens 6 Millionen. Damit war klar, daß es auch im Juli 1994 wieder zu einer ziemlich engen Begegnung von Komet und Planet kommen würde. «Das war ungefähr am 28. April», erinnert sich Marsden, «als ich zurückkam, versuchte ich, mehr Beobachtungen aufzutreiben und mehr Leute zu Positionsmessungen zu animieren». Nach drei Wochen, in denen er sich mehr und mehr davon überzeugt hatte, daß eine Kollision der beiden Himmelskörper eine «eindeutige Möglichkeit» war, traute er sich schließlich am 22. Mai 1993, das vielleicht aufregendste IAU-Zirkular in der Geschichte dieses Nachrichtendienstes zu veröffentlichen.

Rund 200 präzise Positionsbestimmungen des Kometen lägen nun vor, hieß es im Zirkular Nr. 5800, und man könne den Weg des Zentrums der Kernkette ganz gut beschreiben. In der ersten Julihälfte 1992 sei er Jupiter bis auf 120000 km nahegekommen und habe sich damit innerhalb der sogenannten Roche-Grenze aufgehalten: Die Gezeitenkräfte werden hier so stark, daß ein nur locker zusammenhängender Körper in seine Bestandteile zerrissen wird. So sei es zur Spaltung Shoemaker-Levys gekommen. Am 25. Juli 1994 werde es

DER JUPITER CRASH

wieder eine enge Begegnung mit Jupiter geben, wenn die Distanz zu Jupiters Zentrum nur noch 45 000 km betragen werde – während Jupiters Radius 75 000 km beträgt. Daß es überhaupt zu einer Kollision komme, sei noch keineswegs bewiesen, aber gegenwärtig könne man davon ausgehen, daß etwa die Hälfte der Kerne den Planeten trifft und die andere knapp an ihm vorbeistürzt. Am 28. 5. 1993 kam die sensationelle Präzisierung: Mit 64%iger Wahrscheinlichkeit werde der größte Teil des Kometen abstürzen, dies das Ergebnis einer unabhängigen Bahnberechnung; wahrscheinlich werde es sogar sämtliche Kerne ins Verderben ziehen. Unter Amateurastronomen wurde weltweit bereits fleißig gerechnet, wieviel Energie wohl in einem Kometen steckt, der – von Jupiter selbst kurz vor dem Ende enorm beschleunigt – auf einen Planeten stürzt: das Äquivalent von Gigatonnen TNT. Die ersten Experten für kosmische Kollisionen, die sich in der britischen Zeitschrift New Scientist vom 5. Juni zu Wort meldeten, hielten alles zwischen «nichts» und einem «spektakulären Feuerwerk» für möglich.

Aber noch war weder der Absturz endgültig bewiesen noch der Zeitpunkt auf weniger als eine Woche genau bestimmt. «Es gab da noch das nagende Problem, daß sich alle Berechnungen auf einen gedachten Punkt bezogen», kommentiert Marsden, der die Beobachter dringend aufforderte, auch Positionsmessungen der einzelnen Kerne und nicht nur ihrer Mitte anzustellen, noch bevor der Komet hinter der Sonne verschwinden würde. Das Problem war, daß alle nur schöne Bilder wollten und auch erhielten: David Jewitt auf Hawaii sah weiterhin die meisten Einzelkerne und dokumentierte ihr langsames Auseinanderdriften mit hoher Qualität. Das Hubble-Weltraumteleskop konnte trotz seines damals noch nicht korrigierten Optikfehlers die Umgebung der Kerne selbst am 1. Juli mit enormer Schärfe abbilden. Doch was diesen Bildern fehlte, waren genügend Sterne im selben Bildfeld, anhand deren die absoluten Orte der Kerne im Weltraum gemessen werden konnten. Für exakte Astrometrie, wie man diese wenig glamouröse, aber für die meisten Bereiche der Astronomie lebenswichtige Tätigkeit nennt, sind nur bestimmte Sterne geeignet, deren Orte exakt bekannt sind, die aber leider am Himmel weit voneinander entfernt stehen.

Für Shoemaker-Levy wurden also Weitwinkelbilder benötigt, die aber gleichzeitig das Innenleben des Kometen zeigten – und wieder war es Jim Scotti, der die entscheidenden Messungen lieferte. Zwar konnte er nur die neun hellsten Kerne erkennen (genauer gesagt: die Staubkonzentrationen, die sie umhüllten, die Kerne selbst waren selbst für Hubble viel zu klein), aber ihre absoluten Örter angeben. Jetzt konnten die Bahnen jedes einzelnen berechnet werden, und die Vermutung wurde zur Gewißheit: Auf den Tag genau 6 Monate, nachdem er zum ersten Mal die Möglichkeit einer Kollision in den Raum gestellt hatte, verkündete Brian Marsden am 22. November 1993, daß *alle Kerne* im Intervall 17.–22. Juli 1994 Jupiter treffen würden. Auch weiterhin sammelte Marsden natürlich genaue Positionsmessungen, um die Voraussagen weiter verbessern zu können. Über 1000 sollten es werden, und jede mußte einzeln auf ihre Richtigkeit überprüft werden. So sind manchmal Ziffern falsch abgelesen oder übermittelt worden. Einige Male gab es auch seltsame systematische Abweichungen, die sich dann als Verformung eines Teleskops in Arizona infolge des großen kalifornischen Erdbebens vom 17.1.1994 aufklären ließen.

Was wissen wir heute mit Sicherheit über Bahn und Herkunft des Kometen P/Shoemaker-Levy 9, der nach einer 1994 beschlossenen Änderung der Bezeichnungsweise statt eines P/ ein D/ tragen müßte – für «disappeared», verschwunden? Viele Astronomen, Profis wie Amateure gleichermaßen, und mit oft verblüffend ähnlichen Resultaten, haben ihre Computer die Bahnen der einzelnen Kerne über die Jahre zurückverfolgen lassen. Es besteht Einigkeit, daß sie seit mindestens 1972 oder 1970 um den Jupiter kreisten! «Genauer kann man es wirklich nicht sagen», betont Marsden. «Vor 1992 war der Komet auf einer Bahn mit einer Periode von etwa zwei Jahren, und die Perijoviumsdistanz – der geringste Abstand von Jupiter – war meistens ziemlich groß. Aber wenn wir uns den frühen 70er Jahren nähern, wird sie wieder enger. Und weil man immer näher an den Planeten herankommt, kann man wirklich nicht genauer sagen, was passiert. Es hängt auch davon ab, welchen Kern man nimmt: Alle einzelnen Kerne zu einem Zeitpunkt vor 1992 gleichzeitig auf denselben Ort im Raum zurückzurechnen, gelingt ohnehin nicht» – die Bahnen der Brocken sind «definitiv chaotisch».

Natürlich muß der Komet auch vor seinem letzten Lebensabschnitt als Jupitermond eine Bahn gehabt haben. Marsden vermutet ein Vorleben ganz ähnlich dem des Kometen Oterma: Auch Shoemaker-Levy dürfte aus einer 3:2-Resonanz mit Jupiter in seine Bahn eingeschleust worden sein. Auf diese Sonnenumlaufbahn, die ihn in 36 Jahren zweimal um die Sonne führte, während Jupiter drei Umläufe absolvierte, kam er wohl wie so viele andere kurzperiodische Kometen auch durch Jupiter selbst. Der ist nämlich eine Art gewaltiger Schwerkraftstaubsauger, der lang- oder nichtperiodische Kometen aus den größeren Tiefen des Sonnensystems auf kurzperiodische Bahnen zwingen kann und sich so eine regelrechte «Familie» aus eingefangenen Kometen zugelegt hat. Als langperiodisch werden Kometen charakterisiert, die mehr als 200 Jahre für einen Sonnenumlauf brauchen, als kurzperiodisch solche mit weniger als 20 Jahren. Früher stellte man sich den Übergang von einem zum anderen Lager simpel vor: Weit draußen am Rande des Sonnensystems gäbe es ein gewaltiges Reservoir von Kometenkernen (mangels Aktivität und wegen der Entfernung von Tausenden von Astronomischen Einheiten auf immer unsichtbar), aus dem durch Störeinflüsse anderer Sterne oder sonstiger Schwerkraftschubser einzelne in Richtung Sonne stürzten. Die kommen dann auf Parabeln herangesaust, bieten wegen der Frische ihrer Eise mitunter enorme Schauspiele – erneut sei an Komet West von 1976 erinnert – und verschwinden auf Nimmerwiedersehen.

Nur wenn sie gerade im richtigen Abstand und auf der richtigen Seite von Jupiter vorbeiflögen, so die Vorstellung, schenkten sie ihm ein winziges Stück seiner Bahnenergie, um selbst auf die kurzperiodische Bahn gebremst zu werden. Dort nähern sie sich dann alle paar Jahre der Sonne und verlieren mehr und mehr ihrer flüchtigen Bestandteile, bis nur noch die – nach neueren Erkenntnissen die Gesamtmasse dominierende – Staubkomponente zurückbleibt, ein ausgebrannter Kometenkern, der sich als «Kleinplanet», allerdings auf ungewöhnlicher Bahn, bemerkbar macht. Ab dem Zeitpunkt des Einfangens durch

Jupiter ist dieses in den 50er Jahren entwickelte Bild auch heute noch gültig, doch die direkte Zulieferung aus der nach ihrem «Erfinder» benannten «Oort-Wolke» der Kometenkerne im Kühlschrank des äußeren Sonnensystems weit jenseits von Pluto kann nicht stimmen. In den 80er Jahren zeigte Scott Tremaine, daß im klassischen Bild die kurzperiodischen Kometen zufällig verteilte Neigungen ihrer Bahnen gegen die Ebene haben müßten, in der die meisten Planeten um die Sonne kreisen.

In Wirklichkeit sind ihre Bahnneigungen aber gänzlich anders verteilt, viel stärker an das restliche Planetensystem angeschmiegt. Aus diesem Grund wird neuerdings ein zweites Reservoir von Kometenkernen in der Region direkt hinter dem Planeten Neptun angenommen, der sogenannte Kuiper-Gürtel, dessen Abflachung dazu führt, daß die Bahnen der von hier in Richtung Jupiter aufbrechenden Kometen (also auch die Bahn unseres Shoemaker-Levy 9) bereits eine Tendenz zur Lage nahe der Ebene der Planeten haben. Dieser Kuiper-Gürtel ist nicht ganz so hypothetisch wie die Oort'sche Wolke, denn es werden seit 1992 immer wieder vermeintliche Kleinplaneten jenseits der Neptunbahn entdeckt. Bis Anfang 1996 waren es immerhin schon über dreißig, bei denen es sich vielleicht um besonders groß geratene Kometenkerne in eben diesem Gürtel handeln könnte. Als Bruchstück eines solchen Objekts – selbst mit den heutigen Großteleskopen lassen sie sich nur mit großer Mühe untersuchen – könnte Shoemaker-Levy 9 einst seine Reise ins innere Sonnensystem begonnen haben, die ihn erst in die Nähe Jupiters, dann in eine Bahnresonanz und einen temporären Orbit um ihn und schließlich auf Kollisionskurs führte. Im Oktober 1993 war die Wahrscheinlichkeit für einen Sturz der wichtigsten Fragmente Shoemaker-Levys 9 auf Jupiter bereits auf 99 % geklettert, und im Dezember lag sie für alle großen Fragmente bei 99.99 %. Der «Tod» des Kometen war unausweichlich geworden.

36

Auf Kollisionskurs:
Was wird geschehen?

Noch nie in der Geschichte der Astronomie hatte es das gegeben: den Zusammenstoß zweier Körper im Sonnensystem, von dem man bereits 15 Monate im voraus wußte. Für gewöhnlich lassen sich nur die Spuren solcher Kollisionen untersuchen, als Einschlagskrater auf der Erde (wo sie von vielfältigen Erosionskräften oft bis zur Unkenntlichkeit zerstört sind), dem Mond oder anderen Planeten wie Merkur und Venus oder den Monden der Riesenplaneten. Auch der Eintritt von kleineren kosmischen Brocken in die Erdatmosphäre – vorher Meteoroid, hinterher Meteorit genannt; Meteor ist das mit dem Atmosphärensturz einhergehende Leuchten – ist kaum einmal mitzuverfolgen, denn fast nie ist ein wissenschaftliches Meßgerät parat, das binnen Sekunden arbeitsbereit ist. Viel unseres Wissens über den *Ablauf* von Kollisionen im Sonnensystem stammt daher gar nicht von echten Ereignissen, sondern von Experimenten im Labor oder in der Wüste – bei unterirdischen Nukleartests. Wie groß die entstehenden Krater bei welcher Explosionsenergie sind, wurde so gelernt, und auch die Angewohnheit der Impaktforscher, diese Energien in der für den gleichen Effekt nötigen Menge des hochbrisanten Sprengstoffs TNT anzugeben, stammt aus diesem Bereich.[1] Die fatale Begegnung von

---

1   Die kinetische Energie eines 1 km großen Fragments von Komet S-L9 mit 60 km/s Anfluggeschwindigkeit auf Jupiter ist rund 10^{28} erg, was 250 000 Megatonnen TNT bzw. 12 Millionen Hiroschima-Bomben entspricht.

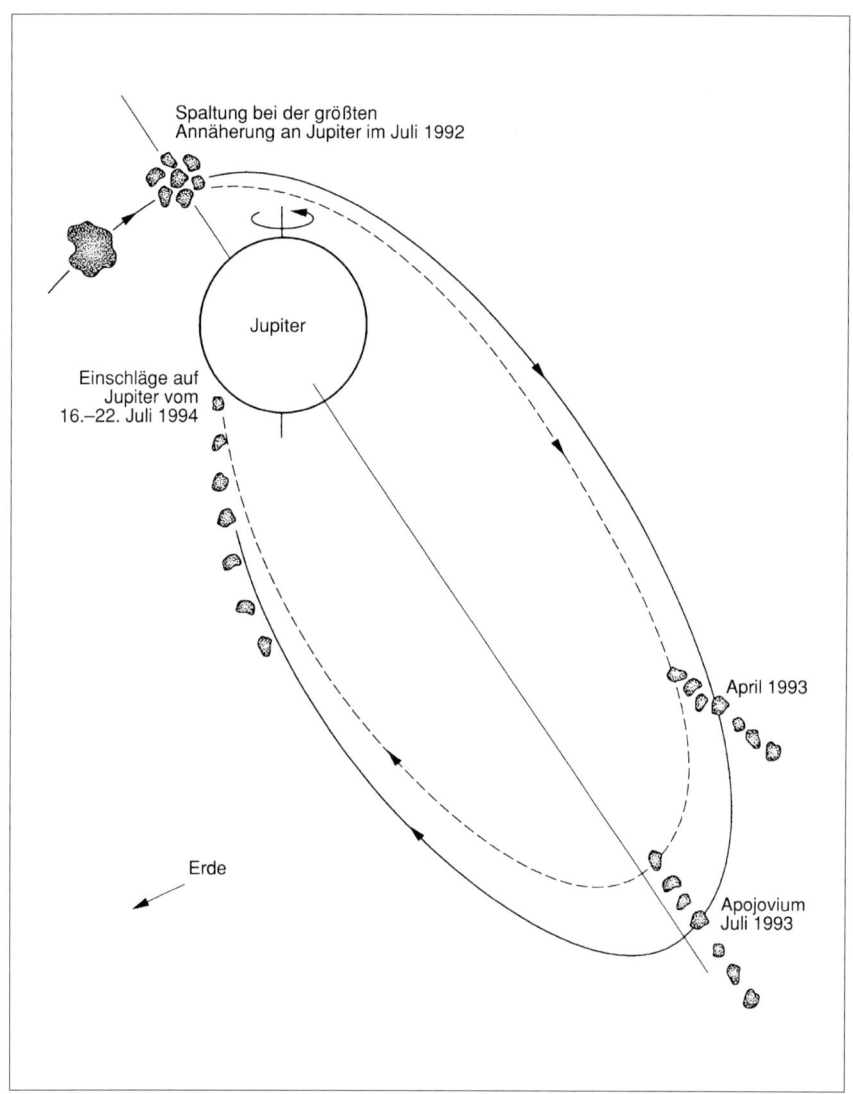

Schematische Darstellung der Bahnen von Shoemaker-Levys Kernfragmenten – eine
maßstabsgerechte Darstellung aller Vorgänge gleichzeitig ist nicht möglich. So ist die
Apojoviumsdistanz über 1000mal so groß wie der Minimalabstand, als der Kern 1992
zerbrach, und die Bahn der Trümmerwolke um Jupiter ist in Wirklichkeit eine schmale
Ellipse (Exzentrizität >0,99). Sie müßte 350mal den Durchmesser Jupiters lang sein,
während die Kernspaltung in weniger als einem Viertel des Planetendurchmessers von
ihm entfernt stattfand (Quelle der Grafik: Z. Sekanina, P. Chodas, D. Yeomans).

DER JUPITER CRASH

Shoemaker-Levy und Jupiter würde nun die erste Chance bieten, viele der Modellvorstellungen an der Natur zu überprüfen – im Prinzip jedenfalls.

Denn was passieren würde, wenn ein zerbrechlicher Körper wie ein Kometenkern auf einen Planeten stürzt, dessen oberste Schichten komplett aus Gas bestehen, darüber hatte man noch lange nicht so intensiv nachgedacht wie über den Sturz eines festen Körpers wie eines Kleinplaneten auf einen festen und von seiner Atmosphäre nur wenig geschützten Planeten wie die Erde. Allenfalls die Venus gab Hinweise. Eine sehr dichte Atmosphäre umgibt diesen ansonsten der Erde vergleichbaren Planeten, und seit die Raumsonde Magellan mit ihrem Radargerät die Oberfläche unter den Wolken abgetastet hat, wissen wir auch über die Einschlagskrater Bescheid, die Meteoroide hinterlassen haben – jedenfalls diejenigen, die durchkamen. Nirgends sonst im Sonnensystem läßt sich so gut studieren, wie die anfliegenden Brocken mit abnehmender Größe immer stärkeren atmosphärischen Kräften ausgesetzt sind, die die Eindringlinge unterhalb einer bestimmten Grenze komplett abwehren: Nur noch eine Druckwelle erreicht dann den Boden. Prompt führten diese Beobachtungen zum Umdenken unter den Impaktforschern, die nun auch bei Meteoroiden, die in die Erdatmosphäre eindringen, genauer auf die Physik achten. Ein überraschendes Ergebnis dieser neuen Betrachtungsweise war die Erkenntnis, daß die Explosion über Sibirien im Jahre 1908, das legendäre Tunguska-Ereignis, höchstwahrscheinlich nicht durch ein Kometenstück, sondern einen gewöhnlichen Steinbrocken ausgelöst wurde, den der Luftwiderstand vernichtete, bevor er den Erdboden erreichte. Dieselben Theoretiker, die dies 1992 herausgefunden hatten, wandten sich nun den Effekten zu, die einem Kometenkern bei Eintritt in die Jupiteratmosphäre widerfahren sollten.

Doch zunächst blieb den Spekulationen freie Bahn; erst nach und nach wurden die möglichen Auswirkungen der Impakte eingekreist. Schon Anfang Juni 1993 war klar, daß alle Fragmente Shoemaker-Levys die Rückseite Jupiters treffen würden. Direkt beobachten könnte man die Explosionen also nicht, was aber dem Enthusiasmus keinen Abbruch tat. Gene Shoemaker selbst hatte beim Betrachten der ersten

39

scharfen Fotos «seines» Kometen den Eindruck, die einzelnen Kerne seien riesig, vielleicht 10 km groß – was ihnen eine Milliarde Megatonnen TNT Energie verleihen würde, wenn sie mit zuletzt 60 km/s auf Jupiter zurasten. Fänden die Explosionen auf der Vorderseite statt, wurde spekuliert, dann gäbe es einen so gewaltigen Blitz, daß Jupiter sogar am Taghimmel zu sehen sein würde, so aber müsse man sich damit bescheiden, die Reflexionen dieser Blitze an gerade günstig stehenden Jupitermonden zu verfolgen. Schon jetzt wurde aber auch gewarnt, es sei denkbar, daß die Explosionen – physikalisch wäre dies praktisch dasselbe wie der «Airburst» des Tunguska-Objekts über Sibirien – erst unter den Wolken Jupiters stattfänden und fast überhaupt nichts zu sehen wäre. Bald nach den Einschlägen würde die entsprechende Zone Jupiters auf die sichtbare Seite rotieren, doch was dann zu sehen wäre – das war die überaus spannende Frage jener Tage. Sicher war nur, daß dem «interessantesten Kometen, der je entdeckt wurde» (US-Planetenforscher Clark Chapman), und seinen Auswirkungen auf Jupiter eine weltweite Beobachtungskampagne gewidmet werden würde.

Jupiter hatte schon immer das besondere Interesse der Planetenforschung und -physik gegolten, hat er doch mit 318 Erdmassen ein Tausendstel der Masse der Sonne und vereint damit 2 1/2mal soviel Masse wie alle anderen Planeten zusammen. Um seine Erforschung bemüht man sich bereits seit 350 Jahren. Zu den frühen Erkenntnissen zählen sein Durchmesser (142 000 km am Äquator, 133 500 km über die Pole) und seine Masse, die sich aus den Bewegungen der vier auffälligen Monde bestimmen läßt. Aus beidem zusammen läßt sich die Dichte angeben; sie liegt mit nur 1,3mal der Dichte von Wasser weit unter dem Wert für die Erde (5,6mal). So wurde schon sehr früh klar, daß Jupiter alles andere als ein großer Bruder der Erde ist: Er ist vielmehr der Prototyp für die großen gasreichen Planeten Saturn, Uranus und Neptun, deren Zusammensetzung sich fundamental von der der Erde und der erdähnlichen Planeten Merkur, Venus und Mars unterscheidet. Überdies rotiert Jupiter in nur 9 Stunden und 56 Minuten einmal um seine Achse, der Großteil seiner Masse jedenfalls;

40

Winde in der Atmosphäre weichen um bis zu 5 Minuten von dieser Periode (System III genannt) ab.

Erst im 20. Jahrhundert begann man aber zu lernen, wie der in oft über 600 Millionen Kilometer Entfernung von der Erde nur mit einiger Mühe im Detail zu untersuchende Jupiter tatsächlich «funktionierte». Spektren des Planeten enthüllten im Jahre 1905 die Anwesenheit zweier Gase, die in bestimmten Bereichen des roten und infraroten Lichts viel der einfallenden Sonnenstrahlung verschluckten. Erst 30 Jahre später wurden sie als Ammoniak und Methan identifiziert: Diese zwei giftigen Gase sind die einfachsten chemischen Verbindungen des Wasserstoffs mit Stick- bzw. Kohlenstoff. In der Erdatmosphäre sind sie nicht stabil, weil sie vom chemisch hochaktiven Sauerstoff gleich wieder abgebaut werden. Daß es sie auf Jupiter gab, bewies, daß es dort keinen freien Sauerstoff geben konnte. Vielmehr mußte die Atmosphäre von Wasserstoff dominiert werden, chemisch gesehen eine reduzierende statt oxidierende Umwelt. Wasserstoff kommt zwar viel häufiger vor als Methan oder Ammoniak, aber ist auch schwerer nachzuweisen: Dies gelang mit ausgefeilteren spektroskopischen Methoden erst später.

In den 40er und 50er Jahren fügte dann der deutsch-amerikanische Astronom Rupert Wildt alle vorliegenden Daten zu einem auch heute noch im großen und ganzen gültigen Bild des Riesenplaneten zusammen. Daß Jupiter einerseits eine so geringe Gesamtdichte hatte und daß es in seiner Atmosphäre wasserstoffreiche Verbindungen gab, erinnerte an die Sonne und andere Sterne. Diese «kosmische Zusammensetzung» wird von den beiden einfachsten Elementen Wasserstoff und Helium dominiert, die nahezu 99% aller Materie im Universum ausmachen. Wildt stellte sich nun vor, daß die Riesenplaneten wegen ihrer Größe die ursprüngliche Zusammensetzung beibehalten hatten, während den kleineren inneren Planeten Wasserstoff und Helium wieder abhanden kamen. Wildt berechnete auch den inneren Aufbau Jupiters aufgrund der Kenntnisse über das Verhalten der leichten Gase bei verschiedenen Drücken: Er mußte fast ganz flüssig oder gasförmig sein. Nur im Kern mochte es eine kleine feste Kugel von vielleicht 15 Erdmassen aus schwereren Elementen wie Eisen und Silizium geben, aber der größte Teil des Planeten war nicht fest, nur zähflüssig. Oben bestand er überwiegend aus flüssigem molekularem Wasserstoff, weiter unten aber aus metallischem Wasserstoff bei mehreren Millionen Atmosphären Druck. Die sichtbare Wolkendecke war demnach nur die oberste Schicht eines Tausende von Kilometern tiefen Gasozeans.

Das war das grobe Bild, doch an den Feinheiten wird bis heute gefeilt. In der ersten Hälfte des Jahrhunderts interessierten sich die Astrophysiker herzlich wenig für das Wesen der Planeten – der Kosmos dahinter schien um ein Vielfaches aufregender. Erst der Beginn des Raumfahrtzeitalters änderte diese Einstellung: Wenn sich eines nicht zu fernen Tages die Chance eröffnen würde, Raumsonden zu den Planeten zu schicken und sie vor Ort zu untersuchen, dann lohnte es sich schon, näher über ihre Natur nachzudenken. Woraus bestehen ihre Atmosphären? Was sind die Temperaturen und Windgeschwindigkeiten? Wieviel von welchem Element ist vorhanden, und was besagt das über die Vergangenheit des ganzen Sonnensystems? Auf Jupiter kann man neben Wasserstoff, 76% Massenanteil der Atmosphäre, Helium, 24% Massenanteil, wie man erst 1996 durch die Atmosphärenkapsel der Galileo-Sonde lernte, und den Spuren von Ammoniak und Methan auch Stickstoff, Neon, Argon und Wasserdampf vermuten – aber der direkte spektrale Nachweis ist in vielen Fällen nicht möglich. Die Zusammensetzung von Gasen läßt sich häufig spektroskopisch feststellen: Weil die Moleküle frei im Raum schweben, absorbieren oder emittieren sie charakteristische Wellenlängen. Doch bei Flüssigkeiten und Festkörpern ist das nicht der Fall, weil die Moleküle zu stark miteinander wechselwirken – die Zusammensetzung von Jupiters Wolken entzog sich damit der direkten Analyse aus der Ferne.

Die Anwesenheit von Ammoniakgas liefert aber einen wichtigen Hinweis, denn bei den Temperaturen, die man in Jupiters oberer Atmosphäre erwarten darf, muß es ausgefroren sein – ebenso wie der Wasserdampf der Erdatmosphäre Zirruswolken bildet. Daß die Wolken Jupiters primär aus Ammoniakeis bestehen, ist also klar – aber das ist strahlend weiß! Jupiter dagegen, das zeigt bereits der Blick durch ein größeres Fernrohr, ist mitunter ziemlich farbig: Es muß also zusätzliches Material geben, vielleicht bunte organische Verbindungen, die die Wirkung der UV-Strahlung der Sonne in kleinen Mengen aus den primitiveren chemischen Substanzen formen kann. Die Ursache dieser Farben ist immer noch nicht verstanden. Man hat z.B. auch verschiedene Polymere des Schwefels (S_3, S_4 etc.) dahinter vermutet – bis 1994 ist aber nie Schwefel auf dem Planeten nachgewiesen worden. Wenn man Jupiter im Fernrohr betrachtet, dann fallen zuerst mehrere dunkle waagerechte Bänder auf, meist zwei zu beiden Seiten des Äquators, die dazwischenliegenden helleren Gebiete werden Zonen genannt. Man vermutet, daß die Zonen wolkenbedeckte Regionen der Atmosphäre sind, die sich aufwärts bewegen, während die Bänder absteigende Gase repräsentieren. Die meisten Flecken wiederum stellen Wirbelstürme verschiedener Größe dar, die oft Jahrzehnte und, wie der größte von ihnen, der Große Rote Fleck, Jahrhunderte existieren.

Auch über die Zustände unterhalb der Ammoniakwolken glaubte man 1994 Bescheid zu wissen, wenn auch allein aufgrund von Modellrechnungen. Unter ihnen müßte sich eine Schicht aus Ammoniakhydrosulfid (NH_4SH) und Wassereiskristallen befinden, gefolgt von Wolken aus flüssigem Wasser – ob die Kometenkerne sie erreichen und Wasser mit nach oben bringen würden, das war eine der großen Fragen. Doch der Besuch der Galileo-Kapsel am 7. Dezember 1995 brachte die große Ernüchterung: Die NH_4SH-Wolken konnte sie nur marginal nachweisen, Wasserwolken gar nicht. Ist unser Bild von Jupiter grundlegend falsch gewesen? Während die Temperatur auf der Höhe der Wolken eisige –173 Grad Celsius beträgt (bei einem atmosphärischen Druck von einem halben Bar), nimmt sie nach unten hin ständig zu, jeden Kilometer um 1,9 Grad, so daß 100 km unterhalb der Wolken «Zimmertemperatur» herrscht. Im Nahen Infrarot, einem Wellenlängenbereich des Lichts, der sich direkt an die Farbe Rot anschließt, läßt sich je nach Wellenlänge unterschiedlich tief in die Atmosphäre hineinschauen, aber um die Wärmestrahlung des Planeten messen zu können, muß das Ferne Infrarot – zugänglich nur ober- oder außerhalb eines Großteils der Erdatmosphäre – beobachtet werden.

Das wurde erst in den späten 60er Jahren möglich. Dafür brachten die ersten Beobachtungen eine faustdicke Überraschung: Jupiter strahlt mehr Wärme ab, als er von der Sonne empfängt! Zwei- bis dreimal mehr Energie verläßt den Planeten, als von der Sonne eingestrahlt wird, was eine innere Wärmequelle erforderlich macht – möglicherweise ein Überrest aus fernster Vergangenheit, als der Ur-Jupiter vor 4 1/2 Milliarden Jahren ausglühte. Neuere Deutungen sehen die Wärmequelle eher in der fortdauernden Schrumpfung des Planeten oder anderen Prozessen, die gravitative Energie in Wärmeenergie umwandeln. Geht man mit der Wellenlänge noch weiter nach oben, in den Radiobereich hinein, dann hat Jupiter abermals Überraschendes zu bieten: Er strahlt auf Langwelle wesentlich stärker, als er nur aufgrund seiner Wärmestrahlung dürfte. Die zusätzliche Strahlung erinnerte die Radioastronomen an diejenige, die auf der Erde in Synchrotrons entsteht, wo geladene Teilchen mit hoher Geschwindigkeit im Kreis herumgejagt werden.

Einem russischen Theoretiker gelang es dann, die Radiostrahlung Jupiters durch einen vergleichbaren Synchrotronprozeß zu erklären: In Jupiters Magnetfeld müssen Elektronen auf Spiralbahnen herumsausen – und Feld- wie Teilchendichte die entsprechenden Phänomene der Erde bei weitem an Intensität übertreffen. Die Quelle des starken Magnetfelds ist vermutlich der metallische Wasserstoff. Die Magnetosphäre, der Raum um einen Planeten, in dem sein Magnetfeld mit dem Sonnenwind wechselwirkt, muß bei Jupiter immense Ausmaße haben. Könnte man sie sehen, dann wäre sie am Himmel doppelt so groß wie der Vollmond. In Richtung Sonne reicht die Magnetosphäre 3,5 bis 7 Millionen Kilometer von Jupiter weg, in Gegenrichtung 10mal so weit. Und weil die vier großen Monde Jupiters – Welten für sich – innerhalb der Magnetosphäre um den Planeten kreisen, kommt es zu komplexen Wechselwirkungen. Besonders der innere Mond Io mit seinem starken Vulkanismus spielt dabei eine zentrale Rolle. Diese aufregende Welt ist gegenwärtig bereits zum fünften Mal das Ziel von unbemannten Missionen – seit 1989 ist die Sonde Galileo unterwegs zu Jupiter, und seit Ende 1995 untersucht Galileo auf einer stabilen Umlaufbahn um den Planeten die Verhältnisse vor Ort.

44

Im Sommer 1993 war man sich also sicher, daß in einem guten Jahr 21 Kometen auf Jupiter stürzen und die Rätsel um den größten Planeten vermehren würden. Die Beobachter begannen, sich Gedanken über die Größe der Kometenkerne zu machen, denn schon ein kleiner Unterschied im Durchmesser macht einen erheblichen Unterschied in den möglichen Folgen des Impakts aus. Gene Shoemaker war auf 10 km Durchmesser für den größten Kern durch die Überlegung gekommen, daß die Helligkeitsspitzen der Kondensationen in dem langgestreckten Kometen gar nicht die staubigen Hüllen der Kerne, sondern die Kerne selbst seien. Hätte das gestimmt, dann wäre jeder einzelne Impakt dem Einschlag eines Asteroiden auf die Erde vor 65 Millionen Jahren vergleichbar gewesen, dem eines der größten Artensterben in der Geschichte der Evolution zugeschrieben wird. Doch am 1.7. nahm das Weltraumteleskop die Kometenkette unter die Lupe und kam in der ersten Auswertung zu anderen Ergebnissen.

Die Durchmesser der Kerne direkt zu messen ist auch dem Hubble-Teleskop verwehrt: Zwar kann es um gut einen Faktor 10 schärfer sehen als Teleskope am Erdboden, weil es nicht durch die turbulente Atmosphäre schauen muß, aber auch so liegen die Kerndurchmesser eines so fernen Kometen weit unter der Auflösungsgrenze. Man kam nur mit Modellrechnungen weiter, bei denen man die beobachtete Lichtverteilung in den Helligkeitszentren der Kometenkette durch zwei Komponenten zu beschreiben versuchte, eine, die von an der Staubwolke reflektiertem Sonnenlicht herrührte, und eine, die von den Kernen selbst stammte. Das Ergebnis war eine Obergrenze von 5 km Durchmesser für das größte Fragment, was gegenüber 10 km eine Volumen- und damit Energiereduzierung um den Faktor 8 bedeutete. Aber auch ein Durchmesser von 1 km war gut mit den Daten verträglich – und würde überdies besser zur statistischen Verteilung der Durchmesser von Kometenkernen passen.

Wenn Shoemaker-Levy 9 ein typischer Komet ist, dann hat er bereits vor dem Zerbrechen weit weniger als 10 km Durchmesser, rechnet Brian Marsden vor: Kerne der 10-Kilometer-Klasse wie bei

45

Halley sind die Ausnahme. Und da sich Shoemaker-Levy vor seinem Zerfall durch keine Besonderheiten auszeichnete, ging Marsden von Anfang an davon aus, daß der Ursprungskern nur 1 bis 2 km Durchmesser hatte und die Fragmente gar nur wenige 100 Meter. Während viele ihre ursprünglichen großen Durchmesserschätzungen im Laufe der Zeit reduzieren mußten, blieb Marsden stets seinen ersten Zahlen treu – die für ihn freilich auch bedeuteten, daß mit auffälligen Effekten der Einschläge nicht zu rechnen sein würde. Ein anderes Ergebnis von Hubbles Beobachtungen war, daß alles Licht von den Kometenkomae an Staub reflektiertes Sonnenlicht ist. Strahlung von leuchtenden Molekülen gab es nicht, auch nicht vom kometentypischen Wasserabbauprodukt OH, doch das hieß keineswegs, daß Shoemaker-Levy kein Komet war. Kein Komet hat bisher OH-Emission in mehr als 3,3 Astronomischen Einheiten Sonnenabstand gezeigt, und dieser Komet war 5 AU von der Sonne entfernt. Die Skeptiker, die in ihm einen zerbrochenen Asteroiden wähnten, sollten allerdings nie ganz verstummen.

Ab August 1993 begannen die Theoretiker und Modellrechner auf einer ganzen Serie von Konferenzen, ihre Ergebnisse vorzustellen und eines der größten koordinierten Forschungsprogramme der Astronomiegeschichte einzuleiten. Den Anfang machte Ende August ein gutbesuchter «Brain-storming Workshop» in Tucson, Arizona – obwohl erst zwei Wochen vorher angekündigt, reisten 120 Wissenschaftler an. Zunächst wurden Parallelen zwischen den Kometen in Jupiters Atmosphäre und Meteoren in unserer gezogen – schon dieses Phänomen ist komplizierter, als es auf den ersten Blick aussieht. Als besseres Analogon empfahl sich das Tunguska-Ereignis: Man konnte davon ausgehen, daß auch die Kometenkerne ihre Energie in einem geringen Höhenintervall und einem kurzen Zeitraum abgeben, in einer Explosion. Die würde dann das umgebende Gas aufheizen und dieses als Feuerball aufsteigen. Für Projektile von Kilometergröße wurde die Energiefreisetzung 200 km unter den Wolken erwartet. Damit wäre die Explosion an sich nicht sichtbar, aber der Feuerball sollte erscheinen, wenn er etwa eine Minute später in die obere Atmosphäre aufgestiegen sein würde.

46

An mehreren Instituten auf der Welt liefen im Sommer 1993 aufwendige Simulationen auf Großrechnern. Wegen des enormen Rechenaufwands hatte noch niemand einen kompletten Impakt von Anfang bis Ende durchrechnen können. Eine offene Frage war zum Beispiel, ob infolge der Impakte Material aus Jupiters Atmosphäre herausgerissen und bis in die Magnetosphäre gebracht werden konnte. So etwas kam bei den Simulationen nicht vor, aber im Prinzip schienen solche Auswurfprozesse denkbar: Bei Kollisionen von festen Körpern untereinander kann schließlich auch ein Teil des ausgeworfenen Materials die Hochatmosphäre des getroffenen Planeten erreichen oder ihn gar vollständig verlassen. Auch über Langzeitfolgen der Einschläge für Jupiter wurde bereits nachgedacht. Fein zermahlen und gleichmäßig in der Atmosphäre verteilt, wäre das Material in den Kometen ausreichend, um die Strahlungsbilanz des ganzen Planeten durcheinanderzubringen; ob es allerdings zu einer gleichmäßigen Vermischung kommen würde oder die Überreste der Kometen dort bleiben würden, wo sie herunterfielen, war alles andere als klar.

Und das galt auch für die Frage, die alle am meisten beschäftigte: Wie würde sich die Energie der Kometentrümmer verteilen, nachdem sie Berührung mit Jupiters verschiedenen Atmosphärenschichten aufgenommen hatten? Welcher Prozentsatz würde als Licht oder als elektromagnetische Strahlung mit anderen Wellenlängen abgestrahlt, wieviel würde die Atmosphäre in neue Wirbelstürme umsetzen (der Energiegehalt eines mittelgroßen Jupitersturms und eines typischen Fragments schien vergleichbar), und wieviel würde als Welle in der Atmosphäre davonlaufen? Letztere Möglichkeit erschien vielen als die spannendste: Die plötzliche Aufheizung der Atmosphäre an einer Stelle sollte nach Modellrechnungen zu einem schmalen Ring von Dichtewellen führen, die mehrmals um den Planeten laufen. Vielleicht würde Hubble sie abbilden können. Aus diesen Wellen könnte man sogar Informationen über Temperatur und Dicke von Jupiters Wetterzone gewinnen, womit die Kometenstürze gar etwas Neues über den Planeten zutage fördern könnten. Auch für Jupiters Magnetosphäre wurden Veränderungen vorausgesagt, insbesondere durch den Staub, der die Kometenkerne begleitete. Könnte er sich durch Kontakt mit den

47

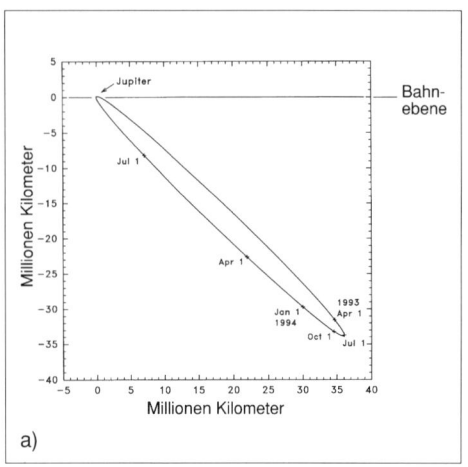

a)

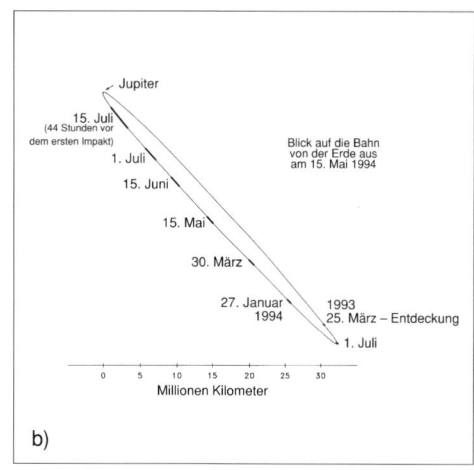

b)

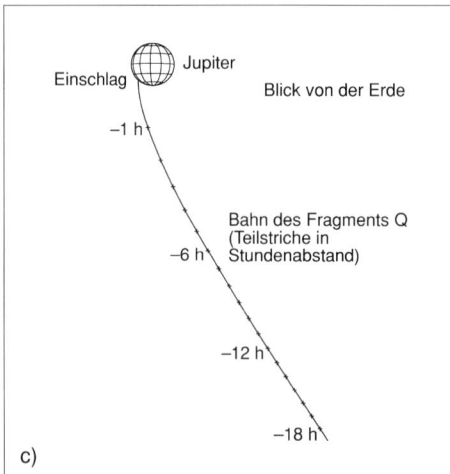

c)

Shoemaker-Levys Bahn um Jupiter und seine letzte Schleife: Diese Grafiken verdeutlichen die ungewöhnliche Lage der Kometenbahn im Raum: wie die Kernkette im Perijovium 1993 immer länger wurde (a, b), und unter welchen geometrischen Bedingungen (von der Erde aus gesehen) sich ein bestimmtes Fragment (Q) dem Planeten nähern sollte (c, d auf S. 47). Erst Sekunden vor dem Aufprall sollte es hinter dem Horizont verschwinden (e auf S. 47), der seinerseits dunkel ist, weil die Sonne etwas rechts von der Sichtlinie zum Jupiter stehen würde. Könnten bereits Effekte an den Fragmenten sichtbar werden, *bevor* sie in die Atmosphäre eintraten? (Quelle: P. Chodas, JPL, gefunden im Kometen-Bulletin Board der University of Maryland.)

geladenen Teilchen elektrostatisch aufladen und dann im Raum um den Planeten verteilen, so daß die Magnetosphäre selbst regelrecht aufleuchten würde? Oder unterbände der Staub für eine Weile (hier reichten die Schätzungen von 30 Minuten bis 11 Jahren) die Synchrotron-Radiostrahlung des Planeten?

Im Oktober 1993 erschienen die ersten Veröffentlichungen mit Spekulationen über Vergangenheit und kurze Zukunft von Shoemaker-Levy

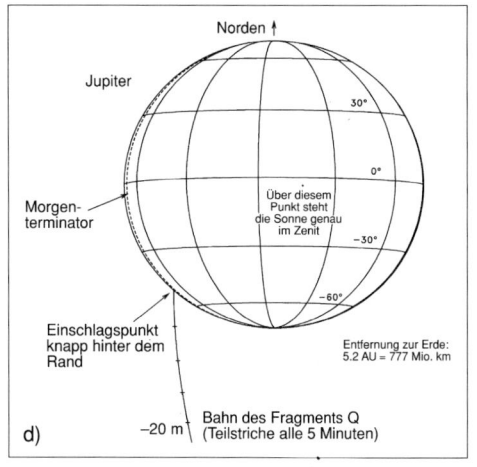

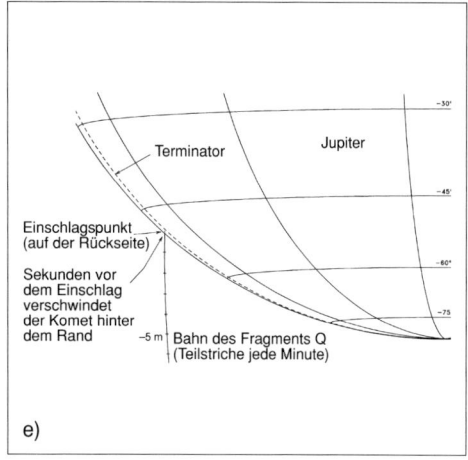

d) Jupiter
Norden ↑
30°
0°
Über diesem Punkt steht die Sonne genau im Zenit
−30°
−60°
Morgen-terminator
Einschlagspunkt knapp hinter dem Rand
Entfernung zur Erde: 5.2 AU = 777 Mio. km
−20 m
Bahn des Fragments Q (Teilstriche alle 5 Minuten)

e) Terminator
Jupiter
−30°
−45°
Einschlagspunkt (auf der Rückseite)
−60°
Sekunden vor dem Einschlag verschwindet der Komet hinter dem Rand
−75°
−5 m
Bahn des Fragments Q (Teilstriche jede Minute)

9 in Fachzeitschriften. Es gab auch einen ersten von zahlreichen Versuchen, das Zerbrechen des Kometen an Jupiter im Juli 1992 zu verstehen. Ein einfaches Modell führte dabei auf ein bemerkenswert simples «Gesetz»: Die Länge der Fragmentkette ist proportional zur Größe des ursprünglichen Kerns; je größer der war, desto länger ist die Kette. Der Einfachheit halber wird angenommen, daß der Mutterkörper genau im Perijovium, dem Zeitpunkt der größten Jupiternähe am 7.7.1992, nur 25000 km über den Wolken des Planeten, spontan zerfallen war. Im Computer werden dann die Bahnen des jupiternächsten und des jupiterfernsten Fragments weiterverfolgt. Für einen ursprünglichen Abstand von 1,6 km ergibt sich für den Zeitpunkt ein Jahr später (1993) genau die dann tatsächlich beobachtete Kernkette von 270000 km Länge. Da die Fragmente ja auch selbst eine Ausdehnung haben, sollte der ursprüngliche Kern rund 2 km groß gewesen sein. Auch die sonstigen Eigenschaften der Kernkette werden in diesem Modell korrekt wiedergegeben. Sie ist gerade, die Kerne sind nicht entlang der gemeinsamen Bahn aufgereiht, sondern etwas gegen sie geneigt. Wäre die Trennung der Fragmente dagegen durch ein Wechselspiel von Gezeitenzug und schneller Rotation des Kerns zustande gekommen, dann wären die Fragmente nach einem Jahr in einem Bogen angeordnet: Somit ist klar, daß die Anfangsgeschwindigkeit der Kerne relativ zum gemeinsamen Schwerpunkt praktisch Null war. Der

49

Auf Kollisionskurs: Was wird geschehen?

Kraterketten auf Monden durch gespaltene Kometen?

Kometen, die sich in so viele Teile zerlegen wie Shoemaker-Levy 9, sieht man nicht alle Tage – was aber nicht heißt, daß in der Vergangenheit nicht andere Kometen ein ähnliches Schicksal erlitten haben. Zeugnis solcher Ereignisse scheinen Ketten von ungefähr gleich großen Kratern auf zwei Jupitermonden und auf dem Mond

der Erde abzulegen, für die es vor der Entdeckung der kosmischen Perlenkette keine rechte Erklärung gab. Zuerst wurden sie auf Jupiters Mond Callisto als eigenständiges Phänomen ausgemacht. 13 Fälle sind dort bekannt, dann wurden sie auch auf dem Jupitermond Ganymed (3 Fälle) und auf unserem Erdmond

(2 Fälle) gesichtet. Dort ist die größte Kraterkette Davy 47 km lang. Sie besteht aus rund 23 Kratern zwischen 1 und 3 km Durchmesser. Manche Kraterketten, die man auf Planetenmonden findet, sind eindeutig sekundärer Natur, das heißt, sie wurden von Auswurfmaterial geschlagen, das bei 1 großen Impakt entstand. Davy und eine weitere, lange nicht so spektakuläre Kette namens Abulfeda (ca. 24 Krater von 5–13 km Durchmesser, verteilt auf 200–260 km) haben aber keinen dazugehörigen Großkrater, wie auch die 16 Fälle auf den Jupitermonden nicht. Wenn die Kraterkette Davy durch einen Kometen entstand, der kurz vor seinem Sturz auf den Mond zu nahe an der Erde vorbeikam und von deren Gezeitenkräften zerrissen wurde, dann waren seine Fragmente nicht mehr als 100 Meter groß und der Ursprungskern maß nur 300 Meter. Allerdings ist nicht auszuschließen, daß die Davy- und Abulfeda-Ketten von einem brüchigen Asteroiden herrühren, dem ebenfalls das Gezeitenfeld der Erde zum Verhängnis wurde.

Bessere Statistik erlauben da die Kraterketten auf den Jupitermonden: Callistos bestehen aus 4 bis 25 Kratern und sind bis zu 620 km lang. Die meisten aber messen 100 bis 200 km (ein besonders schönes Beispiel zeigt die Abbildung), und weil ja die Länge einer Kometenkernkette eine direkte Funktion des Durchmessers des Ursprungskerns ist, heißt das, daß die meisten weniger als 10 km groß waren. Der Großteil der Kraterketten liegt auf den stets Jupiter zugewandten Seiten der Monde, so daß alles ganz schnell gegangen sein muß: Der Komet näherte sich Jupiter, wurde gespalten und stieß bereits auf dem Weg nach draußen mit dem Mond zusammen. Aus der Zahl der Kraterketten und der Fläche, die die Monde darbieten, läßt sich berechnen, daß im Mittel alle 80 Jahre ein Komet von Jupiter gespalten wird. Das paßt: 1886 zerfiel Komet Brooks 2 in der Nähe des Planeten, 1992 Shoemaker-Levy. Und da die Kratergrößen in den Ketten bemerkenswert konstant sind, müssen auch die Fragmente alle ähnliches Format gehabt haben, rund 400 Meter, denn die Kraterdurchmesser liegen meist zwischen 10 und 15 km. Sind das womöglich die ursprünglichsten Bausteine der Kometen? Die Wissenschaftler, die auf die neue Deutung der Kraterketten hinwiesen, wittern hier schon ein Naturgesetz: «Wenn man einen Kometen schüttelt, dann geht er in Stücken von einem halben Kilometer auseinander.»

Kometenkern hat sich einfach in seine Bestandteile getrennt, weil die Schwerkraft auf die jupiternächsten ein klein wenig größer war als auf die jupiterfernsten – sie schienen also nur sehr lose verbunden gewesen zu sein.

Bereits ein Zug von einem Millibar reichte nach dieser Modellrechnung aus, um die Fragmente zu trennen. Der Kern erweist sich als «inkohärente Ansammlung von großen, schon vorher existierenden Fragmenten und Staub, zusammengehalten von der eigenen Schwer-

Auf Kollisionskurs: Was wird geschehen?

kraft». Diese Vorstellung vom Aufbau der Kometenkerne, die bereits kurz nach den ersten Nahaufnahmen von Halley aufgekommen war, schien durch Shoemaker-Levy bestätigt, und zugleich war man jetzt auch einem ganz anderen Phänomen des Planetensystems auf der Spur – der Herkunft der Kraterketten auf zwei der Jupitermonde und des Erdmondes: Sie erweisen sich in dem Bild zwanglos als die Überreste eingeschlagener gespaltener Kometen (s. Kasten). Widerspruch gegen dieses Modell regte sich jedoch in Amerika.

Am Jet Propulsion Laboratory nahm man eine Spaltung bereits vor dem Perijovium an – eine naheliegende Vermutung, zerbrechen viele Kometen doch sogar ganz von alleine –, womit ein ursprünglich 10 km großer Kern im Prinzip weiterhin denkbar war. Die Trümmer müßten dann einige Kilometer statt weniger als 1 km (wie in dem einfacheren Modell) groß sein. Die Berechnungen des Jet Propulsion Laboratory könnten also nicht nur die Kernkette genausogut erklären, sondern überdies auch noch die weiteren Bestandteile des Kometen aus Staub, die schmalen «Trails» vor und hinter den Kernen ebenso wie die Schweife, die von den einzelnen Kernen ausgingen. Angenommen wurde jetzt ein 9 km großer Kern mit einer Masse von grob einhundertmilliarden Tonnen, der 1 1/2 Stunden vor dem Perijovium von 1992 zerbrach. Genauer gesagt trennten sich ab diesem Zeitpunkt die Fragmente, der Prozeß des Zerfalls mußte aber schon früher begonnen haben. Und dabei kam es zu zahlreichen Stößen zwischen den sich gegenseitig zerkleinernden Trümmern, die zwangsläufig viele Teilchen von Zentimetergröße auf hohe Geschwindigkeiten brachten.

Die Phase intensiver Stöße dauerte zwei bis drei Stunden, dann begannen sich die Teilchen wegen ihres unterschiedlichen Abstands von Jupiter allmählich zu trennen. Nach dem dritten Keplerschen Gesetz, wonach die näheren Teilchen schneller sein müßten, erfolgte dies zwangsläufig. Das optische Bild wurde von feinem Staub bestimmt, der aber keinen nennenswerten Anteil der Gesamtmasse enthielt. Die steckte vielmehr in den 21 größeren Fragmenten mit Durchmessern zwischen knapp 2 und reichlich 4 km, Dimensionen übrigens, mit denen die Auswerter der Hubble-Aufnahme vom 1. Juli leichter einverstanden sind als mit Kernen von maximal 1 km.

52

Der spitze Trümmerwolken-«Trail» im Westsüdwesten besteht in diesem Modell vornehmlich aus kiesel- bis felsgroßen Brocken, der andere aus Partikeln von weniger als einem Zentimeter Größe. Der diffuse Staubfächer im Norden wie auch die Schweife der einzelnen Kometentrümmer bestehen dagegen aus mikroskopischem Staub, den der Strahlungsdruck der Sonne weggedrückt hat, einer der wenigen «normalen» Aspekte des außergewöhnlichen Kometen. Seine Interpretation als großes Objekt sollte freilich immer eine Außenseitersicht bleiben, die von denen, die auf einen nur 1 bis 2 km großen Ursprungskometen geschlossen hatten, oft nicht einmal zitiert wurde. Eine Versöhnung der konträren Modelle war nicht in Sicht.

«Was genau passieren wird, wenn die Fragmente von Shoemaker-Levy 9 in die Atmosphäre Jupiters eintreten, ist sehr unsicher», schrieb der Kometenforscher Ray Newburn vom JPL, der seinerzeit die Beobachtungen Halleys in aller Welt koordiniert hatte, in einem Leitfaden für amerikanische Lehrer. «Aber wenn der Prozeß besser verstanden wäre, dann wäre er auch weniger interessant.» Wenigstens die grundlegende Physik war unumstritten: Jeder Körper, der sich durch eine Atmosphäre bewegt, wird von der Reibung abgebremst, denn er muß die Moleküle vor sich aus dem Weg schieben. Die kinetische Energie, die er dabei verliert, gibt er an die Moleküle der Atmosphäre ab, die dadurch schneller und also auch heißer werden und ihrerseits den Körper erwärmen – die Energie der Massenbewegung (kinetische Energie) wird in thermische Energie (Molekülbewegung) umgewandelt. Der Luftwiderstand nimmt ungefähr mit dem Quadrat der Geschwindigkeit zu, und in jedem Medium gibt es eine Maximalgeschwindigkeit, jenseits derer die atmosphärischen Moleküle nicht mehr ausweichen können und sich vor dem hineinrasenden Körper aufzustauen beginnen: Das ist die Schallgeschwindigkeit, Mach 1 oder 332 m/s in der Luft auf der Erde in Seehöhe. Es entsteht eine Diskontinuität in Geschwindigkeit und Druck, die Schockwelle genannt wird. Shoemaker-Levy 9 sollte den Jupiter mit etwa 60 km/s treffen, was auf der Erde Mach 180(!) entspräche und selbst in der sehr dünnen Atmosphäre Jupiters, die größtenteils aus Wasserstoff ist, noch etwa 50fache Schallgeschwindigkeit bedeutet.

Auf Kollisionskurs: Was wird geschehen?

Ein heller Blitz auf Jupiter – das Rätsel von 1983

Ein greller Blitz, wenn ein Komet in Jupiters Atmosphäre verschwindet: Das galt Ende 1993 den meisten Theoretikern als ausgemacht und auch, daß solch ein Blitz von der Planetenrückseite hell genug sein könnte, um günstig plazierte Jupitermonde aufzuhellen. Plötzlich wurde damit eine zehn Jahre alte Beobachtung wieder aktuell, die man seinerzeit unter «Anomalie» abgeheftet und fast vergessen hatte:

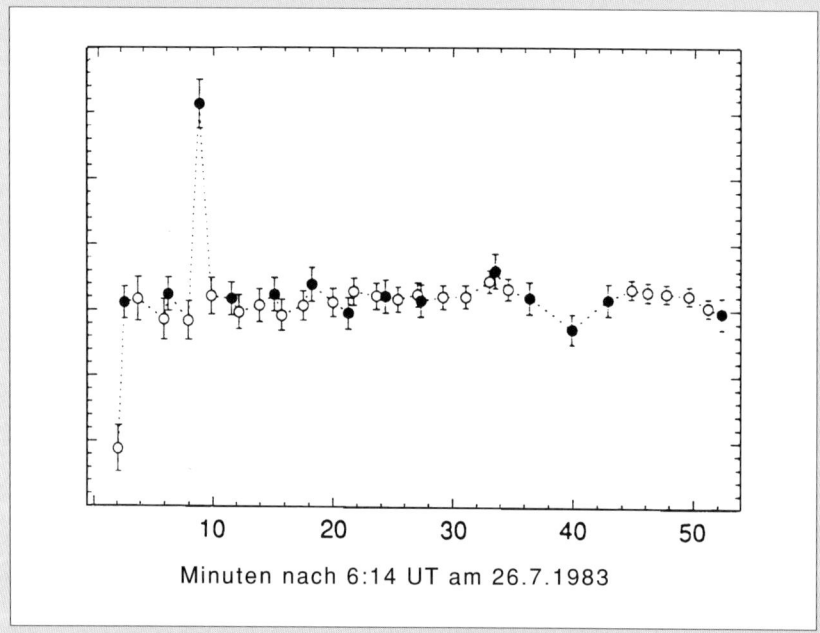

Minuten nach 6:14 UT am 26.7.1983

Am 26. 7. 1983 war der Mond Io für weniger als zwei Minuten um 50 % heller geworden. Jedenfalls sah das auf einer Videobildserie so aus, die auf dem Palomar Mountain aufgenommen worden war: Während Io auf einem Bild schlagartig heller (und auf dem nächsten wieder dunkel) geworden war, blieben der Himmelshintergrund wie auch der Mond Europa (der vor Jupiter stand) unverändert. Das Bild selbst weist keinerlei Anzeichen für eine instrumentelle Störung auf – kein bekanntes Problem kann das Phänomen erklären. Auch ein ungewöhnliches Ereignis auf Io selbst können sich die Beobachter nicht vorstellen, bleibt nur ein Blitz auf der Rückseite Jupiters, der den Mond aufgehellt haben könnte. Dafür käme wieder eine außerordentlich grelle Blitzentladung in Betracht – oder aber ein Kometenkern von 5 km Durchmesser, der mit 60 km/s auf Jupiter fiel und 1/10 seiner kinetischen Energie binnen zehn Sekunden in Licht umwandelte. Ob sich dieses Szenario wohl je beweisen lassen wird? (Quelle: Nature.)

Bei hohen Überschallgeschwindigkeiten wird auf den eindringenden Körper so viel Energie übertragen, daß er zu glühen anfängt und die molekularen Bindungen aufbrechen: Seine Oberfläche wird erst zu einer Flüssigkeit und dann zu einem Gas, das wiederum seine Elektronen verliert. Schließlich verändert es sich zu einem Plasma, einem Gemisch aus freien Ionen und Elektronen. Auch den Molekülen der Atmosphäre widerfährt dieses Schicksal, und sie mischen sich zu dem Plasma. Schließlich werden die Temperaturen des Plasmas und des eindringenden Körpers größtenteils vom Strahlungsgleichgewicht bestimmt. Die Temperatur kann für Körper von der Größe der Kometenkerne bis auf 50 000 Grad oder mehr steigen. Natürlich geht damit auch ein Massenverlust des Körpers einher. Besonders bei so zerbrechlichen Objekten wie Kometenkernen ist damit zu rechnen, und sie dürften zerquetscht und zu Pfannkuchen zusammengepreßt werden. Dieser Prozeß und die Zunahme der atmosphärischen Dichte werden in Sekundenbruchteilen immer schneller, bis der Kern in einer sogenannten terminalen Explosion untergeht. Es stellt sich nur die Frage, ob er vorher in mehrere kleinere Fragmente zerfallen oder als ein Stück im ganzen explodieren würde.

Die jährliche Großtagung der Planetenforscher Ende Oktober, dieses Mal in Boulder, Colorado, sollte erneut zu einem Festival der Prognosen werden. Wichtigste Erkenntnis jetzt: Auch wenn die einzelnen Kerne nur Durchmesser von der Größenordnung von 1 km aufweisen, ist trotzdem noch mit erheblichen Effekten zu rechnen. Die Eintrittsphase des größten Fragments (angenommener Durchmesser 3 km) wurde an den Sandia National Labs im Supercomputer simuliert: In den ersten Sekunden ist die Jupiteratmosphäre noch so dünn, daß es ungehindert vorankommt. Dann steigt der Druck rapide, das Fragment verformt sich und zerplatzt schließlich, doch bis zu diesem Zeitpunkt hat es erst 2% seiner kinetischen Energie abgegeben. 98% werden also tief unter den Wolken schlagartig freigesetzt. Hier übernimmt ein anderes Computermodell, das die Entwicklung des Feuerballs simuliert: Er wird so heiß wie die Sonnenoberfläche, steigt nach einer Minute durch die Wolken und ist zunächst so hell wie Jupiter selbst.

Nach einer weiteren Modellrechnung ist auszuschließen, daß Hochgeschwindigkeitsejekta der Jupiteratmosphäre oder vom Kometen selbst entstehen: Rund 95% der Energie geht in den Planeten über. Im Gegensatz zu harten Kollisionen zwischen großen und kleinen festen Planeten hat man es mit einem «weichen Einfang» zu tun. Der Feuerball selbst verspricht aber interessant zu werden: Er sollte mehrere 100 km groß werden und selbst dann noch im Infraroten strahlen, wenn er auf die sichtbare Seite Jupiters gekommen ist. Die Lebensdauer des gesamten Phänomens wurde allgemein auf nur wenige Stunden geschätzt; als mögliche Überbleibsel der Impakte wurden Wolken vermutet, z.B. aus Wasser, die aus den aufgestiegenen Gasblasen herauskondensieren könnten, aber auch Dunst aus den Rückständen der abgestürzten Kometen, der gar einige der normalerweise sichtbaren Bänder bedecken könnte, erschien möglich. Sowohl kondensierte Wolken hoch über der normalen Atmosphäre als auch verteilter Dunst könnten dafür sorgen, daß weniger Sonnenstrahlung auf die Atmosphäre trifft und dort die Temperatur abnimmt, mit möglicherweise spürbaren Auswirkungen auf das Wetter Jupiters.

Den ungenauen Voraussagen für Effekte *auf* Jupiter standen auch nicht viel klarere Prognosen für Konsequenzen *um* Jupiter herum gegenüber. Doch an der Bildung eines neuen Rings um den Planeten schien nach Auffassung der Staubfachleute kein Weg vorbeizuführen. Die Ringe, die Jupiter schon immer hatte, eine Entdeckung der Raumsonde Voyager 1, sind ausgesprochen schwache Gebilde, kein Vergleich zu denen des Saturn oder selbst des Uranus. Erst später hatte man gelernt, sie von der Erde aus auch direkt abzubilden, indem Jupiter inmitten einer tiefen Methanabsorption seines Infrarotspektrums beobachtet wird, wo er erheblich dunkler als außerhalb dieser spektralen Bereiche erscheint. Die Erwartung war nun, daß die Staubteilchen, die Shoemaker-Levy begleiteten, in der Jupitermagnetosphäre aufgeladen, gebremst und eingefangen würden, letzteres aber erst nach mehreren Umläufen um den Planeten. Gut zehn Jahre könnte dann die Ausbildung eines neuen Ringes dauern, und er befände sich viel weiter draußen als der alte, in der Nähe der Umlaufbahn des Mondes Io: Auch wenn alle anderen Auswirkungen, die die Kometenstürze auf Jupiter haben sollten, längst Vergangenheit sind, sollte der neue Ring von dem seltenen Ereignis künden. Wie dicht er freilich werden würde, das war schon wieder unklar – und ebenso, ob ihn nicht Io binnen 50 Jahren wieder wegfegen wird. Später wurde sogar die Bildung des neuen Rings überhaupt wieder in Frage gestellt.

Eine erfreuliche Überraschung brachten neue Bahnberechnungen für Shoemaker-Levy im Dezember. Zwar bargen die vorausberechneten Zeitpunkte der Abstürze immer noch Ungenauigkeiten von einigen Stunden, aber es wurde klar, daß die Einschlagsstellen dichter hinter dem Horizont liegen würden, als es noch vor einigen Monaten schien. Damals war davon ausgegangen worden, daß die Winkel hinter dem sichtbaren Rand des Planeten bei 20–30 Grad lägen: Gut eine Stunde hätte es gedauert, bis die Stellen sichtbar geworden wären. Doch nun waren die Winkel auf 5–10 Grad geschrumpft, wobei sie mit fortschreitender Nummer des Einschlags (man hatte die Fragmente von A bis W durchbuchstabiert) dem Rand immer näher kamen. Erstmals kam jetzt die Hoffnung auf, die Feuerbälle zumindest einiger Einschläge nach ihrer heißen Phase sehen zu können, wenn sie gerade über den Horizont stiegen. Alle Impakte sollten nahe 45 Grad südlicher Breite stattfinden, wobei die Fragmente nicht etwa senkrecht, sondern in einem 45-Grad-Winkel in die Wolken eintreten würden – eine Konstellation, die weitere Spannung versprach. Die «größte Beobachtungskampagne in der Geschichte der modernen Astronomie», von der nun schon die Rede war, würde sich auf eine Fülle von möglichen Phänomenen konzentrieren und dabei auch noch auf das Unerwartete vorbereitet sein müssen, das bei kosmischen Ereignissen dieses Kalibers praktisch garantiert ist.

Koordinierung tat da not. Während in den USA die NASA und die National Science Foundation sowohl finanzielle Mittel als auch Hilfe beim Austausch der Daten anboten, stürzte sich in Europa die Europäische Südsternwarte (ESO) mit Elan in die Vorbereitungen. Nachdem sich 25 führende Kometen- und Planetenforscher auf einem Treffen auf ein gemeinsames Beobachtungsprogramm geeinigt hatten, bewilligte das Programmkomitee über 40 Nächte an zahlreichen

57

Auf Kollisionskurs: Was wird geschehen?

Teleskopen auf dem Berg La Silla in Chile für das Unternehmen, mehr als je für ein einzelnes astronomisches Ereignis bereitgestellt wurde. Bereits ab April 1994 sollte der Komet regelmäßig photographiert und astrometriert werden, um das Timing der Einschläge laufend zu verbessern. Die Vorgabe hieß, den typischen Fehler bis zum 1. Juli auf +/– 15 Minuten zu reduzieren. Mit mehreren ESO-Teleskopen sollte der Komet abgebildet und spektral untersucht werden: Ist er ein typischer Vertreter seiner Art, und liegt die bislang vergebliche Suche nach Gasemission wirklich nur daran, daß in seinem großen Sonnenabstand alles gefroren ist?

Wenn dann die Kometenstürze beginnen, soll mit dem 1-Meter-Teleskop der ESO versucht werden, ein kurzes Aufleuchten der Jupitermonde durch die Explosionen nachzuweisen, auch wenn der Effekt nach neueren Abschätzungen gerade mal 1 % Helligkeitsanstieg ausmachen könnte. Mit einem 1,54-Meter-Teleskop sollen Veränderungen an Jupiters Wolken überwacht werden, mit dem 3,6-Meter die Impaktgebiete im fernen thermischen Infrarot. Ein neuartiges Vielzweckinstrument namens TIMMI soll tief in die Atmosphäre schauen und auch geringe Temperaturänderungen nachweisen. Gleichzeitig sollen mit dem 2,2-Meter-Teleskop im Nahen Infrarot höhere Schichten der Atmosphäre überwacht werden, während das 3,5-Meter-New-Technology-Telescope mit einem Infrarotspektrometer nach Molekülen aus Jupiters Tiefe sucht, die die Feuerbälle vielleicht mit nach oben bringen. Gleich 46 Stunden wird das Submillimeter-Radioteleskop SEST derselben Frage widmen: Welche Moleküle aus größeren Tiefen Jupiters, aber auch aus dem Inneren der Kometenkerne erscheinen neu in der Atmosphäre? Auch die exotische Hoffnung auf den Nachweis von Schwingungen des ganzen Planeten nach den Einschlägen hatte man bei der ESO, wobei aber allen klar war, daß die damit einhergehenden subtilen Temperaturveränderungen selbst für TIMMI zu schwach ausfallen könnten.

In einem Punkt aber waren sich die Forscher der ESO wie auch der anderen großen Sternwarten in Chile – dort gibt es eine der größten Häufungen astronomischen Glases auf der Südhalbkugel – sicher: So gut wie sie würde niemand die Impakte und all ihre möglichen Effekte beobachten können, stand Jupiter doch 12 Grad südlich des Himmelsäquators. Für Mitteleuropa z.B. würde sich seine Abendsichtbarkeit im Juli 1994 bereits dem Ende nähern; er würde dort nur noch flach über dem Horizont stehen und nur durch viel trübe und turbulente Atmosphäre zu sehen sein. Allenfalls zwei sinnvolle Beobachtungsstunden würde es für die armen Nordlichter geben, während es auf 30 Grad Süd mindestens vier waren. In Erwartung großer Dinge bereitete die ESO auch eine Kampagne in der Öffentlichkeitarbeit vor, wie sie in der dreißigjährigen Geschichte der Organisation ebenfalls ohne Beispiel war: Täglich sollte die Presse Europas und Chiles auf dem laufenden gehalten werden. So etwas hatte man noch nicht einmal bei den anderen zwei «Großereignissen» der südlichen Astronomie gewagt, der Erscheinung des Halleyschen Kometen 1986 und der Supernova 1987A. Und dabei waren diese beiden zumindestens im Prinzip bekannte Himmelsphänomene – bei dem Kometensturz wußte niemand vorher, ob viel, wenig oder gar nichts zu berichten sein würde. Mehr noch: Es bahnte sich ein regelrechtes Wettrennen zwischen der ESO und den amerikanischen Astronomen an. Die NASA plante für die Impaktwoche ebenfalls mindestens eine Pressekonferenz täglich, wobei ihr Schwerpunkt auf dem Weltraumteleskop Hubble liegen sollte. Denn natürlich hatte man sich auch für den frisch instandgesetzten und nun scharfsehenden Satelliten ein koordiniertes Programm ausgedacht und sechs Principal Investigators ernannt, die größere Teams von Planetenforschern anführten. Da gab es Hal Weaver, der alle Beobachtungen am Kometen vor dem Absturz koordinieren sollte, und Heidi Hammel, die mit der Weitwinkel- und Planetenkamera Jupiter vor, während und nach den Abstürzen überwachen würde; noch ahnte sie nicht, daß sie so zum Fernsehstar werden würde, der Verkörperung des Kometenabenteuers für Millionen Amerikaner. Keith Noll sollte der Frage nachgehen, was sich spektral auf Jupiter nach den Einschlägen tat, John Clarke würde die Veränderungen im Ultravioletten erforschen, und Melissa McGrath und Bob West würden magnetosphärischen und stratosphärischen Veränderungen nach den Einschlägen nachspüren.

59

Auf Kollisionskurs: Was wird geschehen?

Auch für Hubble war es das größte koordinierte Programm aller Zeiten, mit 100 Orbits, die dem Ereignis gewidmet werden sollten. Es war aber allen Beteiligten klar, daß das HST zwar die schärfsten Bilder und besten Spektren liefern würde, *wenn* es Jupiter beobachten konnte, aber das würde oft gar nicht möglich sein: Mal stände die Erde im Weg, dann wieder flöge das Teleskop auf seiner niedrigen Bahn gerade durch die Südatlantische Anomalie, wo die Strahlungsgürtel der Erde der Bordelektronik für sinnvolle Beobachtungen zu stark mitspielten. «Hubble war ein komplementäres Instrument für viele Beobachtungsprogramme auf der Erde», betonte Heidi Hammel hinterher. «Mit ihm allein hätten wir das Programm niemals bewältigen können.» Überdies fehlt dem Teleskop gegenwärtig noch eine Infrarotkamera, während diese Instrumente bei irdischen Sternwarten weit verbreitet sind – oft sind es übrigens Prototypen des NICMOS-Instruments, das erst bei der zweiten Servicing Mission 1997 in das Weltraumteleskop eingebaut werden wird. Doch gerade im Infraroten zwischen einem und 10 Mikrometern Wellenlänge wurden viele der aufregendsten Phänomene nach den Einschlägen erwartet.

Schon zwölf Jahre vor dem HST gestartet und immer noch im Einsatz ist der International Ultraviolett Explorer (IUE), ein gemeinsam von der NASA und der ESA betriebenes Satellitenobservatorium für Spektroskopie im Ultravioletten. 55 Schichten von je acht Stunden sollte es den Impaktereignissen widmen und sich vor allem auf die Polarlichter Jupiters konzentrieren, auf Veränderungen seiner Hochatmosphäre und des Plasmatorus des Mondes Io. Ein Ultraviolettsatellit neueren Datums, der Extreme Ultraviolet Explorer (EUVE), sollte nach ultravioletten Emissionen an den Stellen der Einschläge Ausschau halten und zuschauen, wie der Kometenstaub durch den Io-Torus zieht. Ebenfalls in dem vom Erdboden aus nicht sichtbaren Ultraviolett sollte eine Höhenforschungsrakete der NASA die sogenannte Lyman-Region im Auge behalten, die zwischen den Bereichen liegt, die EUVE und HST abdecken.

Selbst der deutsche Röntgensatellit ROSAT sollte in der Impaktwoche gen Jupiter schauen – die Erwartungen waren hier allerdings so gering, daß nur Spezialisten davon erfuhren. Nicht ganz so hoch, aber doch über einen Großteil des Wasserdampfs in der Erdatmosphäre sollte das Kuiper Airborne Observatory steigen, eine Sternwarte der NASA in einem Flugzeug. Sie sollte in 12,5 km Höhe das Ereignis verfolgen. Hier ging es um Spektroskopie im besonders fernen Infrarotbereich, wo sich zum Beispiel Wasser verraten sollte, das entweder vom Kometen oder aus dem Inneren Jupiters stammen mochte.

Auch drei Sonden im interplanetaren Raum boten sich als Beobachter der Kometeneinschläge an: Sie hatten einen direkten Blick auf die Eintrittsorte der Kometen. Am längsten unterwegs war bereits (seit 1977) Voyager 2 von der NASA, der nach Vorbeiflügen an allen vier Gasplaneten eigentlich nur noch auf das Verlassen des Sonnensystems wartete und seine Kamera längst endgültig abgeschaltet hatte. Aus 6 Milliarden Kilometern Entfernung wäre ohnehin nicht viel zu sehen gewesen, aber es gab zumindestens die Hoffnung, mit einem Ultraviolettspektrometer und einem radioastronomischen Instrument Signale der Einschläge zu empfangen. Vielleicht würden sie sogar exakte Zeitpunkte für die Einschläge liefern, und dafür war keine Mühe zu groß. Nicht nur würden dank eindeutiger Timings der Impakte alle Beobachtungen von der Erde aus mit einer absoluten Zeit Einschlag+X versehen werden, es wäre auch möglich, sehr gezielt Beobachtungen der Galileo-Raumsonde zur Erde zu holen.

1989 auf verschlungenen Wegen in Richtung Jupiter gestartet – Ankunft: Dezember 1995 –, leidet die aufwendige NASA-Sonde unter einem Kommunikationsproblem. Die große Hauptantenne hat sich nicht geöffnet, so daß alle Daten mit wenigen Bit pro Sekunde statt Hunderttausenden zur Erde tröpfeln müssen. Zwar faßt der Bandspeicher an Bord der Sonde eine große Datenmenge, die 125 kompletten Bildern mit 800 mal 800 Bildpunkten entspricht, so daß Beobachtungen während vieler der Einschläge möglich sein würden – bloß der Erfolg der Übermittlung dieser Informationen hing entscheidend davon ab, daß man die Messungen auf dem Band auch wiederfinden könnte. Weil die Zeitpunkte der Impakte, auch kurz bevor es losgehen sollte, noch Ungenauigkeiten von 15 Minuten und mehr aufweisen dürften, mußte während langer Intervalle aufgezeichnet werden; ein systematisches Auslesen des Bandes kam nicht in Frage, und nur 5%

61

der Aufzeichnungen würden in der zur Verfügung stehenden Zeit übertragbar sein. Eine kluge Vorauswahl war also unumgänglich. Aus 240 Millionen Kilometern Distanz hatte Jupiter für Galileos Kamera bereits einen Durchmesser von 60 Bildpunkten, vergleichbar der Auflösung, die gleichzeitig irdische Teleskope mit guter Luftruhe erreichten. Um ja nichts zu verpassen, waren verschiedene Strategien der Bildaufnahme geplant worden. Bei einigen Einschlägen sollten in rascher Folge Bildserien entstehen, bei anderen würde Jupiter eine Strichspur über den CCD-Chip ziehen und ein eventueller Impaktblitz seine eigene Lichtkurve zeichnen. Auch Aufnahmen durch verschiedene Farbfilter waren geplant.

Andere Instrumente auf der Sonde wurden gleichfalls vorbereitet: Das abbildende Nah-Infrarot-Spektrometer, das Photopolarimeter (eine Art Belichtungsmesser) und das Ultraviolettspektrometer waren für Messungen des Lichts von Jupiter vorgesehen, gegebenenfalls auch von Anstiegen während der Impakte. Zudem sollten Plasmawellenantennen auf Veränderungen in Jupiters Umgebung lauschen. Für den Anfang versprach der «Belichtungsmesser» die aufregendsten Ergebnisse, denn seine Datenrate war so gering, daß man nur wenige Tage auf die Übertragung warten mußte. Die ersten Bilder der Kamera waren dagegen selbst unter günstigsten Umständen frühestens Mitte August zu erwarten und eine komplette Übertragung aller Messungen nicht vor Januar 1995. Wiederum in Echtzeit würde sich dagegen die dritte Raumsonde melden, die für Beobachtungen in Betracht kam, der europäische Ulysses, der sich eigentlich auf dem Weg zur Südpolarregion der Sonne befand, 800 Millionen Kilometer von Jupiter entfernt. Mangels einer Kamera an Bord würde auch hier nur ein Radio- und Plasmawelleninstrument die Chance haben, etwas von den Einschlägen mitzubekommen.

Mehr Daten als alle Späher im Weltraum würden jedoch die unzähligen Teleskope auf der Erde gewinnen, das zeichnete sich bereits ab. Den Anstrengungen der ESO ebenbürtig waren die Vorbereitungen an allen wesentlichen optischen Sternwarten in Amerika, Asien und Australien, ja selbst der Antarktis, wo ein kleines Infrarotteleskop in der Polarnacht des Südpols ununterbrochenen Beobachtun-

62

gen entgegenschaute. Viele Programme ähnelten sich – da ging es um Reflexionen der Impaktblitze an Jupiters Monden und Ringen, die Verfolgung gegebenenfalls über den Horizont steigender Feuerbälle im Infraroten und spektroskopische Analysen etwaiger Veränderungen an Jupiters Chemie nach den Einschlägen. Ferner standen die Untersuchung der Folgen für den Io-Torus und die Suche nach Wellen, die die Einschläge in Jupiters Atmosphäre auslösen konnten, auf dem Programm. Der weltweite Charakter der Beobachtungskampagne wurde besonders beim Comet Impact Network Experiment (CINE) deutlich, für das spezielle Kameras an gleich acht Standorte in Spanien, Chile, Mexiko, auf Hawaii, in Neuseeland, Australien, Diego Garcia im Indischen Ozean und Israel gebracht worden waren. Mit sogenannten Koronographen wurde Jupiters Licht ausgeblendet, um nach schwachen Phänomenen in seiner unmittelbaren Umgebung Ausschau zu halten. Auch etliche Radioteleskope, vom Very Large Array in New Mexico mit seinen 27 großen Schüsseln bis zu eigens konstruierten Antennen von Radioamateuren, waren bereit, mal auf der Suche nach molekularer Linienstrahlung, die die Messungen im Optischen ergänzen könnte, und mal auf der Suche nach Veränderungen in Jupiters Synchrotronstrahlung.

Die astronomische Gemeinschaft in all ihren Facetten stand in den Strartlöchern. Nun mußte nur noch der Komet seinen selbstzerstörerischen Zeitplan einhalten.

63

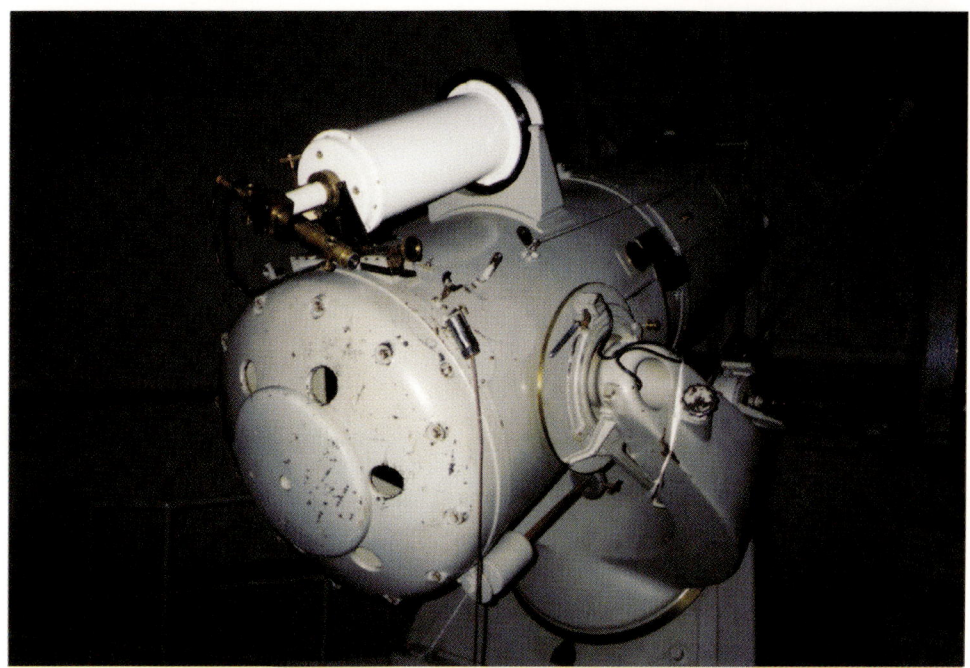

Das Entdeckungsteleskop, die 18-Zoll-Schmidtkamera auf dem Palomar Mountain (oben) und Carolyn Shoemaker am Stereokomparator, mit dem die Entdeckung gelang (Quelle: Jean Mueller).

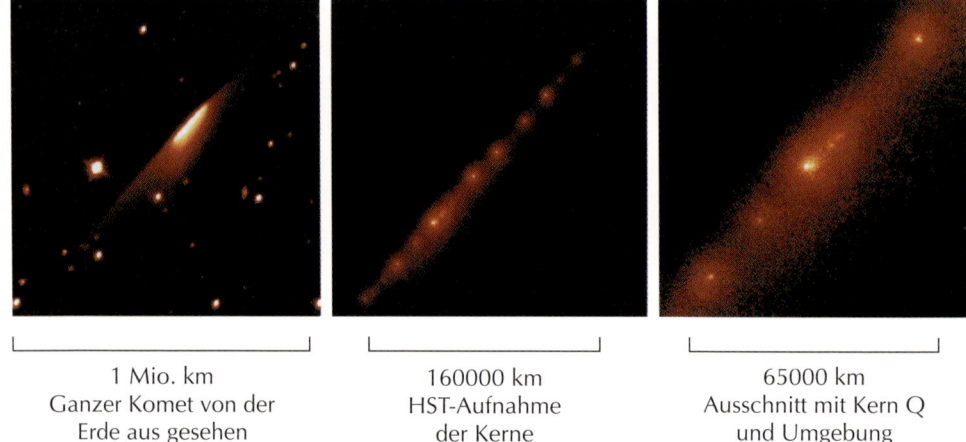

1 Mio. km	160000 km	65000 km
Ganzer Komet von der	HST-Aufnahme	Ausschnitt mit Kern Q
Erde aus gesehen	der Kerne	und Umgebung

Das erste Hubble-Bild des Kometen vom 1.7.1993 (rechts) im Vergleich mit einer Spacewatch-Aufnahme vom 30. März 1993 (links) (Quelle: STScI).

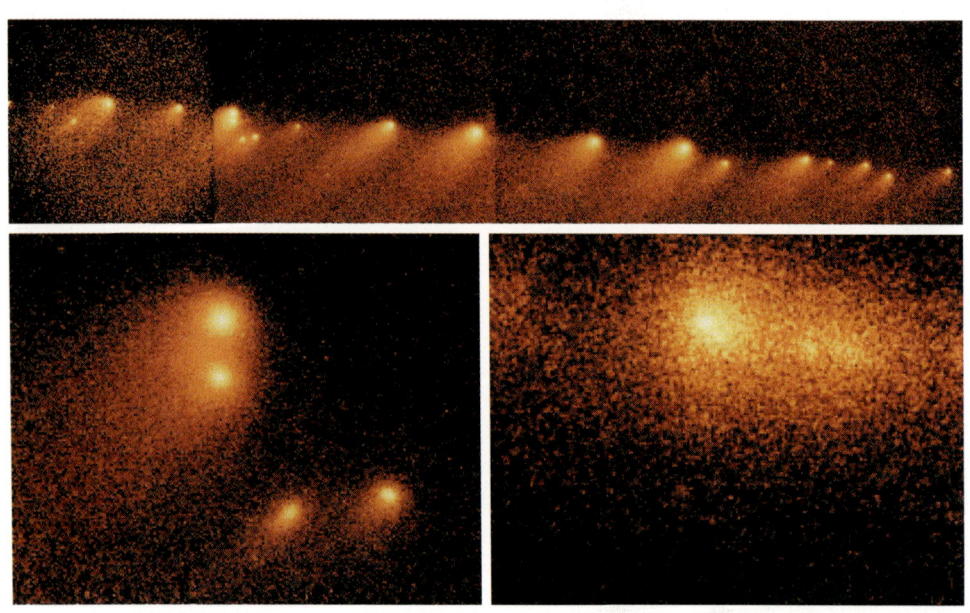

Die gespaltenen Kerne Q und P	... und zum Vergleich im Juni 1993, bevor
im Januar 1994...	sie auseinanderdrifteten.

Längliche Abbildung in der Mitte: Das erste Mosaik des Kometen nach der Nachbesserung von Hubbles Optik (24.–27.1.1994) (Quelle: STScI).

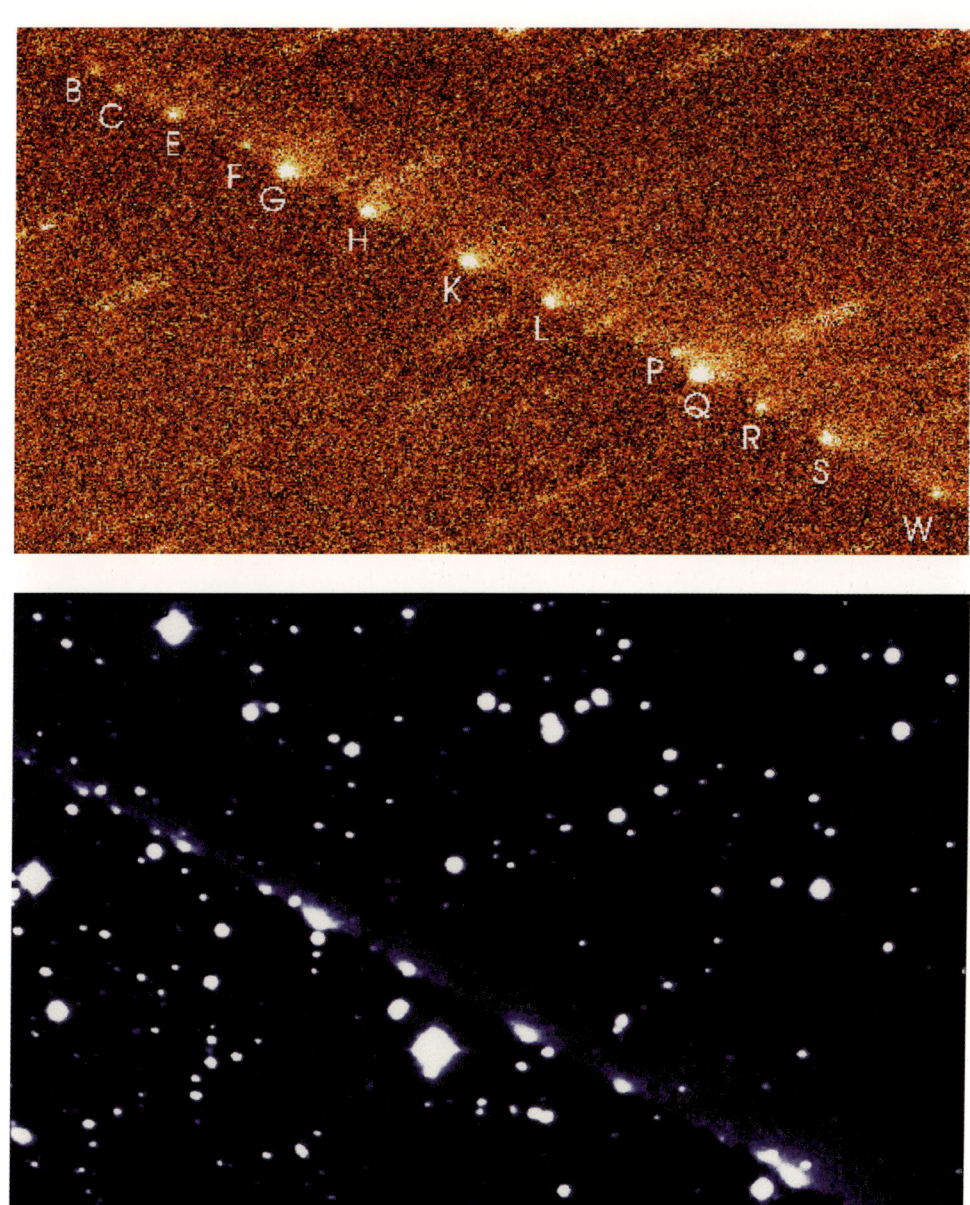

Der Perlenketten-Komet im Anflug auf Jupiter, aufgenommen am 12.5.1994 mit einem 80-cm-Teleskop des Observatorio del Teide auf Tenerifa (oben) und am 1.7.1994 mit dem 1,5-Teleskop der ESO in Chile (unten).

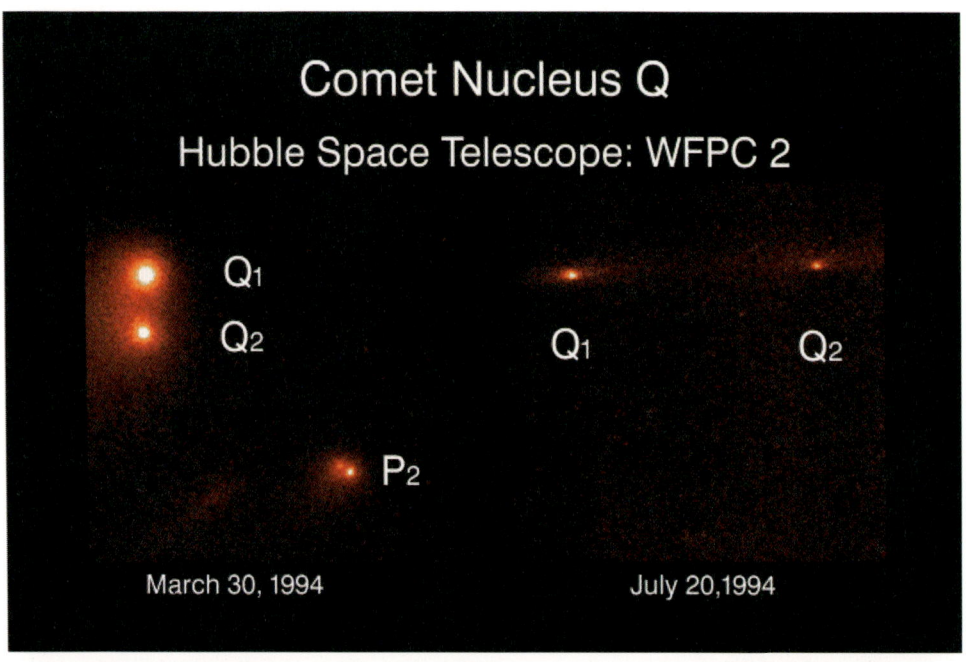

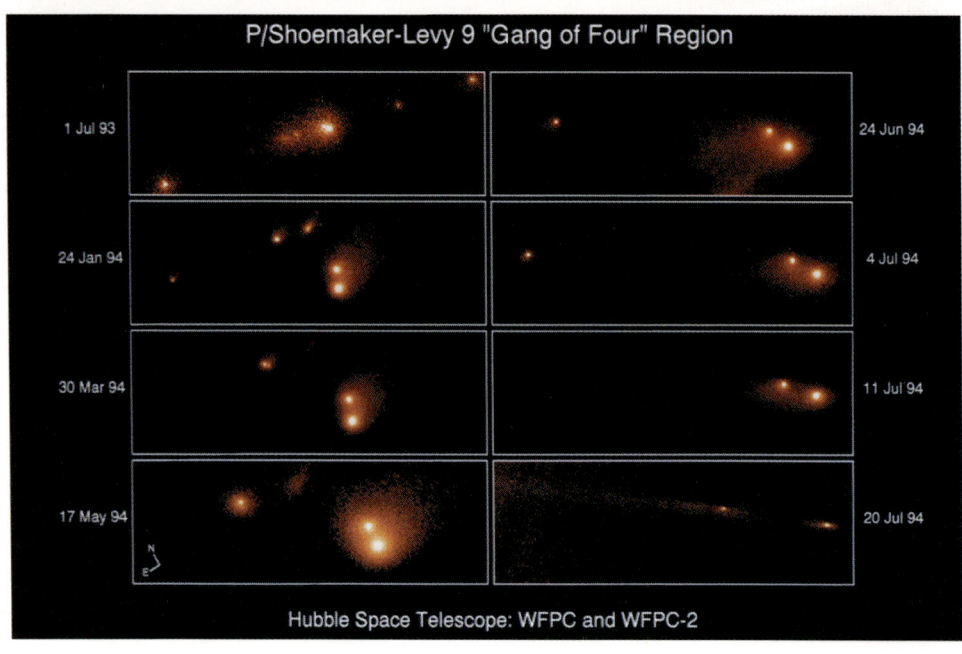

Fragmentzerfall und -drift der sogenannten Viererbande, wie sie das Hubble-Teleskop sah, Fragment Q zerfiel in 2, P in drei Stücke. Die letzte Aufnahme entstand zehn Stunden vor dem Aufprall. Im oberen Bild ist Süden, im unteren Norden oben (Quelle: STScI).

Eines der letzten Bilder Jupiters vor den Einschlägen, von Hubble aus 670 Millionen
Kilometer Entfernung aufgenommen (Quelle: STScI).

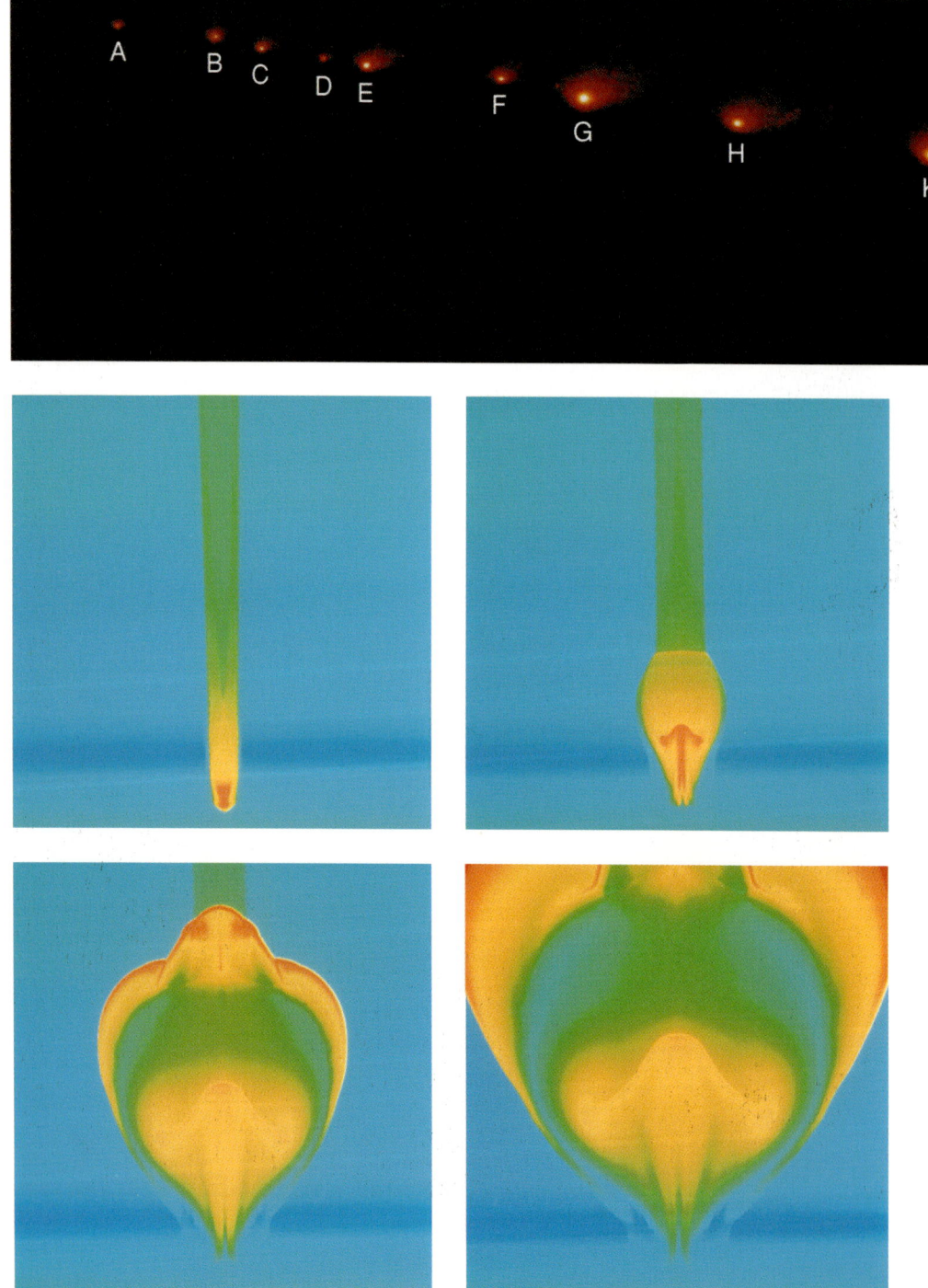

N P Q R S T U V W

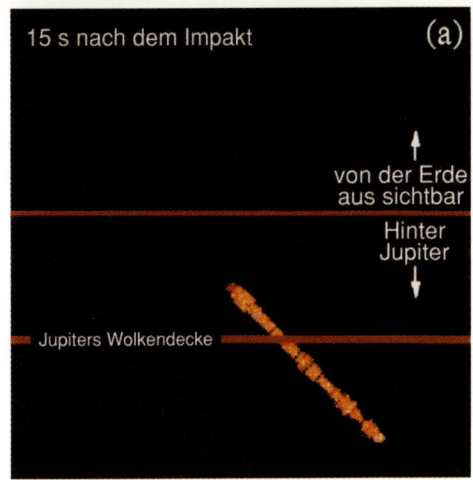

15 s nach dem Impakt (a)

↑
von der Erde
aus sichtbar

Hinter
Jupiter
↓

Jupiters Wolkendecke

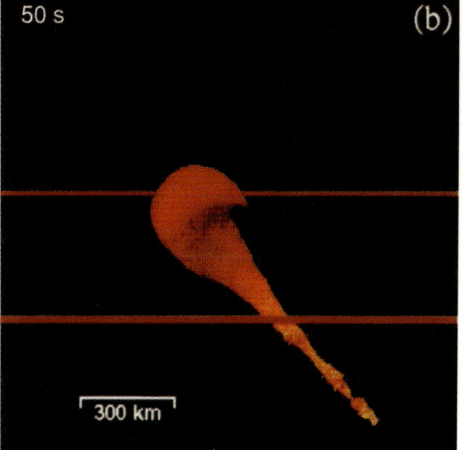

50 s (b)

300 km

Das letzte komplette Mosaik des Kometen, von Hubble aufgenommen am 17.5.1994, hilft bei der Identifikation der Fragmente (linke und rechte Seite oben; Quelle: STScI).

Die Ergebnisse von zwei Computersimulationen der Einschläge: Auf der linken Seite stellt Mordecai-Mark Mac Low zweidimensional den Eintritt eines Fragments in die Atmosphäre Jupiters und das Aufsteigen des Feuerballs dar. Auf der rechten Seite eine dreidimensionale Simulation der aufsteigenden Plume durch Mark B. Boslough.

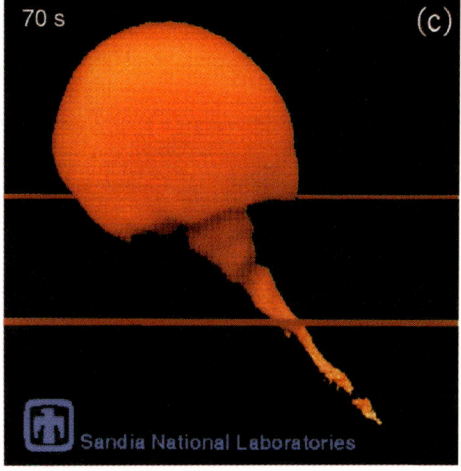

70 s (c)

Sandia National Laboratories

Beobachter des Kometensturzes im Weltraum und in der Luft: Das Weltraumteleskop während seiner Nachbesserung im Dezember 1993 (Quelle: NASA, ESA).

Der altgediente IUE-Satellit (oben); das Kuiper Airborne Observatory (unten) (Quelle: NASA, ESA).

Beobachter des Kometensturzes vor dem Bildschirm: Brian Marsden (der die Bahnberechnung beherrschte) (oben); Pat Seitzer mit einer der letzten Aufnahmen des
Kometen (unten) (Quelle für beide Abb.: Daniel Fischer).

Darren DePoy beim Beobachten der Plume von Fragment A auf dem Quicklook-Monitor des 4-Meter-Teleskops auf dem Cerro Tololo (oben); Anne Raugh vor dem Computer (Icarus), über den die Kommunikation der Astronomen lief (unten) (Quelle für beide Abb.: Daniel Fischer).

Das erste Bild, das die Welt erreichte. So sah das Calar-Alto-Observatorium den Impakt A im Infraroten (links unten am Planetenrand; rechts ein Jupitermond) (Quelle: MPIA via World Wide Web).

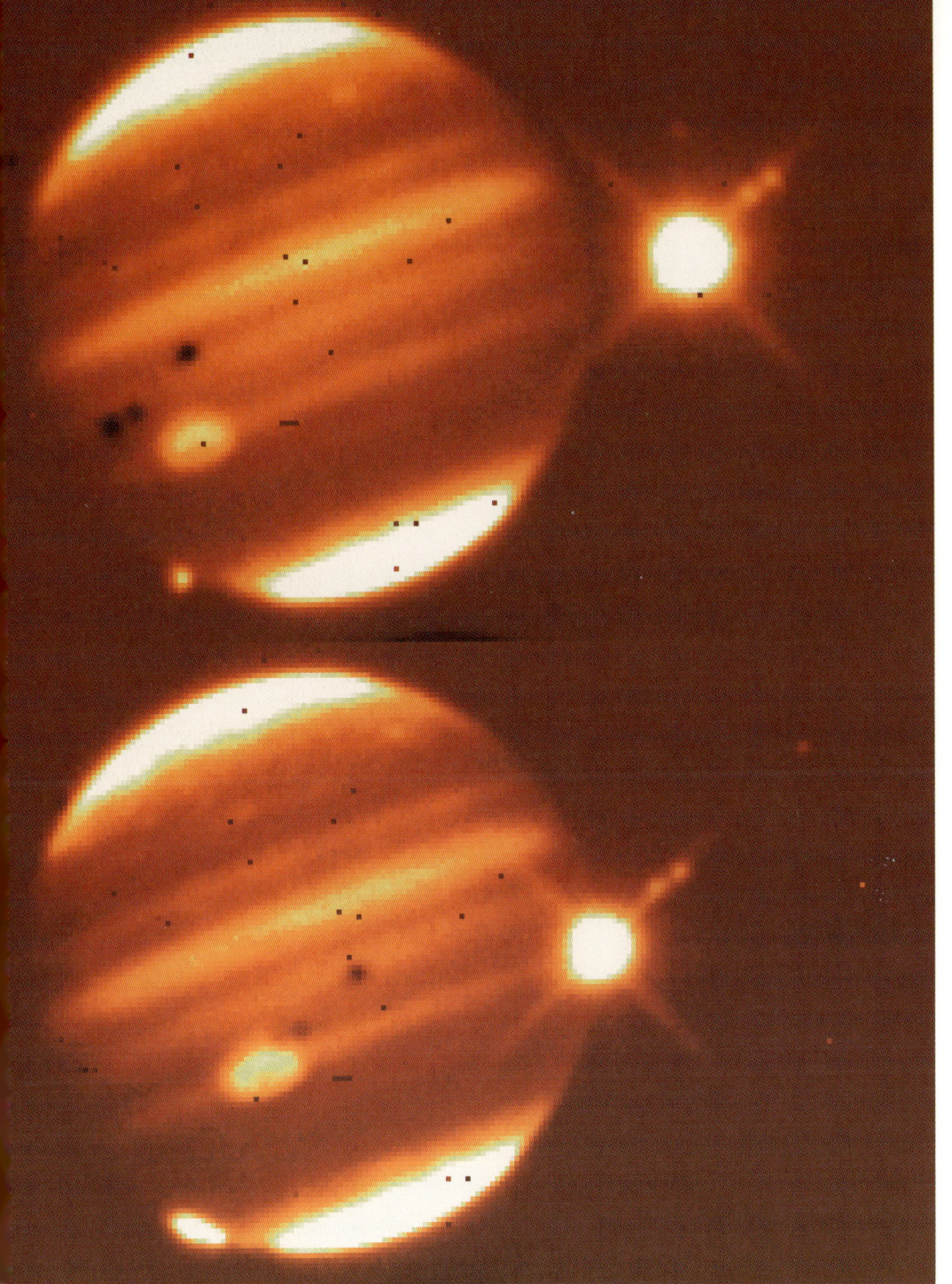

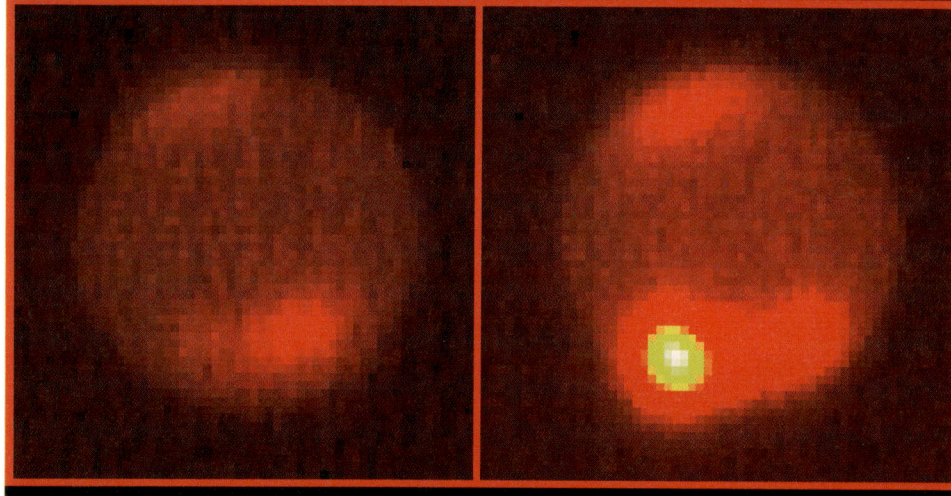

Fragment C
Before   **After**

**South Pole Infrared Explorer
(SPIREX)**

University of Chicago
Center for Astrophysical Research in Antarctica

Wie der Einschlag von Fragment C am Südpol beobachtet wurde: Infrarotaufnahmen
vorher und nachher.

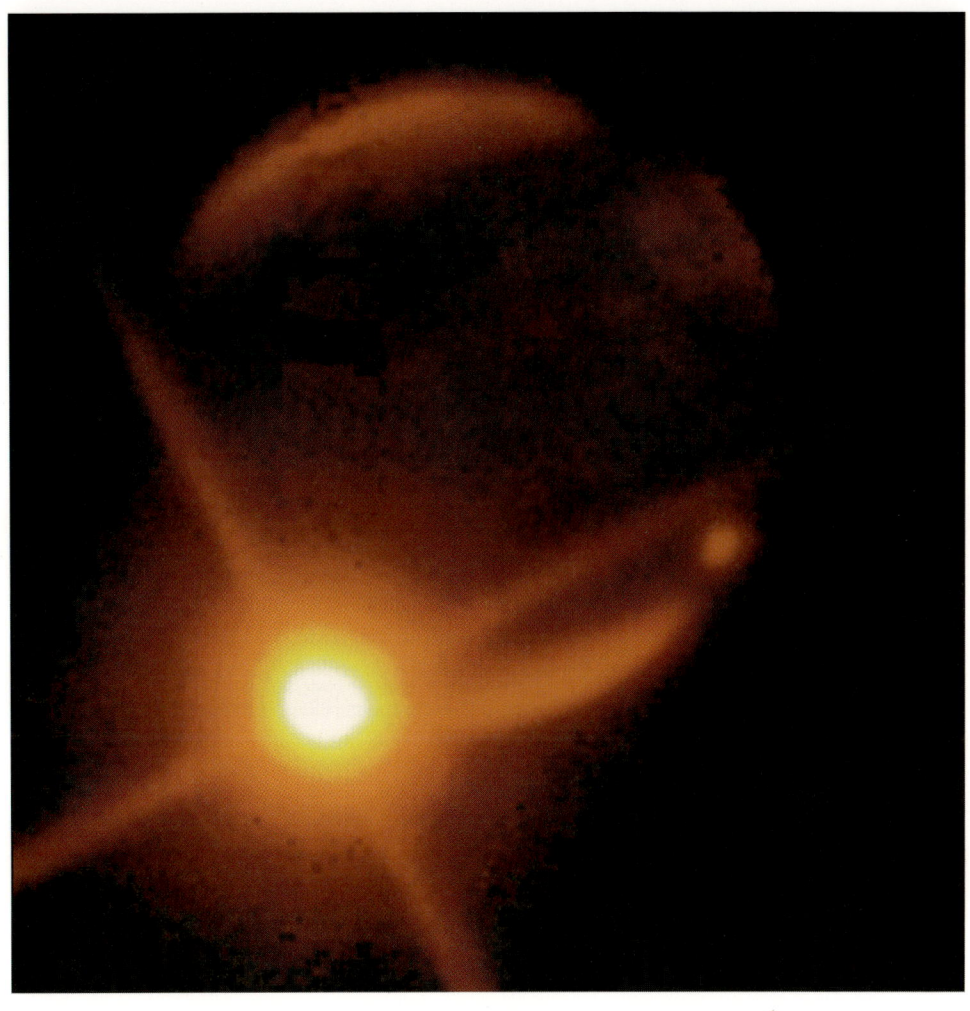

Die Plume nach Einschlag G bei einer Wellenlänge von 2,3 Mikrometern, aufgenommen mit dem ANU-2,3-Meter-Teleskop von Peter McGregor und Mark Allen.

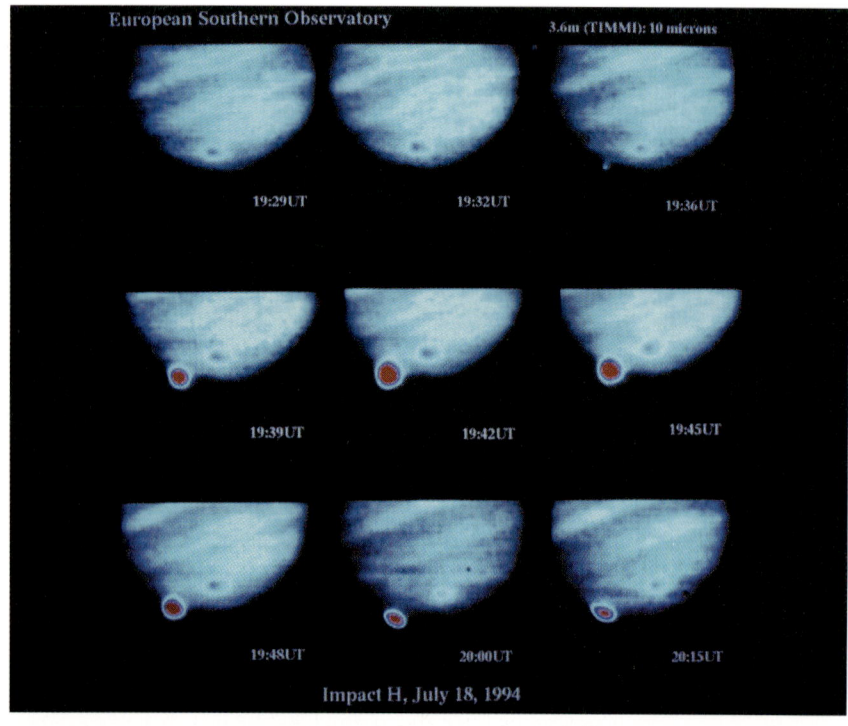

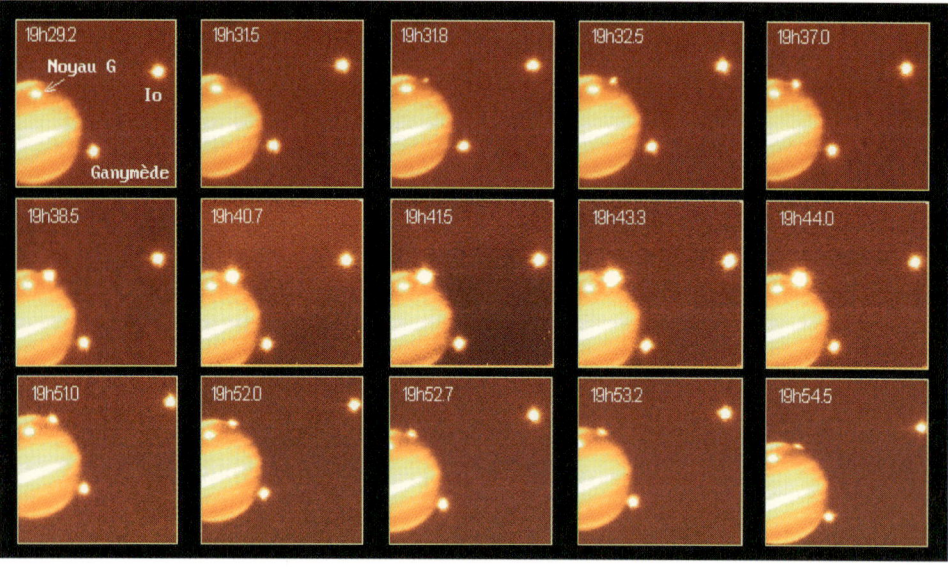

Einschlag H in zwei verschiedenen Infrarotbereichen: oben bei 10 Mikrometern (aufgenommen mit dem 3,6-Meter-Teleskop der ESO), unten bei 2,2 Mikrometern (aufgenommen mit dem 1-Meter-Teleskop auf dem Pic du Midi).

Abschied von Shoemaker-Levy – letzte Vorbereitungen auf die Stunde X

Am 16. Juli 1993 stand der periodische Komet Shoemaker-Levy 9 ein letztes Mal im Apojovium, dem jupiterfernsten Punkt seiner langge-streckten elliptischen Bahn als zeitweiliger Jupitermond. Die Entfernung zu dem Riesenplaneten betrug 50 Millionen Kilometer, das ist ein Drittel der Distanz zwischen Erde und Sonne und das 1200fache der Distanz zu Jupiter im Jahr 1992, als ihn die Gezeitenkräfte des Planeten zerrissen hatten. Im Weltraum war seine Bahn nicht die ebene, die immer eintritt, wenn nur ein einzelner Himmelskörper um einen anderen kreist: Das Dreikörperproblem (hier mit Sonne, Jupiter und Komet) hat oft dreidimensional gekrümmte Lösungen, die freilich nur noch im Computer und nicht mehr durch das Ausrechnen von Formeln erhalten werden können. Für Shoemaker-Levy sah das so aus, daß seine Bahn um 53 Grad gegen den Äquator Jupiters geneigt war, direkt am Planeten aber noch um 20 Grad mehr – fast senkrecht von Süden sollten die Fragmente auf den Planeten zustürzen. Und die Abstände der Subkometen untereinander wurden ständig größer.

Als die Kometenkette im März 1993 entdeckt worden war, maß sie am Himmel 50 Bogensekunden oder – auf die Himmelskugel proji-ziert – 162000 km. Als der Planet im Juli im Glanz der Sonne ver-schwand, war die Winkellänge um 40% gewachsen und die wahre Länge sogar um 50%, weil Jupiter jetzt weiter von der Erde entfernt

65

war. Das Wachsen der Kette hing im wesentlichen damit zusammen, daß dasjenige Fragment, das beim Aufbrechen des Kerns Jupiter am nächsten gewesen war, eine etwas schnellere Bahn einnahm als das nächstfernere usw. Unmittelbar bevor das erste Fragment, A, einschlagen sollte, würde die Kette am Himmel auf 1290 Bogensekunden oder 1/3 Grad angewachsen und in Wirklichkeit 4 900 000 km lang sein: Deswegen würde sich der gesamte Absturz über 5 1/2 Tage hinziehen. Zur gleichen Zeit müßten auch die staubigen Ausläufer des Kometen geometrische Veränderungen erleben und Ende Juni 1994 eine maximale Ausdehnung von etwas mehr als drei Grad (sechs Vollmonddurchmessern) erreichen. Bereits 6 Wochen vor dem ersten Absturz von Fragment A sollte der Staub auf Jupiter zu regnen beginnen, und noch bis in den Oktober hinein sollte der Regen anhalten.

Neben dem permanenten Wachstum der Kernkette ereigneten sich noch weitere Effekte im Kometen Shoemaker-Levy. Im Januar 1994 beispielsweise waren die früher so auffälligen Staub-«Trails» vor und hinter der Kette verschwunden, während die individuellen Schweife der einzelnen Kometen auffälliger geworden waren – ein Indiz für fortdauernde Staubfreisetzung und endlich der Beweis für die Kometennatur des Objekts? Die relativen Helligkeiten der Fragmente hatten sich jedoch gegenüber älteren Aufnahmen verändert, und das konnte bedeuten, daß einige Kerne ihre Aktivität veränderten oder ihren Staub durch den Strahlungsdruck der Sonne teilweise verloren hatten. Möglicherweise waren sie auch dabei, in kleinere Fragmente zu zerfallen: Dies war, wenn auch nur gelegentlich ausgesprochen, die Sorge vieler Astronomen – würden die Fragmente überhaupt bis zum Juli als kompakte Körper überleben, oder drohte fortwährender Zerfall, bis nur noch eine lose Trümmerwolke übrigblieb, die sang- und klanglos in den Jupiterwolken verschwand?

Moderate Entwarnung kam vom frisch reparierten und nunmehr besser sehenden Hubble-Teleskop: Ein Fotomosaik vom 24.–27. Januar zeigte immer noch etwa 20 scharf begrenzte Fragmente, jedes ein kleiner Komet mit Koma und Schweif. Zwei auf dem ersten Hubble-Bild ein halbes Jahr früher noch kompakte Kometen, P und Q, hatten sich jedoch gespalten, und zwei andere, J und M, waren verschwunden. Und Fragment S hatte einen staubigen Ausläufer in Richtung Sonne, der als Fragmentierungsprozeß gedeutet werden konnte. Und was auch auffiel (aber keine besondere Beachtung fand), war die Tatsache, daß neun der Fragmente deutlich von der Hauptlinie in Richtung Staubschweife verschoben waren. Eine eindeutige Aussage, wie groß die Kerne nun eigentlich waren, erlaubte auch die neue Hubble-Aufnahme nicht, und kursierende Zahlen zwischen 2 und 4 km Durchmesser betrafen lediglich Obergrenzen. Die Nachweisgrenze Hubbles lag andererseits bei etwa 100 Meter großen nackten Kernen: Auch Objekte unterhalb dieser Größe könnten noch Spuren auf Jupiter hinterlassen, fanden einige Kometenforscher, denen die 21 großen Kerne nicht genug waren. Was wäre, wenn sich z.B. hinter der Kernkette eine Schar kleinerer Fragmente aufhielte, die erst nach dem 22.7. einschlüge? Da die Impaktpunkte dem Planetenrand immer näherrückten, wären ab August sogar Impakte auf der Vorderseite Jupiters möglich.

Am 10. März war dann die Verwirrung perfekt: Hal Weaver und seine Kollegen, die die Januaraufnahme Shoemaker-Levys mit dem Hubble-Teleskop gemacht hatten, konnten daraus «lediglich obere Grenzen für die Größen der Kometenfragmente angeben, weil es keine klaren Anzeichen für eine Punktquelle nahe irgendeiner der Kondensationen gibt. Die räumliche Helligkeitsverteilung der Koma kann durch kein simples analytisches (oder numerisches) Modell beschrieben werden, so daß es keinen zuverlässigen Weg gibt, um festzustellen, wieviel Helligkeit auf eine nichtaufgelöste Quelle zurückgeht.» Man erinnert sich: Die Kerne selbst wären für das Hubble-Teleskop auch nach der Verbesserung seiner Optik keinesfalls als ausgedehnte Objekte zu erkennen, sondern weiter nur als Punktquellen – und genau die sind in den Hubble-Daten nicht zu entdecken, nur mehr oder weniger typische Staubverteilungen. Wenn man ad hoc eine reichlich ungewöhnliche Staubdichteverteilung *behauptet* (die in der Mitte völlig abflacht statt wie normal immer steiler zu werden), dann könnte in der hellsten Koma gerade noch ein 4-km-Kern untergebracht werden, hat Weaver berechnet, aber ebensogut kommt man

67

auch ganz ohne die Annahme fester Kerne aus! Wir haben, klagt einer der Mitauswerter, «null Beweise für einen festen Kern in irgendeinem Fragment».

Waren die Kerne, die es noch 1992 fraglos gegeben hatte, in der Zwischenzeit komplett zu Staub zerfallen? Auch die nächsten Hubble-Aufnahmen von März 1994 bestätigten den weiteren Zerfall des Kometen. Ein Fragment hatte sich weiter gespalten, ein anderes in eine diffuse Wolke ohne zentrale Kondensation verwandelt – das würde zu der düsteren Vorahnung von Brian Marsden passen, daß der Komet nur noch als Staubschauer auf Jupiter niedergehen könnte. Doch andererseits hatten sich die meisten anderen Fragmente im März nicht verändert, und der Anblick im Mai war vergleichbar: Kein Grund zur Panik für die Hundertschaften von Astronomen, die sich bereits auf ihren Einsatz vorbereiteten. Doch gegenüber der Öffentlichkeit mach-te sich eine immer stärkere Zurückhaltung breit. Das Wort «subtil» als Charakterisierung der wahrscheinlich zu erwartenden Effekte war in aller Munde, so bei einer 90minütigen Talkshow mit den führenden Hubble-S-L9-Forschern im NASA-Fernsehen im Mai. Nur keine falschen Hoffnungen erwecken, schien die Devise, denn die Öffentlichkeit pflegt mit astronomischen «Großereignissen» meist un-zufrieden zu sein. Zwar waren etwa die Kometen Kohoutek 1974 und Halley 1986 relativ stattliche Erscheinungen, und auch der Meteor-strom der Perseiden 1993 begeisterte diejenigen Beobachter, die wuß-ten, was sie taten – aber der Großteil des durch Medienkampagnen mobilisierten und unerfahrenen Publikums fühlte sich jedesmal ver-schaukelt.

Dabei waren die Simulationsrechnungen der letzten Monate vor dem Crash zu recht eindeutigen und vielversprechenden Ergebnissen gekommen. Mark Boslough und Mitarbeiter von den Sandia National Laboratories zum Beispiel hatten sich der ersten hundert Sekunden nach einem Impakt angenommen, um herauszufinden, ob man auf der Erde kurz danach schon mit sichtbaren Auswirkungen rechnen konn-te. Die Modellrechnung auf dem derzeit leistungsfähigsten Parallel-computer der Welt, Sandias 1840-Knoten-Intel-Paragon, die erste mit

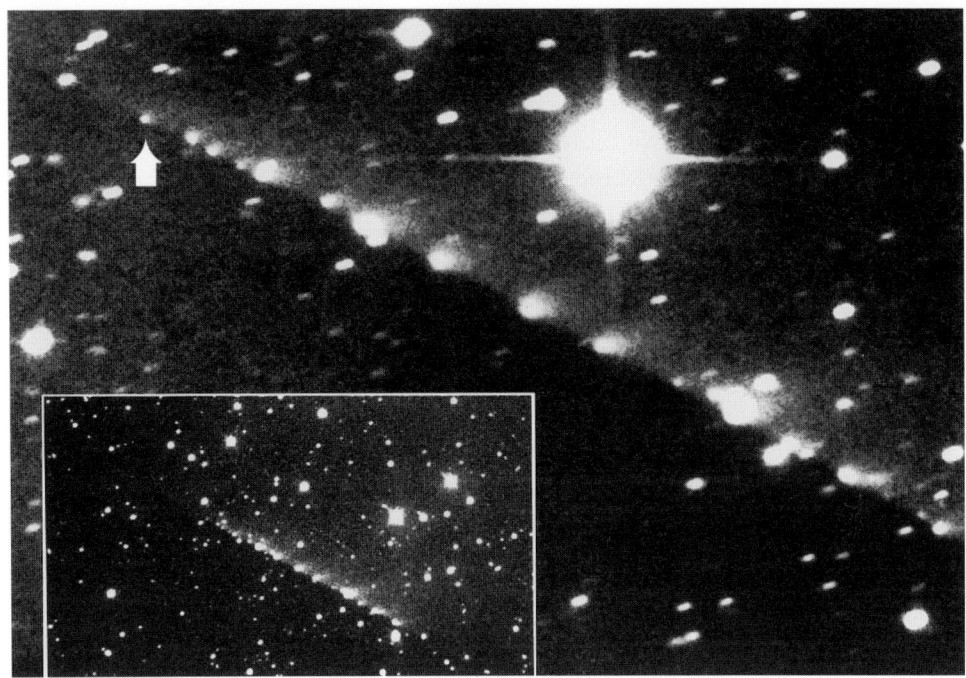

Der dem Untergang geweihte Komet im Mai 1994: Das kleine Bild entstand am 1. Mai mit dem 1-Meter-Teleskop der ESO, das große am 11. Mai mit dem 1,5-Meter. Fragment A, das als erstes einschlagen sollte, ist mit einem Pfeil markiert, W befindet sich am rechten Bildrand (Quelle für beide Bilder: ESO).

einer hohen räumlichen Auflösung (3x5 km) und in drei Dimensionen, hatte ein klares Ergebnis: «Wenn die größten Fragmente wirklich mehr als einen Kilometer Durchmesser haben, sollten wenigstens einige der Einschläge zu Feuerbällen führen, die weniger als eine Minute später direkt von der Erde aus sichtbar sind.» Die Unterschiede zu dem vielfach als Analogon zitierten Feuerball nach einer Nuklearexplosion sind jedoch evident: Bei einer Nuklearexplosion steigt der Feuerball allein deswegen auf, weil er heißer und weniger dicht als die umgebende Luft ist; der Feuerball nach einem Kometeneinschlag ist jedoch ein ballistisches Phänomen, er wird wie aus einer Kanone nach oben geschossen, auch wenn seine Dichte viel größer als etwa die der oberen Jupiteratmosphäre ist. 69

Wenn der Feuerball nun schnell genug steigt, und davon war zumindestens bei 1-km-Objekten auszugehen, dann würde er hoch genug steigen, um aus dem Schatten Jupiters und in die Sonne zu treten. Wenn er sich bis dann schon genügend abgekühlt und auszukondensieren begonnen hat, könnte er das Sonnenlicht auch zurückstrahlen. Boslough und Co. waren gespannt: Zum ersten Mal hatten sie ihre physikalischen Modelle auf einer kosmischen Größenskala benutzt und konnten sie nun testen. Würde man nichts sehen, das konnten sie mit einiger Sicherheit sagen, dann mußten die Kometenkerne kleiner als 1 km gewesen sein.

Eine andere Modellrechnung, die große Popularität erlangte und in praktisch jedem Fernsehbeitrag zum Thema als Computeranimation gezeigt wurde, stammte von Kevin Zahnle und Mordechai-Mark Mac Low, denen an ihren Universitäten nicht ganz so leistungsfähige Rechner zur Verfügung standen, die aber wußten, wie man schon auf einem PC die Vorgänge beim Atmosphärendurchflug von kosmischen Eindringlingen nachvollziehen kann. Zahnle war es zum Beispiel gewesen, der die stark abwehrende Wirkung der Venusatmosphäre auf Meteoroide nachgerechnet und auch das Tunguska-Ereignis als Explosion eines steinigen Asteroiden in der Atmosphäre, einen Airburst, erkannt hatte. Die Erwartung der Kometeneinschläge auf Jupiter bewog ihn, die Simulationen auch auf solche Ereignisse auszudehnen, und MacLow war ein idealer Partner, war er doch Spezialist für das Verhalten heißer Gase. Bisher hatte er sich eher für Supernovaexplosionen interessiert, zum Beispiel für die Frage, wie sich die dabei ausgeschleuderten Gase in eine interstellare Wolke rammten. Auch beim Kometenimpakt würde zunächst ein Gas (in dem Fall die Jupiteratmosphäre) um einen runden Körper (den Kometenkern) strömen – die Ähnlichkeit, mathematisch gesehen, war groß. «Ich nahm einfach das interstellare Modell und änderte den Maßstab von Lichtjahren auf Kilometer», erinnert sich MacLow.

Im Prinzip sind solche fluiddynamischen Computersimulationen einfach: Ein Raster wird definiert, und jeder Punkt erhält einen Dichte-, Temperatur- und Druckwert, zunächst so, wie das Höhenprofil in der ungestörten Jupiteratmosphäre aussieht. Einer kleinen Region werden

70

Welche Fragen könnten die Ereignisse einmal beantworten?

Woraus bestehen Kometenkerne? Auch die besten Nahaufnahmen von Halley erlaubten nie einen Blick unter die Oberfläche, aber die Art, wie Shoemaker-Levy auseinandergebrochen ist, verrät einiges über den inneren Aufbau von Kometen-kernen – wenn sich die Modellrechner einig werden, wie man am besten die beobachtete Kernkette erzeugen kann, und ob es dafür nur eine Lösung gibt. Auch die Art, wie die Kometenkerne beim Kontakt mit der Jupiteratmosphäre reagieren, sollte weitere Auskunft geben. Am Ende sollte mehr über die Physik der Kometen gelernt worden sein, die man immerhin für die ursprünglichen Körper des Sonnen-systems hält, kaum verändert seit 4,6 Milliarden Jahren.

Was liegt wirklich unter Jupiters Wolken? Wenn ein Kometenfragment tief in die Atmosphäre vordringt, könnte der wieder aufsteigende Feuerball Gase mitreißen, die nie zuvor gesehen wurden. Und der zeitliche Ablauf der Zerstörung der Kometenkerne könnte Auskunft über die Schichtung der Atmosphäre geben. Schätzungen zufolge sollte etwa die Hälfte ihrer kinetischen Energie als Schock an die umgebende Atmosphäre abgegeben werden und sich wellenartig ausbreiten, wie seismische Wellen nach einem Erdbeben. Einige der Wellen sollten sich auf der Oberfläche der Atmosphäre ausbreiten, andere quer durch Jupiter und an irgendei-ner anderen Stelle wieder an die Oberfläche kommen: Ein Nachweis dieser Wellen würde sonst vollständig unmögliche Untersuchungen des Innenlebens Jupiters erlauben, vielleicht bis hinab in die Schichten, wo der Wasserstoff metallisch vorliegt, oder gar bis zum mutmaßlich festen Kern aus schweren Elementen.

Wie läuft eine kosmische Kollision wirklich ab? Große Unsicherheiten wohnen den heutigen Modellvorstellungen über diese für die Entwicklung des Sonnensy-stems und auch die Geschichte des Lebens auf der Erde so bedeutenden Prozesse inne – die direkte Beobachtung eines solchen Zusammenstoßes wird zum ent-scheidenden Test für viele Annahmen. Die Unfähigkeit der Modellrechner, das Druckniveau, in dem die Kometenkerne explodieren werden, auch nur auf einen Faktor 10 genau einzugrenzen, zeigt plastisch, daß hier gewaltige Wissenslücken klaffen. Vielleicht werden es die Erfahrungen dieses Juli einmal erlauben, die tatsächliche Wirkung unterschiedlich großer kosmischer Körper auf die Erde genauer abzuschätzen, ohne daß man auf den nächsten Einschlag warten muß. Und der kommt bestimmt.

andere Werte zugeschrieben – das ist dann der Komet –, und dann wird das Programm gestartet. Gemäß der Gleichungen, die die Strö-mung von Gas beschreiben, werden dann alle Punkte unter dem Einfluß aller anderen neu berechnet: So möchte Gas aus Gebieten hohen Drucks in solche niedrigeren abströmen, und Dichten und Drücke werden von der Temperatur beeinflußt und umgekehrt. Für

71

jede hundertstel Sekunde der Kollision wird all das wiederholt – und das für eine halbe Million Punkte. Die schiere Menge der nötigen Rechnungen erforderte einen Supercomputer des Typs Cray C-90, der am Pittsburgh Supercomputing Center zur Verfügung stand. Das Modell lief 10 Stunden lang und verbrauchte damit bereits einen gehörigen Anteil des Zeitbudgets für das ganze Jahr, denn Supercomputerzeit ist etwas sehr Wertvolles.

Das Zahnle-MacLow-Modell deutete an, daß zwei Sekunden nach der Berührung mit den höchsten Ausläufern der Jupiteratmosphäre der Kometenkern zu zerbrechen beginnt; drei Sekunden später bleibt er in der terminalen Explosion stehen und gibt seine gesamte kinetische Energie an Jupiter ab. Etwa bei einem Druck von 8 bar sollte das geschehen, rund 100 km unter den Ammoniakwolken. Das gilt für ein Fragment von 1 km Durchmesser, das Zahnle für einen guten Kompromiß hielt. Zehn Sekunden nach der Explosion dringt dann das extrem heiße Material durch den Kanal, den es in der Atmosphäre zurückgelassen hat, zurück nach draußen, und weitere 20 Sekunden später durchbricht der Feuerball die Wolken, bereits von 30000 auf 3000 Grad abgekühlt und damit schon röter als die Oberfläche der Sonne. Binnen weniger weiterer Sekunden hat er sich so aufgebläht und ist seine Dichte so gering geworden, daß er nicht mehr zu sehen ist. Fünf Minuten später beginnt dann das hochgerissene Material auf die Stratosphäre zurückzuregnen, auf ein 2000–4000 km großes Gebiet. Nichts vom Kometenmaterial kann dem Schwerefeld Jupiters entkommen, auch nicht das Gas, das der Feuerball aus Jupiters Tiefen hochgerissen hat. Vielmehr, so erwarteten Zahnle und viele andere auch, werde das Material in der kalten Hochatmosphäre Jupiters auskondensieren und dann als weiße Wolke enden; die Konsequenz der ganzen Serie von Einschlägen sei dann vielleicht ein neues weißes Band um Jupiter.

Auch die Simulationsrechnungen für das Zerbrechen des Kometen im Jahre 1992 machten Fortschritte. Zwei neue Arbeiten, die am 14. Juli und 4. August erschienen, bestätigten wieder die allererste, wonach der Ursprungskomet nicht größer als zwei Kilometer war. So konnte gezeigt werden, daß ein ursprünglich homogener Körper einfach nicht in so viele Fragmente zerfallen könne, wie sie bei Shoemaker-Levy beobachtet werden, denn schon bei der Zweiteilung eines solchen Kerns nehmen die Gezeitenkräfte auf die beiden neuen Objekte stark ab, und sie haben keinen Grund mehr, weiter zu zerfallen. Ein völlig anderer Aufbau des ursprünglichen Kometenkerns müsse viel mehr angenommen werden: Er muß aus Hunderten von etwa gleich großen Brocken bestanden haben, die nur durch ihre Schwerkraft zusammengehalten wurden. Diese wurden dann 1992 durch die Gezeitenkräfte am Jupiter getrennt und fanden sich unter ihrer eigenen Schwerkraft wieder zu größeren Aggregaten – den dann tatsächlich beobachteten «Fragmenten» – zusammen. Simuliert man diesen Prozeß nun im Computer, dann kommt nur bei einem ursprünglich 1,5 km großen Kern einer mittleren Dichte von 0,5 g/cm^3 eine Fragmentkette der beobachteten Art heraus (bzw. 1,8 km, aber gleiche Dichte bei der anderen Simulation). Die Aussicht, daß die Shoemaker-Levy-Fragmente aus noch kleineren und nicht einmal zusammengebackenen Brocken bestehen könnten, veranlaßte einen bekannten amerikanischen Kometenforscher zu dem Schluß: «The Big Fizzle is coming» (die große Pleite kommt). Zwei Tage vor dem A-Impakt veröffentlichte er in der einflußreichen Zeitschrift *Nature* einen entsprechenden Artikel: Für ihn war praktisch ausgemacht, daß sich alle Fragmente kurz vor dem Erreichen Jupiters in einen harmlosen Schwarm von Körperchen auflösen würden, die mit nur noch einigen Kilotonnen Explosionsenergie kaum beobachtbar vergehen sollten.

Als die «Big Fizzle»-Prognose die Runde machte, konnte das das Heer von Astronomen auch nicht mehr erschüttern, die sich nach oft einjährigen Vorbereitungen auf ihren Beobachtungsbergen eingefunden hatten. Die meisten hatten sich die Einstellung zu eigen gemacht, daß wahrscheinlich wenig bis gar nichts passieren würde, daß es aber unverantwortlich gewesen wäre, das seltene Ereignis zu ignorieren, da ja immerhin die prinzipielle Möglichkeit bestand, daß die spektakuläreren Prognosen die richtigen waren. Ein erstaunlich hoher Anteil der jetzt gen Jupiter schauenden Astronomen gehörte noch nicht einmal zu den Planeten- oder Kometenforschern, denn diese Disziplin macht

73

nur einen kleinen Bruchteil des riesigen Spektrums der modernen Astronomie und Astrophysik aus. Während einige «normale» Astronomen die Ereignisse auf Jupiter nur am Rande mitzunehmen gedachten, und sich viel lieber, vor allem nach seinem sehr frühen Untergang abends, ihren eigentlichen Lieblingsbereichen im Raum weit jenseits der Planeten zuwenden wollten, waren andere von ihren Vorgesetzten zur Jupiterbeobachtung geschickt worden. Viele von ihnen würden nur deswegen hinschauen, weil gerade die geeigneten Instrumente zur Verfügung standen. Einen solchen Run hatte es 1986 schon einmal gegeben, als sich ebenfalls Hunderte von Astronomen aus allen Arbeitsgebieten dem Halleyschen Kometen und seinen vielfältigen Aspekten zugewandt hatten, um aber bald danach die Kometenforschung wieder zu verlassen. Die Ereignisse auf Jupiter versprachen im Prinzip noch mehr Vielfalt: Niemand wollte da außen vor bleiben.

Zu denen, die von ihrer Instrumentierung in die Jupiterbeobachtung gelockt wurden, gehörten manche Experten für Sternentstehung. Junge Sterne werden in dichten Gas- und Staubwolken geboren, aus denen kein sichtbares Licht nach außen dringt, wohl aber Strahlung im nahen Infrarot. Seit Mitte der 80er Jahre gibt es infrarote Kameras, die Aufnahmen in interessanten Spektralbereichen wie dem K-Band (2,05–2,4 Mikrometer, d.h. bei 4–5mal so langen Wellen wie im sichtbaren Licht) fast so einfach ermöglichen, wie die verbreiteten CCD-Kameras im Visuellen. Das K-Band hat sich sozusagen selbst definiert, weil hier der Wasserdampf in der Erdatmosphäre, der zwischen einem und zwei Mikrometern kaum Strahlung aus dem Weltraum durchläßt, ein Fenster hat: Hier kann der Weltraum auch vom Erdboden aus fast ungehindert beobachtet werden. Es ist reiner Zufall, daß genau in diesem Fenster auch eine der stärksten Methanabsorptionen liegt: Dieses Spurengas in seiner hohen Atmosphäre läßt Jupiter im K-Band fast schwarz erscheinen. Auffällige Veränderungen des Planeten im Visuellen wurden kaum erwartet, aber in Methanabsorptionsbändern war noch am ehesten mit einem Effekt zu rechnen, weil aus den Feuerbällen kondensierte Wolken oberhalb der Methanschichten schweben und sich hell vom dunklen Planeten abzeichnen sollten. So kam es, daß mancher Sternentstehungsspezialist für eine

74

Woche Jupiter auf's Korn nahm: Auch kleine Teleskope wie das 40-cm-Gerät des Whately-Observatoriums in Massachussetts liefern im K-Band detailreiche Bilder, vorausgesetzt, die Infrarotkamera ist vom Feinsten. Hier war es ein Ableger des NICMOS-Instruments, das 1997 zum Hubble-Teleskop fliegen wird.

Allen Beobachtern, ob Spezialisten oder nicht, war klar, daß nur eine Abstimmung der zahlreichen Gruppen untereinander, schnelle Kommunikation und die Zusammenführung der Ergebnisse eine Chance bieten würden, die wie auch immer gearteten Ereignisse am Jupiter wirklich zu verstehen. Bereits während der Tage der Kollisionen wäre es für den einzelnen Beobachter günstig zu erfahren, was anderswo gesehen worden war, besonders da außer den Astronomen am Südpol ohnehin niemand eine Chance hätte, alle Impakte zu beobachten. Als Werkzeug für diese Kommunikationsaufgabe boten sich Computer an, denn sie sind in der Wissenschaft längst alle miteinander vernetzt, die vielbeschworene «Datenautobahn» ist in der Astronomie längst Wirklichkeit. Vor allem das sogenannte Internet bildete das Rückgrat der Kommunikation von Rechner zu Rechner. Texte, aber auch Bilder wanderten hier binnen Minuten um den Globus. Nur eine gewisse Organisation schien angebracht, damit jeder auch alles, was ihn interessierte, ohne große Mühe finden konnte.

Bereits 1993 war an der Universität von Maryland in College Park ein sogenanntes Bulletin Board eingerichtet worden: Jeder konnte (und kann) sich in den Institutsrechner über das Internet einwählen und in einer hierarchisch aufgebauten Datenbank nach den letzten Bahnrechnungen, Prognosen und Grafiken stöbern. Das funktionierte ganz gut, aber auf einem Koordinierungstreffen amerikanischer, europäischer und japanischer Absturzforscher an der Universität im Januar kam auch der Wunsch auf, ein noch bequemeres Medium zu finden: Die Forscher forderten einen sogenannten Mail-Exploder. Das ist eine vergleichsweise einfache Software, die an einem Rechner eingehende elektronische Nachrichten automatisch an jeden weiterleitet, dessen elektronische Postadresse dort gespeichert ist. Im Gegensatz zum Bulletin Board sollten beim Exploder allerdings nur Astronomen Zu-

75

gang haben, die entweder auf dem Workshop anwesend waren oder sich persönlich anmeldeten: In weiser Vorausschau kommender «Verkehrsstaus» auf der Datenautobahn sollte die Kommunikation auf diesem Kanal auf die wirklich wichtigen Informationen beschränkt bleiben. 250 Astronomen, darunter auch ein paar Theoretiker und einige ausgewählte Amateure, waren schließlich in der Liste eingetragen: Die Kometenabsturzforscher hatten ihre eigene Nachrichtenagentur bekommen.

Die letzten zwei Wochen vor dem ersten Einschlag. Auf ein bis zwei Stunden genau sind die Absturzzeitpunkte für 20 Fragmente bereits bekannt, wie sich aus der neuesten Bahnrechnung des JPL ergibt. Sie enthält auch eine Auflistung der Plätze auf der Erde, wo die Einschläge am Nachthimmel gut zu sehen sein sollten. Das «Fenster» für optimale Beobachtungen jagt pausenlos um den Globus. Impakt A: Afrika und Osteuropa, Impakt B: Nord- und Südamerika, Impakt C: Hawaii und Neuseeland, Impakt D: Australien und Japan, Impakt E: Südostasien, Impakt F: Südamerika, und so weiter. Ab dem zehnten Juli veröffentlicht die Europäische Südsternwarte nun Tagesberichte mit den neuesten Nachrichten von der eigenen Sternwarte auf La Silla in Chile und anderswo. Mit dem 3,5-Meter-New Technology Telescope ist es in der Nacht wieder gelungen, den Kometen aufzunehmen – selbst für solch ein gutes Teleskop keine leichte Sache mehr, denn bis auf 5 Millionen Kilometer hat sich Fragment A dem Jupiter schon genähert, was am Himmel 22 Bogenminuten, weniger als einem Vollmonddurchmesser, entspricht. Das Streulicht vom fast einmilliardenmal helleren Planeten läßt vor allem die schwächeren Fragmente immer schwerer erkennen. Gleichwohl sind B bis G ohne Probleme auszumachen, und abrupte Veränderungen in jüngster Zeit sind nicht zu erkennen. Lediglich bei Fragment G, einem der zwei hellsten, ist ein neues Bruchstück zu erkennen, das sich vor einigen Wochen von ihm abgelöst zu haben scheint.

Im Clinch mit dem Streulicht von Jupiter lag auch ein Astronom auf dem rund 100 km weiter südlich liegenden Berg Cerro Tololo. Pat Seitzer ist eigentlich Spezialist für Kugelsternhaufen, kennt aber die

60-cm-Schmidtkamera dieses Observatoriums in- und auswendig: Weil ihm damit zu einem früheren Zeitpunkt eindrucksvolle Bilder des Kometen gelungen waren, war er in der letzten Woche vor dem Absturz zurückgekehrt, um ihn noch einmal in Augenschein zu nehmen und vielleicht zur Bahnverbesserung beizutragen. Wie das NTT der ESO, so war auch dieses Teleskop mit einer CCD-Kamera versehen worden, so daß die Bilder in Sekundenschnelle auf dem Computerbildschirm erschienen. Aber weil die kleine Schmidtkamera nur 1/30 der lichtsammelnden Fläche des NTT besaß, waren die schon weit auseinandergezogenen Kometen nur mit einiger Mühe im Wirrwarr des Sternfeldes zu entdecken. Vor allem aber störten etliche bizarre Finger aus Licht, das von Jupiter stammte: Es war an den Verstrebungen im Inneren der Kamera gebeugt und reflektiert worden.

Als intimer Kenner des Teleskops wußte Seitzer Rat: Er holte sich in der Küche des Observatoriums etwas Aluminiumfolie und wickelte sie um die Streben, um das Streulicht noch stärker zu verteilen – und es half! Auf den nächsten Aufnahmen waren die scharfen Beugungsstrahlen Jupiters, zu denen die Kometenbahn parallel lag, verschwunden. Nach der Addition mehrerer Aufnahmen enthüllte dann auch das kleine Teleskop etwa 11 Fragmente, die aussahen wie etwas längliche Sterne. Zwischen ihnen war noch eine haarfeine Koma zu erkennen, die sie verband. Bei den gespaltenen Kernen P und Q waren auch die Subfragmente auszumachen. Q1 und G wetteiferten weiter um die Rolle als größter Subkomet, aber auch H, K und L sahen vielversprechend aus. Die kleineren Fragmente wie A und B allerdings waren mit der kleinen Kamera so nahe am Jupiter auch mit allen Tricks nicht mehr aufzufinden.

Beobachtung und Bahnvermessung aller Fragmente war aber gerade in diesen letzten Tagen wichtiger denn je, wie die ESO am 12. Juli betonte. Jetzt, 100 Stunden vor dem ersten Impakt, waren die Örter der Fragmente im Raum auf einige 100 km genau bekannt. Aber in den nächsten paar Tagen sollte Jupiter sie immer stärker beschleunigen; ein kleiner Fehler jetzt würde sich dann drastisch auswirken. Fragment A zum Beispiel war jetzt relativ zu Jupiter 7 km/s schnell, am 14. würden es schon 9, am Morgen des 16. bereits 13 und unmittelbar vor dem

77

Einschlag dann 60 km/s sein – dieselbe Geschwindigkeit, die ein Körper auch erreichen müßte, um von Jupiters Oberfläche aus das Schwerefeld des Planeten zu verlassen. Bereits jetzt müßten die Fragmente A bis H in die Magnetosphäre Jupiters eingedrungen sein, wenn sie noch so groß war wie zu Zeiten der Voyager-Besuche, aber von irgendwelchen Effekten hatte noch niemand berichtet. Bei der ESO hatte man auf einer Aufnahme Shoemaker-Levys im roten Licht vom 11. Juli die relativen Gesamthelligkeiten der ersten Fragmente ermittelt: Setzt man G = 100 %, dann hatte A 14, B 26, C 25, D 16, E 57, F 30, H 69, K 88 und L 69 % der Intensität. Daß diese Zahlen nicht unbedingt den tatsächlichen Kerndurchmessern und -massen entsprechen mußten, war aber klar: Ein großes und kompaktes Fragment mit wenig Staub konnte schwächer erscheinen als ein kleines mit größerer Staubproduktion.

In der Nacht vom 11. zum 12. Juli gelang mit der 1-Meter-Schmidtkamera auf La Silla eine ungewöhnliche Aufnahme: Jupiter, natürlich extrem überbelichtet, und Shoemaker-Levy auf derselben Photoplatte. Doch jeden Tag schwanden die Möglichkeiten, den Kometen weiterzuverfolgen, und selbst das NTT hatte in der Nacht vom 15. auf den 16. Juli keinen Erfolg – hingegen gelang Pat Seitzer mit der kleinen Schmidtkamera auf dem Cerro Tololo zu seiner eigenen Überraschung noch einmal der Nachweis der hellsten Fragmente, 16 Stunden vor dem Einschlag von A. Mit aufwendigen mathematischen Methoden hatte er das enorme Streulicht Jupiters von dem Bild abziehen können, und wenn man dann genau wußte, wo man hinschauen mußte, waren einige Fragmente, vor allem Q und der Koma-Strich noch zu erkennen. Zur Hilfe kam aber auch ein besonders klarer Himmel. Wie nahe an den Planeten heran würden wohl andere Teleskope mit speziellen Filtern die Kometen noch verfolgen können?

Mit dem Nahen des A-Impakts nahm auch die Informationsmenge auf den elektronischen Kanälen zu. Der amerikanische Astronom, der noch eben vom «Big Fizzle» geschrieben hatte, behauptete jetzt, vielleicht sei es sogar von Vorteil, wenn sich die Kerne kurz vor ihrem Ende in einen ganzen Schwarm kleiner Brocken auflösten. Denn so

Jupiter und der Komet auf derselben Photoplatte! Nachtassistent Guido Pizarro gelang dieses Bild in der Nacht vom 11. zum 12. Juli mit der 1-Meter-Schmidtkamera der ESO; Jupiter oben links ist extrem überbelichtet, aber die einhundertmillionenmal schwächeren Kometenfragmente sind rechts von der Bildmitte eindeutig als gen Jupiter ausgerichteter Strich zu sehen (Quelle: ESO, Bildverarbeitung: D. Fischer).

werde die für das Ablösen der Oberfläche und die Bremsung zur Verfügung stehende Fläche um ein Vielfaches vergrößert, was sich doch in einem hellen Eintrittsblitz niederschlagen könnte. Dieser trete überdies an um so höherer Stelle ein, je kleiner ein Objekt sei, nun also möglicherweise über den Wolken. Würden also helle Blitze beobachtet, dann hieße das keineswegs, daß er sich geirrt habe... Gleichzeitig wurden auch zwei Auswertungen von Aufnahmen der Planetary Camera Hubbles von Januar bis Juli bekanntgegeben, die das Bild des Kometen weiter verkomplizierten.

79

Da war zum einen die Feststellung, daß die meisten Fragmente in dem Zeitraum ihre Helligkeit kaum verändert hatten, doch sechs von ihnen im Juni und Juli «einen ziemlich drastischen Helligkeitseinbruch» erlitten. Seit Mai waren zudem die meisten der vorher eher rundlichen Kometenkomae in Richtung Jupiter länglicher geworden – wie es ja auch alle erdgebundenen Bilder zeigten, selbst von der kleinen Schmidtkamera –, und Fragment P2 schien sich in zahlreiche Bruchstücke aufgelöst zu haben, die jetzt auseinanderdrifteten. Andererseits hatte sich der JPL-Astronom, der seinerzeit auf einen 9 km großen Urkern geschlossen hatte und dies weiter eisern verteidigte, derselben Hubble-Daten angenommen und festgestellt, daß man es drehen und wenden könne, wie man wolle: Es gäbe zweifelsfrei «bedeutende Punktquellen» inmitten der meisten Komae. Diese festen Kerne seien bis zu 4 km groß (bei G, Q1 und S), wenn man eine so dunkle Oberfläche wie beim Halleyschen Kometen annähme. Doch er fand auch, daß es in den Komae weitere, schwächere Punktquellen gäbe (manchmal bis zu 8 Stück): Das seien wohl abgebrochene Kernstückchen, die neben den Hauptkernen herflögen. Aber dem offensichtlich fortschreitenden Zerfall der Kerne zum Trotz «scheinen Anfang Juli noch Objekte von einigen Kilometern Größe vorhanden gewesen zu sein».

Auch Jupiter selbst hatte das Hubble Space Telescope jetzt aufgenommen, um den Zustand zu dokumentieren, *bevor* etwas passierte. Normalerweise werden die Aufnahmen des Teleskops mehrere Wochen lang bearbeitet und ausgewertet, bevor sie auf Pressekonferenzen der Öffentlichkeit präsentiert werden, aber diesmal sollte alles ganz anders ablaufen. Noch am Abend des 16. Juli, um 22 Uhr Ostküstenzeit, 4 Uhr morgens am 17.7. in Europa, würde ein Bild von Jupiter nach dem ersten Einschlag live im Fernsehen der ganzen Welt präsentiert – das stand allen Diskussionen über Riesenkerne oder «Fizzles» zum Trotz seit Wochen fest. Manchem im Space Telescope Science Institute in Baltimore muß es bei dieser Vorstellung recht mulmig geworden sein. Es gab bewegte Diskussionen, wieviel man wie früh jedermann zeigen und beschreiben durfte – und dann war da noch Jupiter selbst. Die letzten Aufnahmen Hubbles vor dem Crash,

80

so beschrieb es ein Mitarbeiter des Instituts, zeigten «eine Fülle von komplexen Details in den südlichen Breiten», also genau da, wo die Kerne einschlagen sollten. «Das Herausfinden der impaktinduzierten Effekte», so der Astronom, «aus dem Repertoire, das Jupiter ganz alleine beherrscht, wird nicht leicht sein und die besten Fähigkeiten der Leute erfordern, die Jupiter bestens kennen» – und das alles binnen Stunden und vor laufenden Fernsehkameras? Wenn das mal gutgehen würde...

Abschied von Shoemaker-Levy – letzte Vorbereitungen auf die Stunde X

Zehn Tage im Juli –
Protokoll einer explosiven Zeit

Niemand auf diesem Planeten wußte *wirklich*, was am 16. Juli 1994 passieren würde, als der magische Augenblick 20:00 Weltzeit, d.h. 22:00 Uhr Mitteleuropäische Sommerzeit, näherrückte. Dieser Zeitpunkt (ganz präzise war es 19:59:40 Uhr Weltzeit oder Universal Time, UT) war erst am Nachmittag dieses denkwürdigen Samstags definiert worden: In diesem Moment sollte nach den Berechnungen aller Astronomen ein Signal die Erde erreichen, das 43 Minuten früher den Jupiter verließ, mit Lichtgeschwindigkeit das Sonnensystem durcheilte und vom Augenblick der Kollision des ersten Fragments mit Jupiter künden sollte. Ein Team von Astromathematikern am Jet Propulsion Laboratory in Pasadena, Kalifornien, hatte noch bis zur letzten Minute Positionsmessungen der einzelnen Fragmente am Himmel gesammelt, aus diesen ihre Bahnen berechnet und daraus wiederum die voraussichtlichen Einschlagszeiten. Noch im März 1994 betrugen die Schwankungen in den Prognosen 45 Minuten, aber bis Mitte Juni waren sie bei manchen Fragmenten auf nur noch 15 Minuten gesunken. Noch am 16.Juli selbst war die Unsicherheit in der Voraussage für die Kollision des ersten Fragments, genannt A, ein weiteres Mal reduziert worden: auf nur noch 5 1/2 Minuten. Diese Zahl, statistisch gesehen eine Standardabweichung, bedeutete, daß der Impakt mit 63%iger Wahrscheinlichkeit im Intervall +/– 5 1/2 Minuten stattfinden würde, und mit 95%iger Sicherheit im Intervall +/– 11 Minuten. Dann

83

jedenfalls sollte das Fragment das 1-bar-Niveau der Atmosphäre Jupiters durchstoßen, das traditionell als dessen Oberfläche gilt.

20:00 Weltzeit, das bedeutete früher Abend in Afrika und Europa und Nachmittag in Süd- und Nordamerika: Nur in diesen Teilen der Welt stand Jupiter jetzt über dem Horizont. Sinnvolle Beobachtungen des Planeten im sichtbaren Licht sind nur am dunklen Himmel möglich, aber Infrarotteleskope können Jupiter auch am Taghimmel abbilden. Geradezu populär ist hier der Wellenlängenbereich um 2,3 Mikrometer (µm), das sogenannte K-Band: Zum einen läßt hier die Erdatmosphäre die Strahlung ähnlich ungedämpft durch wie im sichtbaren Licht, und zum anderen liegt – zufälligerweise – gerade hier auch eine besonders tiefe Methanabsorption. Das bedeutet, daß dieses Gas, das in Jupiters Atmosphäre in Spuren vorkommt, hier fast alle einfallende Sonnenstrahlung verschluckt und der Planet außerordentlich dunkel erscheint. Nur hoch über der Atmosphäre schwebende Teilchenwolken zeichnen sich im K-Band hell gegen den dunklen Jupiter ab, in der Regel sieht man fast nur einen feinen Dunst über den Polregionen. Aber für die Beobachtung etwaiger Wolkenphänomene nach einem Einschlag schien dieser Spektralbereich ideal, und weil Infrarotkameras zur Standardausrüstung vieler Sternwarten gehören, war man auf allen vier Kontinenten bereit.

Da der Impakt A, wie alle andern auch, auf der erdabgewandten Seite Jupiters stattfinden sollte, war den meisten klar, daß nur auf zwei Effekte zu hoffen war: die Reflexion des Impaktblitzes an den Jupitermonden und das Erscheinen einer wie auch immer gearteten Explosionswolke einige Minuten später am Rande Jupiters. Die meisten Modellrechnungen hatten ja das Aufsteigen der erhitzten Gase von Komet wie Jupiter aus dessen Wolken heraus in Form einer Art Blase vorausgesagt: «Plume» war die gängige Bezeichnung dafür, die sich einer präzisen Übersetzung ins Deutsche entzieht. Hergeleitet vom lateinischen Begriff für Feder, bezeichnet das Wort im Englischen neben Vogelfeder, Rauch- und Abgaswolken in den Naturwissenschaften so unterschiedliche Dinge wie eine unterirdische Magmablase, die ausgestoßenen Gase eines Vulkans, einer Rakete oder Gasblasen im

Im Nervenzentrum der Jupiter Comet Watch

Ein Großteil der Kommunikation zwischen den Astronomen in aller Welt sollte über einen kleinen Computer an der Universität von Maryland laufen: Ausfallen durfte diese Maschine namens icarus nicht, 24 Stunden am Tage wurde sie bewacht. Anne Raugh, die hier auch den Mailexploder eingerichtet hatte, hatte am Nachmittag des 16. Juli Dienst, als mit dem ersten Impakt gerechnet wurde. Sie erinnert sich:

«Als ich am Samstag ankam, lief alles perfekt, und so kam meine A-capella-Gesangsgruppe im örtlichen Vortragsraum für eine ausgedehnte Probe zusammen. Gegen 3:30 Uhr waren wir fertig, und ich dachte daran, mir etwas zu essen zu holen. Bis zum Impakt war ja noch eine halbe Stunde, 20 Minuten würde die Einschlagsstelle brauchen, um auf die sichtbare Seite zu rotieren, und 10 Minuten würde die Schnellanalyse von Beobachtungen welcher Art auch immer dauern – ich beschloß also, daß ich eine Stunde Zeit zum Essen hatte. Und außerdem rief ich mir in Erinnerung, daß die Wahrscheinlichkeit wohl ziemlich hoch war, daß nichts Spektakuläres passieren würde.

Als ich zurückkam, wartete die Meldung vom Calar Alto auf mich. Sie war an die Adresse c1993e geschickt worden (also nicht an diejenige, von der aus sie automatisch an alle Welt verteilt worden wäre; DF), vermutlich weil der Beobachter bezüglich der Benutzung des Exploders ganz sicher gehen wollte. Ich las die Meldung zweimal, um sicher zu sein, daß sie wirklich bedeutete, was ich dachte – daß nämlich jemand tatsächlich etwas *gesehen* hatte – und schickte sie dann sofort an den Exploder. Dann wartete ich auf irgendeine bestätigende Beobachtung von einer anderen Sternwarte. Bald darauf, so kam es mir jedenfalls vor, traf sie ein. Zu diesem Zeitpunkt verließ ich mein Büro auf der Suche nach jemandem, dem ich von der Nachricht erzählen konnte – ich war so aufgeregt, daß ich es *irgend jemandem* erzählen mußte.»

interstellaren Raum. Am 16. Juli 1994 sollte das Wort eine weitere Bedeutung erhalten.

«Information vom Calar Alto», begann eine Vierzeilenmeldung, die um 20:28 Uhr Weltzeit an die Universität von Maryland übermittelt wurde, Nervenzentrum der Kommunikation zwischen mehreren hundert Astronomen, die auf sämtlichen Kontinenten, Antarktis inklusive, auf der Lauer lagen. «Der Impakt A wurde mit dem 3,5-Meter-Teleskop mit Hilfe der MAGIC-Kamera beobachtet», lautete die Nachricht von der deutsch-spanischen Sternwarte in der Sierra Nevada und der Text ging weiter: «Die Plume erschien an der richtigen Stelle über

85

dem Rand, gegen 20:18 Weltzeit. Im 2,3-Mikron-Methanband erschien sie heller als Io. Tom Herbst, Dough Hamilton, Jose Ortiz, Hermann Boehnhardt, Karlheinz Mantel, Alex Fiedler.» Binnen einer halben Stunde hatte diese Nachricht über Electronic Mail jeden anderen angeschlossenen Astronomen erreicht – es war der Beginn einer langen Nacht.

Was mochten die Astronomen auf dem spanischen Berg gesehen haben, fragten sich jetzt viele, die keine Infrarotkameras besaßen oder sie wegen Wolken nicht einsetzen konnten. Was genau mochten sie unter einer «Plume» verstanden haben – die Explosion des Einschlags, den Feuerball oder noch etwas anderes? Heller als der Jupitermond Io sei sie gewesen, ein erstaunliches Ergebnis, ist dieser vulkanisch aktive Trabant doch eine der hellsten Quellen am irdischen Infrarothimmel. Und das waren erst die Auswirkungen des Impakts A, von einem Fragment, das zu den kleineren gezählt hatte – was mochten da erst die Einschläge der größeren Kometenstücke erwarten lassen? Noch aber gab es keine unabhängige Bestätigung des Calar-Alto-Berichts, und erst um 22:17 Weltzeit – kurz nach Mitternacht MESZ – meldete sich wieder eine Stimme auf dem «offiziellen» Kommunikationskanal. Es war Richard West, der für die Europäische Südsternwarte in Chile die Beobachtungen der Kollisionen koordinierte und zugleich vom ESO-Hauptquartier in München aus die europäische Pressearbeit leitete.

«Wir haben Informationen von La Silla», schrieb er, «daß eine Plume bei 10 µm mit dem TIMMI-Instrument am 3,6-Meter-Teleskop beobachtet wurde» – auch im langwelligeren Infrarot, wo die Wärmestrahlung dominiert, war der Feuerball also gesehen worden. Dann ging es Schlag auf Schlag. Nur Minuten später meldeten sich S.Larson und Kollegen vom 4,2-Meter-Teleskop auf La Palma: «Wir haben gerade unsere Beobachtungssession beendet, es war sehr hektisch. Wir haben keine auffälligen Blitze gesehen, werden aber noch sorgfältig durch die Daten gehen. Die Leute aus Granada sahen es bei 2,3 µm, und das NOT (das Nordic Optical Telescope) hier auf unserem Berg erwischte es sehr klar bei 10 µm.» Und um 23:12 UT meldete sich, über das betreuende Institut in Chicago, erstmals der Südpol zu Wort: «Der South Pole Infrared Explorer (SPIREX), ein 60-cm-Teleskop, hat die Plume von Fragment A bei 2,36 Mikron nachgewiesen. Um 20:25 UT war sie noch heller als Io. In den folgenden zwei Minuten nahm die Helligkeit rapide ab, aber sie blieb bei dieser Wellenlänge (Kohlenmonoxidfilter) noch 20 Minuten lang sichtbar.»

Szenenwechsel nach Baltimore im US-Bundesstaat Maryland: Hier beginnt um 19:30 Uhr Ortszeit, 23:30 UT, eine Pressekonferenz mit den Kometenentdeckern Carolyn und Gene Shoemaker sowie David Levy. «Dies ist der Augenblick der Wahrheit», verkündet Gene, dem die ersten Berichte natürlich ebenfalls vorliegen. «Wir haben uns alle Sorgen gemacht, daß die Kometenkerne an der unteren Grenze des dynamisch Möglichen liegen könnten», aber da nun bereits Fragment A klare Effekte ausgelöst hat, «können wir beim Einschlag jedes teleskopisch sichtbaren Fragments eine gute Show erwarten … und eine Menge lernen». Offenbar hatten die Explodermeldungen noch nicht die Öffentlichkeit erreicht, denn Gene mußte immer wieder Fragen nach ihnen beantworten – vor dem Namen Boehnhardt mußte er allerdings kapitulieren. Carolyn erinnerte noch einmal daran, wie der Komet entdeckt worden war («It was a dark and stormy night…») – und daß es ein ganz sonderbares Gefühl ist, ihn nun für immer zu verlieren. «Er war da draußen immer ein Ding von großer Schönheit für mich gewesen», trauerte sie ihm nach. «Sein Bild war stets in meinem Gedächtnis, und nun also würde Fragment A auf Jupiter stürzen. Ich muß zugeben, ich mußte eine Träne wegdrücken, als ich wußte, daß der Augenblick gekommen war.»

Dann sprach David Levy. Er verglich den heutigen Tag mit einem anderen großen Ereignis der Wissenschaftsgeschichte, der Entdeckung des Erbmoleküls DNS in den 50er Jahren. Wer damals jung gewesen sei, der habe die Nachrichten darüber begeistert verschlungen und erfahren, daß «Wissenschaft eine fabelhafte Sache ist». Das nächste vergleichbare Ereignis war für ihn die Landung von Apollo 11 auf dem Mond – und nun sei wieder so ein Moment gekommen, «wo die Wissenschaft der Welt zuruft: Es macht Spaß!» Besonders trefflich sei, daß ein Komet des Shoemaker-Teams auf Jupiter fällt, wo doch Gene sein ganzes Leben Impaktphänomenen im Sonnensystem gewidmet habe.

87

Die Stunde der Wahrheit für das Space Telescope

Normalerweise warten Wissenschaftler, denen Beobachtungszeit am Weltraumteleskop gewährt wurde, an ihrem Heimatinstitut auf die Anlieferung der fertigen Daten, denn in laufende Beobachtungen einzugreifen wird nur in wenigen Fällen gestattet, und spontan kommandieren kann man den ungeheuer komplexen Satelliten schon gar nicht. Gesteuert wird er aus einem speziellen Kontrollraum am Goddard Spaceflight Center der NASA in Maryland, aber dort überzeugt man sich nur, daß die Instrumente als solche einwandfrei funktionieren. Die Daten selbst, etwa für Bilder, gehen über ein Glasfaserkabel direkt weiter an das Space Telescope

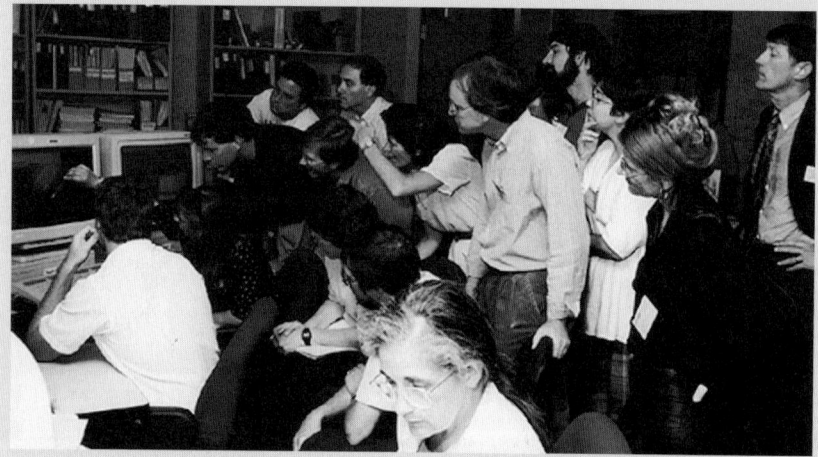

Warten auf die Ereignisse, die da kommen mögen: Die versammelten HST-Forscher, kurz bevor die A-Plume auf dem Monitor ganz links erschien (Quelle: STScI).

Science Institute in Baltimore, weiter nördlich im selben Bundesstaat. Erst dort erscheinen sie in einem kleinen Büro auf einem Bildschirm – kein anderer ist so hermetisch von neugierigen Blicken abgeschirmt. In diesem Raum drängelten sich am Spätnachmittag des 16.7. Dutzende von Hubble-Forschern, die das Eintreffen der ersten Bilder vom Impakt A live miterleben wollten. Auch diesmal war wieder keine Presse zugelassen, nur hauseigene Kameraleute – so mutig, von hier eine *live*-Sendung zu riskieren, war man denn doch nicht geworden. Es hätte ja auch sein können, daß man gar nichts sehen würde.

Um vier Uhr nachmittags hatte der Einschlag stattfinden sollen, und es lagen bereits ein paar vage Zeilen von Infrarotbeobachtungen auf mehreren Kontinenten vor, doch am Space Telescope Institute war man immer noch skeptisch: Erst wenn man die «Plume» mit eigenen Augen gesehen hatte, würde man es glauben. Es ging bereits gegen acht Uhr abends, als es endlich so weit war: Weil die Verbindung des Teleskops über einen geostationären Satelliten zur Bodenstation in New Mexico nur gelegentlich besteht, mußten die Beobachtungen an Bord zwischengespeichert werden, und erst jetzt begann die Übertragung. Heidi Hammel, die für die Aufnahmen Jupiters mit der Wide Field and Planetary Camera zuständig war, erinnert sich an die dramatischen Minuten, als alle auf den kleinen Monitor starrten und auch die von allen Fernsehanstalten wieder und wieder gezeigte Filmsequenz entstand:

«Wir schauten auf die Rohbilder, die herunterkamen, und als erstes erwarteten wir die Plume von A. Wir konzentrierten uns auf den Teil des Planeten, von dem wir etwas zu sehen hofften, und auf dem ersten Bild war nichts. Auch auf dem zweiten war nichts zu sehen. Auf dem dritten Bild schaute dann etwas über den Rand. Nun war es aber so, daß wir am vorangegangenen Tag ebenfalls einige Daten erhalten hatten, und da war ein Mond hinter dem Planeten hervorgekommen, sehr nahe an diesem Ort. Als da jetzt wieder etwas war, waren unsere Reaktionen: Oh mein Gott, was ist das? Kann das echt sein? Ist das ein Mond? Schau doch mal jemand nach! Aber keiner hatte daran gedacht, nachzusehen, ob da Monde in der Nähe sein würden... Und dann kam das nächste Bild, und da war es *wieder*, es war ausgedehnt, und es war jetzt ganz klar, daß es eine Plume war. Das ist der Moment gewesen, als wir alle in Jubel ausbrachen, als uns wirklich klar war, daß es etwas mit dem Einschlag zu tun hatte und Verwechslungen mit einem Mond oder etwas Ähnlichem ausgeschlossen waren.»

Nur zehn Minuten später kamen dann die Daten vom zweiten Orbit an, als Hubble die Einschlagsstelle selbst 90 Minuten später in verschiedenen Farbfiltern aufgenommen hatte: «Als wir sie sahen, mit all den Details darin, hielt es uns wieder nicht auf den Stühlen. Das war der Zeitpunkt, als wir eines der Bilder schnell mit dem Laserdrucker ausdruckten, nach oben liefen und die Pressekonferenz der Shoemakers und Levys unterbrachen. Wir hatten die Pressekonferenz auf einem kleinen Monitor verfolgt. Die saßen da oben und sprachen über Dinge, die passieren konnten oder auch nicht, und wir hüpften hier unten herum und *wußten*, was passiert war, daher beschlossen wir, daß das ihnen gegenüber nur fair war.»

Heidi Hammels «Überfall» auf die Pressekonferenz – der von CNN weltweit übertragen wurde – machte sie schlagartig zu einer Fernsehberühmtheit in den USA: Mit einer Begeisterung, die sie wie kaum ein anderer Wissenschaftler ausstrahlte, wurde die junge Planetenforscherin vom Massachusetts Institute of Technology, die eigentlich auf Neptun spezialisiert ist, zur Verkörperung der ganzen Gemeinde der Kometensturzbeobachter und fand sich plötzlich mit persönlichen Portraits in zahlreichen Zeitungen wieder. Daß sie allerdings zur Pressekonferenz gleich eine Flasche Champagner mitgebracht hatte, ging manchen puritanisch veranlagten Amerikanern zu weit. Ein Mitarbeiter des Space Telescope Science Institutes sah sich schließlich zu der Feststellung veranlaßt, man sei keine Regierungsbehörde, und deswegen dürfe man während der Arbeit auch mal feiern...

89

Das meistgedruckte Bild vom Kometeneinschlag, noch am Abend des 16.7. veröffentlicht: Hubbles Aufnahme der Einschlagsstelle von A um 21:32 UT, knapp 1½ Stunden nach dem Einschlag, mit einem Violettfilter (410 nm) und der Wide Field Planetary Camera 2 aufgenommen. Das Fragment ist in der Richtung von unten rechts gekommen, die der längliche dunkle Strich noch nachzeichnet; die halbmondförmige größere Wolke ist vermutlich aus der Plume zurückgefallenes Material (Quelle: H. Hammel, MIT und NASA).

Während die Pressekonferenz noch andauert, stürmt plötzlich eine breit grinsende junge Dame herein und zeigt Moderator Don Savage aufgeregt ein Blatt Papier. Es ist Heidi Hammel, die eine der Arbeitsgruppen des Weltraumteleskops Hubble leitet, dessentwegen man ja in Baltimore zusammengekommen war: Hier erscheinen die Daten von Hubble zum ersten Mal auf den Bildschirmen. Das erste

DER JUPITER CRASH

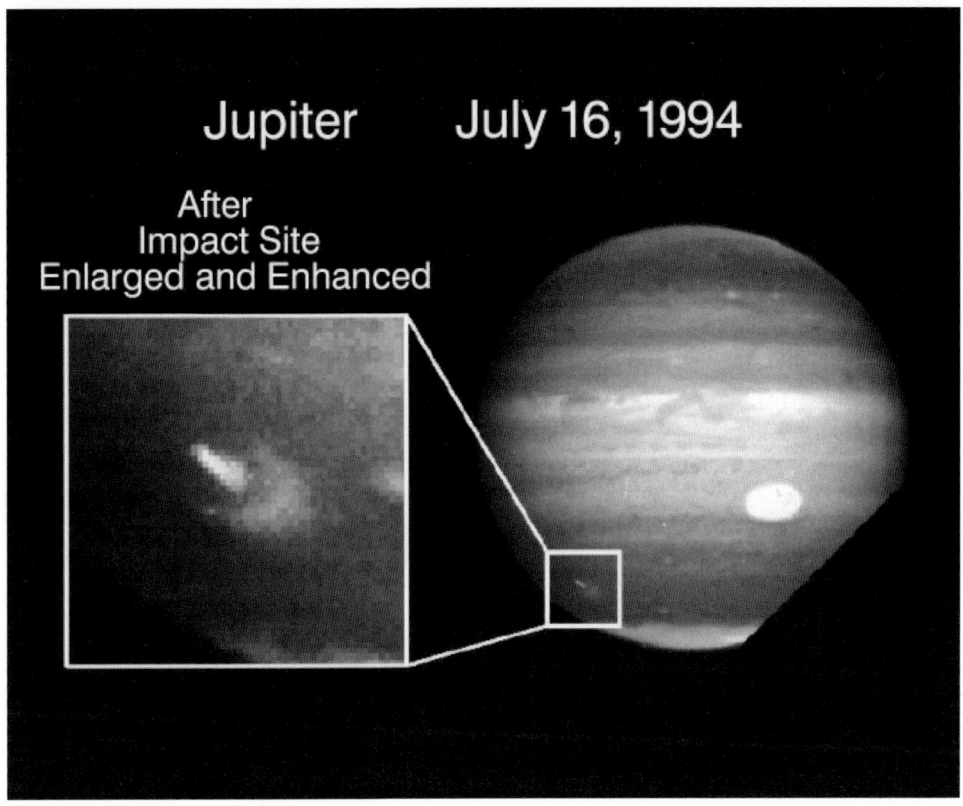

Das Gegenstück in einem nicht besonders tiefen Methanabsorptionsband bei 889 nm im Nahen Infrarot – die wirklich tiefen Methanabsorptionen jenseits von 1 μm bleiben dem HST derzeit noch verschlossen. Gleichwohl kehrt sich auch hier schon der Kontrast um: die Polregionen mit ihrem hohen Dunst, der Große Rote Fleck und natürlich die Impakt-Stelle erscheinen hell, wie im Negativ (Quelle: NASA).

Bild des Impakts A war eigentlich erst für 22:00 Ortszeit versprochen worden. Doch offenbar hat Heidi – Applaus brandet auf – schon 1 1/2 Stunden früher etwas zu bieten. «Wir haben einige unglaubliche Dinge gesehen», fällt sie mit der Tür ins Haus, nachdem ihr Gene Platz auf dem Podium gemacht hat. Daten zweier Orbits des Teleskops sind bereits nach hier übertragen worden, d.h. die Daten von

91

Zehn Tage im Juli – Protokoll einer explosiven Zeit

zwei aufeinanderfolgenden Intervallen, in denen Jupiter von Hubble aus zu sehen war und nicht die Erde im Weg stand oder die Sonne störte – auf seiner zwar wartungsfreundlichen, aber sonst ungünstig niedrigen Bahn kann das Weltraumteleskop ein Ziel nicht permanent im Blick behalten.

Beim ersten Orbit hat Hubble die Plume direkt am Rand des Planeten erhascht, beim zweiten die 90 Minuten später bereits halb auf die Vorderseite Jupiters rotierte Einschlagsregion. Von einem dieser Bilder, aufgenommen im nahen Infrarot in einem mäßig tiefen Methan-absorptionsband bei 889 nm, hat Heidi Hammel einen Laserdruck dabei, der eindeutig einen markanten hellen Fleck in Jupiters Südhemisphäre zeigt. Dies scheint die knappen Meldungen aus dem Exploder zu bestätigen, daß die Flecken nicht binnen Minuten verschwinden. Was das alles bedeute, da möge man sich bis 22:00 gedulden. Dann läßt sie eine Flasche Champagner herumgehen, und der Jubel will kein Ende nehmen: «Unsere Sorgen können wir jetzt begraben», stellt Shoemaker fest (der vorher befürchtet hatte, er müsse sich unter einem Stein verstecken, wenn nichts zu beobachten sei), und auf dem Podium sind sich jetzt alle einig: Das muß ein großes Fragment von vielleicht einem Kilometer Durchmesser gewesen sein – der ursprüngliche Komet hatte 10 km. Erst Tage später sollten die ersten Zweifel an diesen Daten aufkommen.

Zurück in den Cyberspace, wo die Berichte an den Mailexploder jetzt zahlreicher geworden sind. Um 23:37 Weltzeit meldete sich wiederum Chile zu Wort, diesmal das CTIO oder Cerro Tololo Inter-american Observatory, wo sich die Wolken verzogen hatten. «Bestätigung einer sehr hellen Plume bei 2,3 und 1,7 μm», schrieben John Spencer und Darren DePoy (der den Calar-Alto-Bericht erst für eine Ente gehalten hatte), die mit dem OSIRIS-Instrument am 4-Meter-Tele-skop beobachteten: «Heller als die Polkappen bei 2,36 Mikron!!» Inzwischen war die Einschlagsstelle durch die 10-Stunden-Rotation Jupiters in die Mitte der Planetenscheibe getragen worden, und ein optisches Teleskop auf den Kanarischen Inseln meldete schon wieder ein neues Phänomen: An derselben Stelle, wo ein Infrarotteleskop immer noch einen hellen Fleck wahrnahm, zwei Stunden nach dem

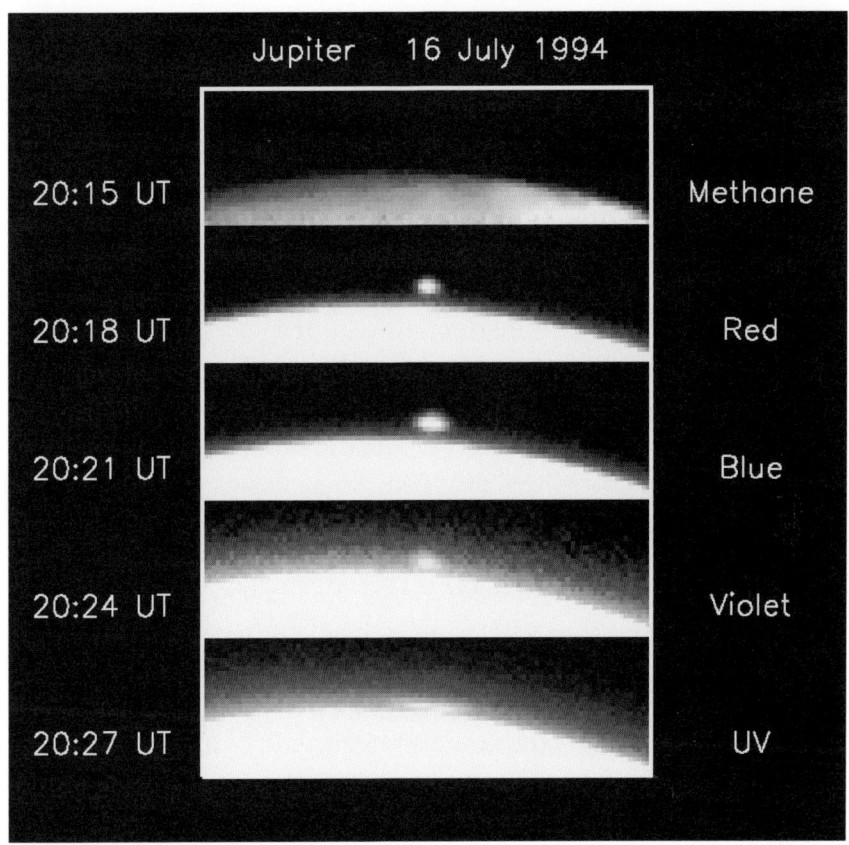

Jupiter   16 July 1994

20:15 UT — Methane
20:18 UT — Red
20:21 UT — Blue
20:24 UT — Violet
20:27 UT — UV

Die Plume des A-Impakts, wie sie Hubble sah: Etwa 7 Minuten nach dem von der Erde aus unsichtbaren Einschlag erscheint ein heller Punkt über Jupiters Rand. Der schwarze Raum dazwischen ist zum einen die schmale unbeleuchtete Sichel Jupiters auf dieser Seite, zum anderen fällt aber auch Jupiters Schatten auf die Plume: Hier tritt ihr «Kopf» gerade heraus. Auf den weiteren Bildern ist dann das Kollabieren der Plume zu einem «Pfannkuchen» zu erkennen (Quelle: NASA).

Impakt, sah eine gewöhnliche Videokamera an einem anderen Rohr einen schwarzen Punkt. Dann näherte sich die Stelle dem westlichen Rand Jupiters, aber sie verschwand erst gegen 1:50 UT am 17.7., eine halbe Stunde später als vorausgesagt, wie der Cerro Tololo meldete. Dies zeige, daß sich das Gebilde entweder stark längenmäßig ausgedehnt habe oder aber besonders hoch über den gewöhnlichen Wolken

93

schwebe. Letztere Erklärung sollte sich als richtig herausstellen und war zugleich der Grund, warum die Überreste des Impakts so hell gegen den im K-Band IR-dunklen Jupiter erschienen: Was immer von dem Feuerball übriggeblieben war, es hing hoch über dem größten Teil von Jupiters Methan. Ferner wird bekannt, daß zwei visuelle Beobachter in Israel gegen 20:04 UT *unabhängig voneinander* einen kurzen Blitz von weniger als einer Sekunde Dauer am Rande Jupiters sahen – eine bald viel zitierte aber nie bestätigte Beobachtung.

Ein zweites Mal nach Baltimore, wo es um 22:00 (2:00 UT) ein weiter verarbeitetes Bild von Hubble geben sollte: Diesmal konzentrierte sich Heidi auf eine Aufnahme der Einschlagsstelle im visuellen Spektralbereich bei 410 nm, wo der Fleck außerordentlich dunkel vor den hellen Wolken Jupiters erschien. So sähe der Planet bei allen Wellenlängen mit Ausnahme des Methanbandes aus, wo der Fleck hell vor einem dunklen Planeten steht, «wie im Negativ». Anhand eines im Computer erzeugten Globus des Jupiter vor dem Einschlag ist es ein leichtes zu erkennen, daß der dunkle Fleck vorher wirklich nicht da war. Jetzt wird auch der Videoclip uraufgeführt, den bald jede Fernsehanstalt wieder und wieder bringen sollte und der die Hubbleforscher beim Ausbrechen in lauten Jubel zeigt, als die Plume zum ersten Mal eindeutig auf dem Monitor erschien. Große Erwartungen richteten sich nun auf die nächsten Einschläge: Auf den letzten Bildern des kompletten Kometen war das Fragment A eins der kleinsten gewesen, G etwa schien fünfmal so groß zu sein und damit die 25fache kinetische Energie zu besitzen.

Doch etwas stimmte nicht mit dem B-Fragment, das deutlich größer ausgesehen hatte als A und dessen Einschlag für 2:54 Uhr Weltzeit am Sonntagmorgen (17.7.) berechnet worden war. Es war Abend in Amerika und im pazifischen Raum, und so herrschten ideale Bedingungen für einige der größten Teleskope der Erde, die in Chile, Kalifornien oder Hawaii bereitstanden. Doch zunächst kamen nur negative Meldungen über den Exploder: «Nichts gesehen bis 03:55 UT», hieß es vom 5-Meter-Teleskop auf dem Palomar Mountain, «nichts wurde gesehen» auch von zwei großen Teleskopen auf La Silla bis 3:35 UT («ein starker Hinweis auf Unterschiede zwischen den Impakten A und B»), und auch auf dem benachbarten Cerro Tololo zeigte das 4-Meter-Teleskop im Infraroten «überhaupt nichts Ungewöhnliches an Jupiters Rand». Negative Meldungen kamen auch vom Kitt Peak in Arizona und vom Südpol («keinerlei Anzeichen irgendeiner Konsequenz des B-Impakts»), doch schließlich gab es doch noch eine Erfolgsmeldung. Sie kam vom größten optischen Fernrohr von allen, dem 10-Meter-Keck-Teleskop auf dem Mauna Kea in Hawaii: «Wir haben den Einschlag B in einem schmalen L-Band (3,27–3,44 Mikron) beobachtet», berichteten Imke de Pater und Co., «die Plume war schwach, aber klar an der erwarteten Position nachzuweisen. Sie begann um 02:56 und verblaßte gegen 3:13.»

Während also der B-Impakt weit hinter allen Erwartungen zurückblieb und zum ersten großen Rätsel des Ereignisses wurde, überzeugte C, der für 7:02 UT (am 17.7.) vorausgesagt war. Eine erste Meldung sprach gleich von zwei Einschlägen, die im Infraroten gesehen worden seien, der erste glatt 38 Minuten zu früh – er stellte sich bald als nach wie vor intensiver Rest der Impaktstelle A heraus, die gerade zum zweiten Mal um den östlichen Planetenrand kam. Der «zweite» Impakt war der echte: Um 7:20 UT erschien die C-Plume am Jupiterrand, wurde über 5 Minuten laufend heller und fiel dann nach 10 Minuten auf die Helligkeit des A-Rests zurück. Von Impakt C gab es auch den ersten detaillierten Bericht über spektrale Beobachtungen: Was passierte chemisch in den Feuerbällen? Das United Kingdom IR Telescope auf dem Mauna Kea fand «dramatische Veränderungen im Spektrum bei 3,5 μm an dem Ort, wo das Fragment C Jupiter getroffen hatte. Zusätzlich zu einem hellen Kontinuum (wo vorher fast nichts war) veränderten sich die relativen Stärken der bereits vorhandenen Emissionslinien von H_3^+. Viele neue Linien tauchten auf, die meisten noch unidentifiziert.»

8:00 Weltzeit, Sonntagmorgen in Garching bei München, wo das Hauptquartier der Europäischen Südsternwarte die in Scharen angereisten Journalisten auf dem laufenden über Beobachtungen in La Silla und anderswo hält: Das erste *News Bulletin* von Shoemaker-Levys

95

Ende erscheint. «Verschwunden sind die geheimen Sorgen vieler Astronomen!» schreibt sich dort «Kometenabsturzsprecher» Richard West den Streß der Vorbereitungen für das wohl größte koordinierte Beobachtungsprogramm aller Zeiten von der Seele. Allerdings sollte er in den folgenden Tagen auch nicht mehr Schlaf finden als in der Zeit der Vorbereitung! «Jetzt können wir es zugeben», so West, «daß wir sehr tief in unseren Herzen gefürchtet hatten, daß überhaupt nichts passieren würde». Am Samstag abend waren über 100 Medienvertreter anwesend, darunter 10 Fernsehanstalten – «niemand kann sich bei der ESO an ein solches Interesse an einem wissenschaftlichen Thema erinnern». Zum Zeitpunkt des Einschlags A hatte man ein 36-cm-Teleskop auf dem Dach auf Jupiter gerichtet und das Bild ins Auditorium übertragen: «Tiefe Stille während der kritischen Periode um den A-Impakt, aber nichts war zu sehen (wie erwartet!?). Nach dieser ‹negativen› Erfahrung ging ein Teil des Publikums, aber die geduldigeren Gäste wurden bald mit unvergeßlichen Stunden belohnt, in denen wir von der Beobachtung einer Plume über der A-Einschlagsstelle erfuhren. E-Mail-Nachrichten und Bilder kamen aus allen Richtungen und wurden auf den Videoschirm projiziert; Telefonkontakte mit den Beobachtern in La Silla spiegelten den großen Enthusiasmus wieder, den all die fühlten, die bei diesem historischen Augenblick zugegen waren.»

Doch die Gesetze der Himmelsmechanik kennen keine Pause für Pressekonferenzen: Noch während in Garching informiert wurde, kündigte sich der D-Impakt an, zuerst gemeldet von mehreren Teleskopen in Australien um 11:55 UT (17.7.). Erstmals war nun die Rede davon, daß der (infrarot-)helle Fleck an Jupiters Rand gleich wieder verschwand, fünf Minuten später wieder kam und wieder verschwand und erst zwischen 12:18 und 12:30 UT das schon von früheren Einschlägen bekannte lange Helligkeitsmaximum der Plume stattfand. Andere Sternwarten, z.B. Okayama in Japan, sahen das Auftauchen der Plume erst um 12:01 UT, wobei sie immer schwächer als die von C blieb. Erst viel später sollte eine Meldung über den D-Impakt vom SPIREX-Teleskop am Südpol eintreffen. Hier war es zu plötzlichen

96

Schneeverwehungen gekommen, und das kleine Instrument mußte erst – bei 60 Grad unter Null und starkem Wind – wieder ausgegraben werden.

Kurz darauf begann um 10:00 Ortszeit die nächste NASA-Pressekonferenz: Man war jetzt um der einfacheren Satellitenverbindungen wegen auf den riesigen Campus des Goddard Spaceflight Center in Greenbelt, Maryland, gezogen, der vor den Toren der Hauptstadt Washington liegt. Als erste tritt natürlich wieder Heidi Hammel auf, immer noch zutiefst erstaunt über die Größe und Dunkelheit der A-Einschlagsstelle – sie hatte höchstens helle Wölkchen erwartet. Als nächstes Bild wird die HST-Aufnahme durch den Methan-Filter präsentiert, auf der die Wolke hell vor dem dunklen Planeten erscheint: ein eindeutiger Hinweis, daß sie sich hoch in der Atmosphäre befindet. Keine Spur also von dem angeblichen «Krater», den zahllose Berichterstatter hinter dem dunklen Fleck wähnten. Hätten sie in diesem Augenblick nur zugehört! Außerdem hätte auch ein wenig Logik zu dem Schluß führen können, daß ein Loch in einer Atmosphäre wohl kaum stunden-, ja tagelang bestehen kann, da das umliegende Gas natürlich sofort nachströmt, wenn irgendwo etwas fehlt.

Danach zeigte Heidi ein Bild, das ihr «die Socken auszog»: die Sequenz von HST-Aufnahmen, die wenige Minuten nach dem Impakt entstand und die zeigt, wie die Plume über Jupiters Rand hochsteigt. «Wir hatten wirklich nicht damit gerechnet, das schon beim allerersten Einschlag zu sehen. Wir erwarteten so etwas gegen Ende, wenn die Einschläge dem Rand sehr nahe gekommen sein werden.» 1000– 1500 km hoch sei die Plume aufgestiegen. Dann wagt David Levy etwas ‹Instant Science›: Er äußert eine Idee, warum das Fragment B ein ganz anderes Verhalten als A oder C an den Tag legte, als es mit Jupiter zusammenstieß. Betrachte man nämlich Aufnahmen der Kometenkernkette von 1994, so fällt auf, daß B und einige andere Fragmente von der geraden Linie abweichen, die die meisten Kerne verbinden. Das könnte bedeuten, daß sich das Fragment erst nach dem Juli 1992 vom Hauptkometen abspaltete und aus lockerer zusammenhängenden Bruchstücken besteht, die ohne großen Effekt in Jupiters Atmosphäre verschwinden. Ebenso könnte sich Fragment F verhalten.

97

Jetzt wird ein telephonischer Bericht vom Keck-Observatorium eingespielt und ein spektakuläres Infrarotbild gezeigt: Zusätzlich zu den Polkappen und dem Großen Roten Fleck, die in Methanfiltern immer hell, weil hoch erscheinen, sind jetzt tief im Süden zwei markante helle Kleckse erschienen, die Überreste von A und C. Es ist nun bereits klar, daß sie so schnell nicht verschwinden werden, und Shoemaker sagt voraus, daß am Ende der Woche ein ganzes Band dieser Flecken Jupiters tiefen Süden gürten könnte. Andere Bilder und Berichte vom CTIO und der Infrared Telescope Facility auf Hawaii werden eingespielt – aber woraus die Wolken nun bestehen, könne man erst vermuten, wenn mehr Spektren die Chemie erhellen. Und wie lange werden sie leben? Als Levy vermutet, binnen Tagen oder Wochen seien sie sicher verschwunden, widerspricht Hammel energisch, nicht zuletzt, weil man viel Beobachtungszeit mit dem HST nach dem 22. reserviert hat. Man solle sich nur erinnern, wie lange die Aerosole vom Vulkan Pinatubo in der Stratosphäre der Erde hängengeblieben seien. Nur daß die Flecken auch dunkel blieben, dafür wolle sie sich nicht verbürgen.

In den nächsten Stunden folgen weitere Impakte: Nr. E meldete zuerst das Nordic Optical Telescope auf La Palma um 15:17 UT (17.7.), aber er war schwächer als A. Für den Calar Alto im K-Band wurde die Plume 30mal heller als der Jupitermond Europa. Mittlerweile wurde auf dem Cerro Tololo die erste wissenschaftliche «Konferenz» über die Ergebnisse vorbereitet. Alle Beobachtergruppen, die sich hier den Einschlägen zugewandt haben, zeigen ihre Daten – und der koreanische Astrophysiker Sang Kim hat sogar schon ein Modell berechnet, das seine Infrarotspektren des A-Flecks erstaunlich gut beschreiben kann. Im Bereich zwischen 3,5 und 3,6 µm waren zahlreiche Emissionslinien gesichtet worden, in einem Bereich also, in dem Jupiters normales Spektrum überhaupt nichts zeigt. Sie konnten bereits in der Nacht eindeutig als Methan identifiziert werden. Oberhalb von einem Millibar Druck, also in der Stratosphäre Jupiters, gibt es demnach einen erhöhten Methananteil des Atmosphärengases, ein erster Hinweis auf die Natur der neu entstandenen Wolken. Das Modell beschreibt die Spektren «nahezu perfekt», wie Kim kurz darauf auch im Mailexploder zu Protokoll gibt.

Eine der Meldungen der folgenden Stunden (17–22:00 UT, 17.7.) sollte zu einem weiteren der vielen Mysterien der Einschlagswoche werden. Bis jetzt hatte keiner der ersten fünf Impakte zu jenem Phänomen geführt, auf das viele spekuliert hatten: eine kleine, aber markante Aufhellung von Jupitermonden durch den Meteorblitz des in die Atmosphäre eintretenden Fragments. Zwar galt der Nachweis als schwierig, standen die Monde doch alle im prallen Sonnenlicht, aber ein greller Blitz, wie ihn manche Modellrechnungen vorausgesagt hatten, hätte sich schon bemerkbar machen sollen – manche Theoretiker gingen sogar davon aus, daß die Kometentrümmer fast ihre gesamte kinetische Energie in diesem sogenannten Bolidenblitz verlieren würden. Von alledem war bislang nichts zu merken – doch nun berichteten Astronomen von der Sternwarte Las Campanas, ebenfalls in Chile gelegen, daß der Jupitermond Io ausgerechnet während des besonders schwachen B-Impakts für rund sieben Minuten «errötet» sei. Auch wenn Io durch seine anhaltende Vulkanaktivität für manche Überraschungen gut ist: So etwas tut er normalerweise nicht. Die Rötung seines Spektrums setzte um 2:50 UT ein, um ab 2:57 wieder zum Normalen zurückzukehren. Könnte das bedeuten, fragen sich die Beobachter D.Rabinowitz und H.Butner, daß B als diffuse Wolke von Meteoren abstürzte, die zu einem ausgedehnten roten Leuchten über sieben Minuten hinweg führte, das den Jupitermond anstrahlte? Wie leider immer bei solchen spektakulären Beobachtungen eines einzelnen Teleskops gibt es keine Parallelbeobachtungen, die dies bestätigen könnten.

Dagegen sollte der nächste Bericht der Beginn einer endlosen Serie von Erfolgsmeldungen werden, die bis zum Verschwinden Jupiters hinter der Sonne im Herbst anhalten sollte: John Rogers, Jupiterexperte der British Astronomical Association, beschrieb eindeutige Sichtungen der Einschlagsgebiete A und C mit dem bloßen Auge an einem 30-cm-Linsenfernrohr im englischen Cambridge – dies ist um so erstaunlicher, da der Planet in Nordeuropa wegen seiner südlichen Stellung nur eine geringe Höhe über dem Horizont erreich-

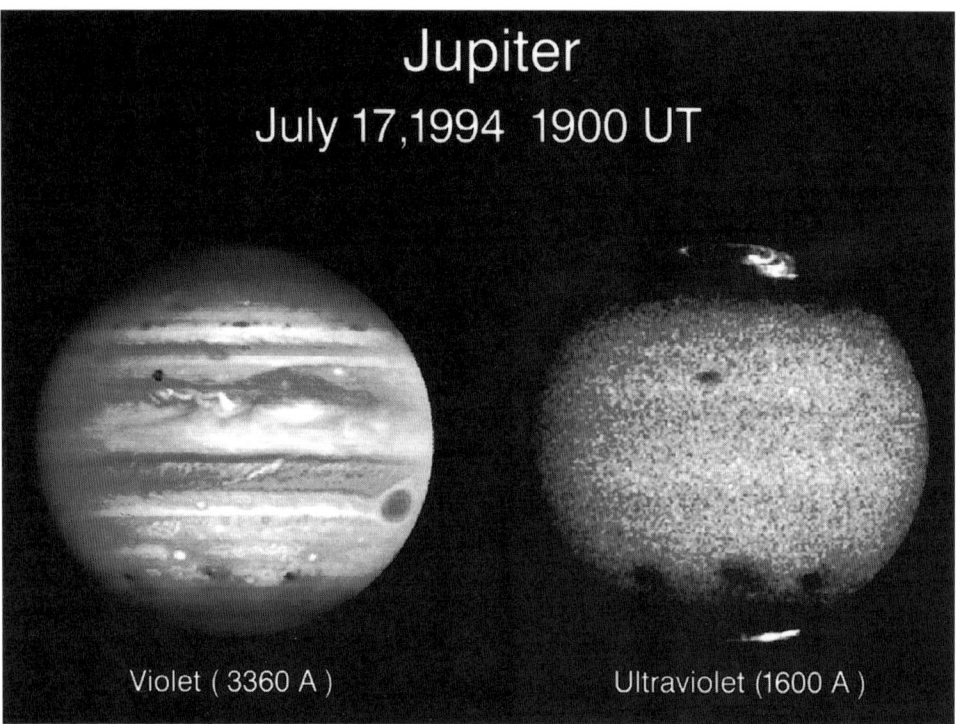

Jupiter
July 17,1994 1900 UT

Violet (3360 A) Ultraviolet (1600 A)

Die Einschlagsorte C, A und E (von links), von Hubble im sichtbaren und ultravioletten Licht, am 17.7. gegen 19:00 Weltzeit gesehen. Die linke Aufnahme zeigt Jupiter (und den Mond Io vor der Scheibe als dunkle Kugel) im blauen Licht zwischen 310 und 360 nm, die rechte entstand im Fernen UV zwischen 140 und 210 nm, das von der Erde aus nicht gesehen werden kann. Hier ist Jupiter wesentlich dunkler, weshalb diese Aufnahme auch erheblich länger belichtet werden mußte – trotzdem ist das Bild noch etwas verrauscht, erkennbar an der Körnigkeit. Ultraviolettes Licht wird bereits von der Stratosphäre reflektiert, weshalb die im Visuellen so auffälligen Strukturen in den Ammoniakwolken nicht zu sehen sind. Dafür erscheinen aber in beiden durch den Poldunst hier vollkommen schwarzen Polregionen helle Polarlichter (Aurorae), und die Impaktflecken sind dunkler und größer als bei jeder anderen Wellenlänge (Quelle: John Clarke, Universität von Michigan, und NASA).

te und man durch viel unruhige Luft schauen mußte. Aber Rogers hatte keine Zweifel: «Auffällige dunkle Flecken» waren da, und sie schienen, am Abend des 17., seit Hubbles Aufnahmen offenbar sogar gewachsen zu sein.

DER JUPITER CRASH

Jetzt meldeten sich auch die beiden wichtigsten Berechner der Kometenbahn und der Einschlagszeitpunkte, Paul Chodas und Don Yeomans, zu Wort: Sie erinnern daran, daß ihre Voraussagen für den Moment gelten, in dem ein Fragment das 1-Bar-Niveau der Atmosphäre durchquert; mit dem Erscheinen der Plume sei erst etwa 5 Minuten später zu rechnen. Aber selbst so gerechnet waren die Fragmente A und C und in geringerem Maße auch D und E deutlich zu spät gekommen, typischerweise um zehn Minuten. Die Beobachter möchten aber sicherheitshalber den Zeitraum der Beobachtungen auf +/– 3 Standardabweichungen (statt der früher empfohlenen 2; eine Standardabweichung beträgt 10 Minuten) ausdehnen, da man nicht sicher sein könne, daß sich alle Fragmente verspäten würden. Allerdings legten die letzten Bahnvermessungen einzelner Kerne dies nahe.

Das Warten auf Fragment F sollte also dauern – und wieder gab es erst nur negative, dann verwirrende Berichte. Ein infrarothelles Objekt war zwar nahe des berechneten Zeitraums um den Ostrand Jupiters gekommen, doch das schien eher die Wiederkehr von Einschlagsstelle E zu sein, die die erste Rotation des Planeten hinter sich gebracht hatte. Stundenlang wogte die Diskussion hin und her; bei der ESO z.B. glaubte man eine zu F gehörige Plume 20 Minuten lang über dem Ostrand schweben zu sehen. Erst Tage später sollte klarwerden, daß dies nur im Infraroten bei 10 µm zutraf, wo der Fleck deutlich von der Einschlagsstelle E getrennt war – im kurzwelligeren IR sah man zur selben Zeit nichts. Vielleicht war die Atmosphäre nach dem Impakt so heiß, daß lange keine festen Teilchen kondensieren konnten. Bald war aber klar, daß auch Impakt F wie B nur einen bescheidenen Effekt ausgelöst hatte. Die Vermutung, daß mit Fragmenten abseits der Hauptlinie etwas nicht stimme, schien sich zu bestätigen.

Inzwischen häufen sich die Berichte über Beobachtungen der Einschlagsorte im visuellen Spektralbereich: Mit einer CCD-Kamera am 1-Meter-Teleskop auf dem Pic du Midi in den Pyrenäen sind die Reste mehrerer Abstürze «leicht als dunkle Flecken nachzuweisen», durch Filter in allen Farben von Blau bis Rot, «insbesondere der neuere Fleck E war sehr kompakt und dunkel». Einen eindeutigen Farbton

101

hatten die Flecken nicht, und die französischen Astronomen interpretierten sie als «Wolken grauen Materials geringen Reflexionsvermögens, die von den Kometeneinschlagspunkten aufgestiegen sind und eine sehr große Höhe erreicht haben». Im weltweiten Computer-Diskussionsforum Usenet treffen nun immer mehr aufgeregte Beobachtungsberichte von Amateurastronomen ein. «Ich habe einen deutlich sichtbaren Fleck mehrere Stunden lang von meinem Dach aus mitten in Chicago beobachtet», schreibt etwa Frank Reed, der mit einem 28-cm-Reflektorteleskop am Abend des 17. auf der Lauer lag: «*Sehr beeindruckend.*» Auch mit 20-cm-Teleskopen werden bereits Flecken wahrgenommen.

Und dann kam G. Nicht nur auf den Photomosaiken des Hubble-Teleskops, auch auf den letzten Bildern Shoemaker-Levys von der Erde aus war dieses Fragment ein markanter Lichtklecks gewesen. Man schrieb ihm die 5fache Masse und damit 25fache Energie von A zu. Würde die Beziehung zwischen Helligkeit des Fragments und Energie der Explosion diesmal stimmen? Als erstes meldete sich wieder das SPIREX-Teleskop vom Südpol, obwohl das Heimatinstitut in Chicago nur sporadisch Kontakt aufnehmen konnte. «SPIREX wies die Impaktstelle des Fragments G kurz nach dem erwarteten Zeitpunkt um 07:41 UT (am 18.7.) nach, erheblich heller und langlebiger als nach allen bisherigen Einschlägen», schrieben Mark Hereld und Mitarbeiter an den Mailexploder. «Details liegen noch nicht vor, da die Verbindung zum Südpol nur für ein paar Minuten offen war. Der Einschlag G scheint jedoch groß und extrem langlebig zu sein. Er war für mehr als 30 Minuten hell. Hien Nguyen am Südpol zeigte sich tief beeindruckt: ‹Mein Gott, es war extrem hell!›»

Auch der Vulkan Mauna Kea auf Hawaii hatte mit widrigen Umweltbedingungen zu kämpfen – starker Nebel zwang alle Teleskope zum Schließen ihrer Kuppeln. Doch um 21:27 Uhr Ortszeit, etwa eine Minute vor dem erwarteten Einschlag von G, begann er aufzureißen, und die Besatzung der Infrared Telescope Facility tat dasselbe mit ihrem Schutzbau. «Um 21:39 gelang das erste Bild vom Jupiter», meldeten Imke de Pater und Co. Im K-Band «war eine wahrhaft bemerkenswerte Plume zu sehen, die deutlich über dem Rand hing» und bereits überbelichtet war. Auch bei längeren Wellenlängen war sie zu sehen, mit einem Maximum um 21:50 (7:50 UT am 18.7.). Dann sank ihre Helligkeit wieder, und auch der Nebel kehrte zurück; «jetzt regnet es, und wir glauben nicht, daß uns heute Nacht noch Aufnahmen gelingen werden», endet der Bericht. Ähnlich dramatisch die Mitteilung vom eigentlich 3,9 Meter messenden Anglo-Australian Telescope – dessen Spiegel teilweise geschlossen werden mußte, um die effektive Öffnung auf weniger als einen Meter zu reduzieren. Nur so konnte man mit der infraroten Lichtflut des G-Impakts fertig werden. Das Teleskop zeigte den brillanten Fleck bereits mit räumlicher Ausdehnung, zwei- bis dreimal der Durchmesser der Erde. Und als nach 8:10 UT die Helligkeit der G-Einschlagsstelle im K-Band auf viermal der Helligkeit der alten C-Stelle gefallen war, konnte man sie in sämtlichen Wellenlängen wahrnehmen, selbst auf dem Videomonitor des Nachführteleskops im Visuellen.

Aus Australien kommt plötzlich via Usenet ein schier unglaublicher Bericht: Zac Pujic und mehrere andere Beobachter der Southern Astronomical Society glauben, die Plume von Impakt G direkt im Teleskop gesehen zu haben! 5 bis 10 Minuten lag sei sie als Auswuchs aus der südlichen Hemisphäre zu sehen gewesen und dann verschwunden. Eine halbe Stunde später war an derselben Stelle eine scheinbare Einbeulung von einer dem Großen Roten Fleck vergleichbaren Größe zu sehen – «als ob jemand Jupiter geschlagen hätte». Als sich ein schwarzer Fleck vom Rand Jupiters zu lösen und auf die Planetenscheibe zu rotieren begann, offenbarte sich zehn Minuten später die wahre Natur der «Delle». Als der Fleck die Mitte der Scheibe erreichte, betrug seine Größe reichlich ein Drittel des Großen Roten Flecks: «Die Erscheinung ist exakt dieselbe wie der schwarze Fleck in dem Roman 2010 von Arthur C. Clarke.» Überall in Australien hatten Amateurastronomen den G-Fleck jetzt im Visier, und immer mehr detailreiche Beschreibungen gingen ein: «Die Einschlagsstelle ist ein Fleck von 3 Bogensekunden Durchmesser und extrem dunkel», schreibt wieder Zac Pujic. «Umgeben ist er von einem weißen Ring, den wiederum ein dunkler Ring umgibt.» Selbst

103

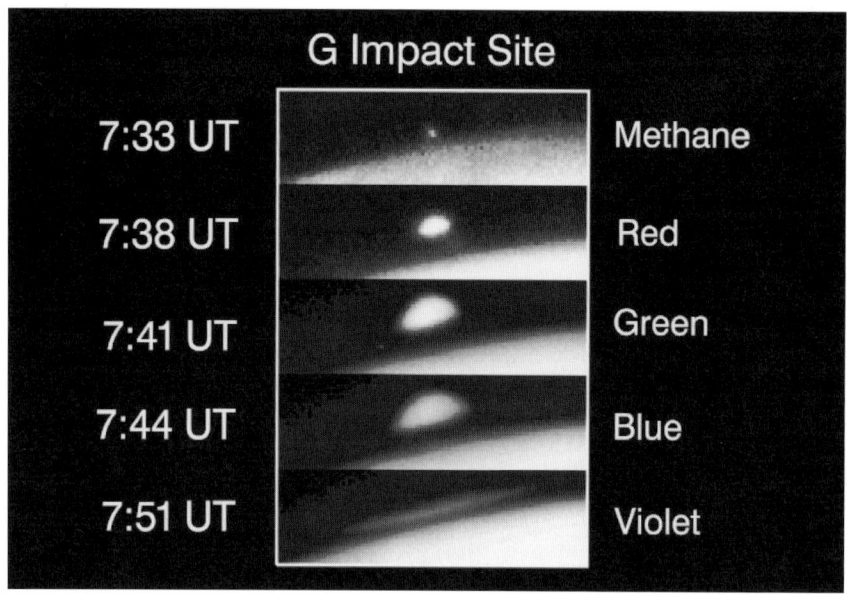

G Impact Site

7:33 UT		Methane
7:38 UT		Red
7:41 UT		Green
7:44 UT		Blue
7:51 UT		Violet

Die Plume des Impakts G war deutlich größer als die von A, weshalb sich ihre Entwicklung besser verfolgen läßt: Um 7:33 UT erschien ein erster Lichtfleck direkt über Jupiters Rand aber noch *in* seinem Schatten – zu dieser Zeit leuchtete die Plume zumindestens im Nahen Infrarot (Methanfilter bei 889 nm) noch selbst. Diese Emission verschwand dann binnen Minuten bis auf einen hier kaum sichtbaren Rest, während der Kopf der Plume ins Sonnenlicht trat (7:38 UT). Wie sich ihre Form verändert, bis sie als platter Pfannkuchen endete, läßt sich anhand dieser Bildserie Hubbles studieren. Einziger Nachteil: Jede Aufnahme entstand durch einen anderen Farbfilter – das Hubble-Team wollte in kurzer Zeit so viele verschiedene Daten wie möglich haben, was es in diesem einen Fall aber hinterher bereute (Quelle: NASA).

in nördlichen Ländern, wo sich Jupiter kaum über den Horizont erhebt, wie in Norwegen, war der G-Fleck zu sehen.

Auch chinesische Wissenschaftler melden sich: Mit einem Radioteleskop in Xinxiang war eine halbe Stunde vor dem G-Impakt ein deutlicher Anstieg der Strahlung für 10 Minuten bei 0,5 Megahertz gemessen worden. Die Wissenschaftler – die traditionell als Team ohne einzelne Namen auftraten – könnten sich vorstellen, daß der «starke Ausbruch» zustande kam, als das Kometenfragment in die kräftige Magnetosphäre Jupiters eintrat, die ja um ein Vielfaches größer

104

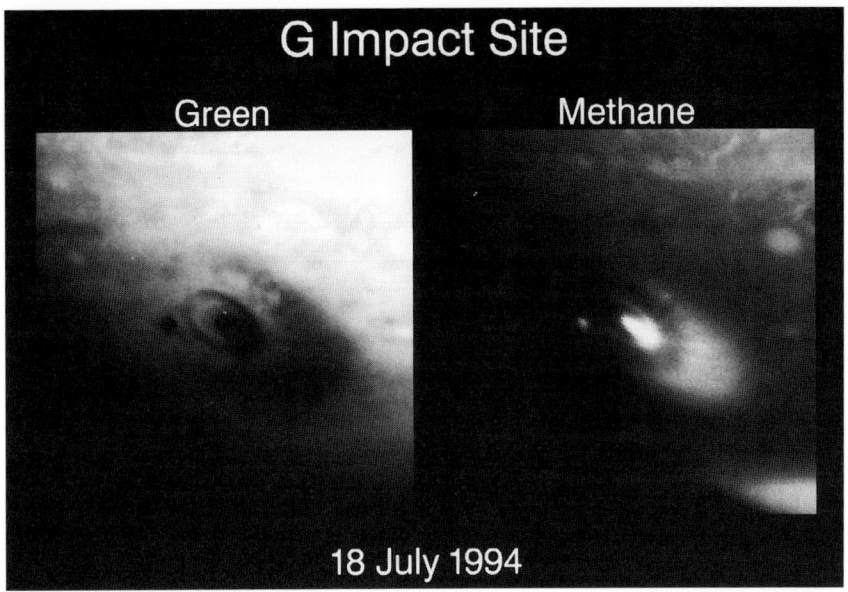

G Impact Site

Green   Methane

18 July 1994

Die Einschlagsstelle von Fragment G (der Punkt links davon stammt von D) im grünen Licht (555 nm) und Methanfilter (889 nm), der den bekannten Negativeffekt liefert. Der zentrale Fleck der G-Stelle hat etwa 2500 km Durchmesser, der dünne Ring um ihn herum hat 7500 km Durchmesser und der dicke einen der Erde vergleichbaren Außendurchmesser von 12 000 km. Daß die Einschlagsstellen im Nahen Infrarot hell erscheinen, hat zu diesem Zeitpunkt 1½ Stunden nach dem Einschlag nichts mehr mit eigenem Leuchten zu tun: Es ist alleine der Kontrast zu dem im Methan dunklen Jupiter (Quelle: H. Hammel, MIT, und NASA).

ist als der Planet selbst. Sogenannte Zyklotronstrahlung könnte dabei entstanden sein. Und das Hubble-Team berichtete von erfolgreichen Beobachtungen sowohl der Plume von G als auch der Einschlagsstelle selbst 1 1/2 Stunden später. Nur 7 Grad weiter westlich war die Impaktstelle D noch als kleiner Fleck zu sehen. Aus Vermessungen der Fleckenpositionen von verschiedenen Sternwarten scheint bereits klar zu sein, daß sie kaum gegen das Rotationssystem III driften, gegen die Rotation von Jupiters Innereien, in denen auch sein Magnetfeld verankert ist. Die normalen Wolken haben dagegen teilweise erhebliche Geschwindigkeiten gegen dieses System; die Hochatmosphäre, wo die neuen Flecken sitzen, scheint diese Winde nicht mitzumachen.

105

Auch für Teleskope auf der Erde waren die dunklen Flecken problemlos zu erkennen und in Details aufzulösen, wenn es die Luftruhe über der Sternwarte zuließ. Hier ein früher Erfolg des schwedischen 50-cm-Sonnenteleskops auf La Palma, das für die Photographie Jupiters «zweckentfremdet» worden war: Es erlaubte Aufnahmen mit ½ Bogensekunde Auflösung in rascher Folge (Quelle: H. Rickman, Uppsala, und Mitarbeitern, 18.7., 21:37 UT).

Dies ist schon die erste Erkenntnis über den Jupiter selbst aus den Kometenabstürzen.

Auf der morgendlichen NASA-Pressekonferenz ist Imke de Paters aufgeregter Bericht vom G-Impakt mit dem Keckteleskop auch per Telefon zu hören (die Plume «war viel viel viel heller als alle früheren

106

Impakte»), aber die Hauptrolle spielte diesmal John Clarke, der Jupiter mit dem Hubbleteleskop im Ultravioletten beobachtete. Bei diesen Wellenlängen jenseits des blauen Lichts ist der Planet viel dunkler als im sichtbaren. Um trotz der schnellen Jupiterrotation scharfe Bilder zu bekommen, mußte zu kurz belichtet werden: Die Aufnahmen sind verrauscht, sehen körnig aus. Gleichwohl sind sie spektakulär: Die Polarlichter im Norden sind heller geworden und haben ihre Form geändert. Ob das mit den Impakten zusammenhängt, weiß Clarke noch nicht, aber dafür sind deren Spuren auf der Südhalbkugel un-übersehbar. Viel dunkler und vor allem größer sind im Ultravioletten die Wolken, die sie zurückgelassen haben, weil sich hier auch kleinere Mengen Moleküle und Aerosole in der Stratosphäre stark bemerkbar machen.

16:00 Ortszeit, ein zweites Mal im Goddard Spaceflight Center: Eine Sonderpressekonferenz ist angesetzt worden, um die aktuellen Beobachtungen des G-Impakts zu diskutieren. Heidi Hammel hat bereits alle wesentlichen Hubblebilder vorliegen und aufbereitet. Diesmal ist die Bildserie, die die Plume am Rande Jupiters zeigt, noch spektakulärer als bei Impakt A. Man sieht eine gewaltige Blase ins Sonnenlicht aufsteigen und binnen einer Viertelstunde zu einem flachen Pfannkuchen zusammensacken. Dann wird das erste Bild der frischen Einschlagstelle nach 1 1/2 Stunden, nachdem sie etwas auf die Vorderseite Jupiters rotiert ist, präsentiert: Wesentlich mehr Details als seinerzeit bei A sind zu entdecken, ein sehr dunkler Kernbereich, ein sehr scharfer kreisrunder Ring um dessen Zentrum (mit 80% des Durchmessers der Erde) und weiter westlich ein ausgedehnter diffuser Bogen aus dunklem Material. Bereits im grünen Bereich, wo all diese Strukturen dunkel sind, besser aber noch im Methanband, wo sie hell erscheinen, sind feine Strahlen in dem ausgedehnten Bogen zu erkennen, die nicht von der Mitte des Rings, sondern vom Westende des Kernbereichs ausgehen. Heidis spontane Interpretation dieses Effekts: Der Ring entstand um die Stelle, wo das G-Fragment in die Atmosphäre eintrat, die Explosion tief unter den Wolken aber ereig-nete sich unter dem Punkt, wo die Strahlen zusammenlaufen. Denn die Fragmente drangen ja unter einem relativ flachen Winkel in die

107

Atmosphäre ein, so daß die Explosion nicht senkrecht unter dem Durchstoßpunkt zu liegen kommt. Jeder freilich interpretiere die bizarren Beobachtungen anders – die viele und langwierige Arbeit, die ein komplettes Verständnis erfordern wird, ist hier bereits abzusehen.

Gene Shoemaker läßt sich die Gelegenheit nicht nehmen, die Energien zu beschreiben, die bei diesen Impakten involviert sind. Da die physikalischen Einheiten des Laboralltags viel zu kleine Größenordnungen für diesen Zweck haben, bedient man sich in der Impaktforschung (die ihre natürliche Nähe zur Kernwaffenphysik nicht leugnen kann) derselben Einheit, in der die Sprengkraft gemessen wird: Wieviel des chemischen Sprengstoffs TNT würde man für denselben Effekt benötigen? Im Eifer des Gefechts waren Gene bei einer früheren Pressekonferenz die Größenordnungen verrutscht, nun nennt er korrigierte Zahlen (wobei er von relativ großen Kernen ausgeht). Impakt A hatte demnach das TNT-Äquivalent von 225 000 Megatonnen, G jetzt sogar von 6 Millionen Megatonnen – hätte das Fragment statt Jupiter die Erde getroffen, wäre ein Krater von rund 60 km Durchmesser entstanden. Das gegenwärtige nukleare Arsenal der Erde beträgt grob 10 000 Megatonnen: Selbst Impakt A hatte rund eine Größenordnung mehr Energie.

Um 19:32 UT (am 18.7.) wird Impakt H auf dem Calar Alto und in La Silla beobachtet. Um 20:06 beschrieben die Chilenen die Plume bei 10 µm, also im thermischen Infrarot, als «extrem hell, mehr als 20mal heller als die gesamte Scheibe Jupiters bei dieser Wellenlänge»; kurz darauf war sogar davon die Rede, die Einschlagsstelle habe um 19:45 das 50fache der Helligkeit Jupiters erreicht. Alles im Mittleren Infrarot, versteht sich, wo zu diesem Zeitpunkt die Wärmestrahlung des gleichzeitig um den Rand herumkommenden und abkühlenden Feuerballs zu sehen war – im Visuellen wäre zu diesem Zeitpunkt selbst in einem guten Fernrohr nicht viel zu erkennen gewesen. Die SPIREX-Beobachtungen des H-Einschlags – dank der permanenten Polarnacht konnte hier rund um die Uhr beobachtet werden, wenn es nicht gerade schneite – plazieren die Helligkeit der Plume im K-Band auf Platz 2 hinter G. Inzwischen gehen fast pausenlos weitere Meldungen ein, so neue visuelle Beobachtungen von John Rogers aus Cambridge, der mit seinem 30-cm-Refraktor sogar Details in dem Fleck sehen konnte. Auch die frische Einschlagsstelle von H war sofort zu erkennen, als sie als dunkler Fleck am Planetenrand auftauchte. Und mit dem 30-Me-ter-Radioteleskop IRAM in Spanien ist Strahlung des Moleküls Kohlen-monoxid aus dem Fleck G gemessen worden, während das Flugzeug-observatorium KAO im G-Fleck bei 7,7 µm auf Methanemission stieß. Was aber fehlte, war Wasser, das sich bei 22–24 µm hätte verraten müssen: ein erstes Anzeichen, daß selbst der große Kometenkern G nicht bis zu der zweiten Wolkenschicht bei 10 bar Druck aus Wasser-dampf vorgedrungen ist, denn den hätte der Feuerball in großen Mengen mit nach oben gerissen.

Wer hat da gesagt, «richtige» Astronomen schauten nicht mehr selbst durch das Fernrohr? Der Planetenforscher Clark Chapman je-denfalls stellte am Abend des 18. Juli sein Amateurgerät in den Garten und fühlte sich hernach berufen, den «historischen Kontext» der neuen Flecken auf Jupiter zu ergründen. Der G-Fleck kreuzte gerade die Vorderseite des Planeten, und Chapman fand: «Aufgrund meiner eigenen extensiven Erfahrung mit Jupiterbeobachtungen in jungen Jahren und meiner Studien historischer Aufzeichnungen von Jupiter-beobachtungen seit den frühesten Zeichnungen von Hooke und Cas-sini möchte ich behaupten: ‹Das ist der visuell prominenteste einzelne Fleck, der je auf Jupiter beobachtet wurde.› Mit Prominenz meine ich die Kombination von Größe und Kontrast. Ist jemand anderer Mei-nung?» Das war nicht der Fall; allerdings verwiesen erfahrene Beob-achter später auf einen extrem hellen Weißen Fleck auf dem Saturn, der 1990 für knapp eine Woche zu beobachten war – die auffälligsten Phänomene auf einem Gasplaneten, die jemals beobachtet wurden, waren die Überreste Shoemaker-Levys vielleicht doch nicht.

«Eine wahre Flut von E-Mail-Nachrichten über neue Resultate trifft aus allen Ecken der Welt ein, und manchmal ist der Gang der Dinge einfach atemberaubend», schreibt Richard West im ESO *S-L 9 News Bulletin* am Morgen des 19.7. «Es gibt absolut keinen Zweifel, daß diese Beobachtungskampagne mit Astronomen in aller Welt eine der erfolgreichsten werden wird, die je organisiert wurde. Die ‹armen› Beobachter werden mit einmaligen Daten zugeschüttet, und es gibt so gut wie keine Zeit, um sich einmal hinzusetzen und ruhig darüber nachzudenken, was sie eigentlich bedeuten.» Eine Ausnahme bildeten offenbar die Astronomen am Anglo-Australian Telescope, die schon zu diesem Zeitpunkt eine ausführliche Analyse der bisherigen Einschläge vorlegten und sich Gedanken darüber machten, was dabei abgelaufen ist:

> *Bei den meisten visuellen Wellenlängen und im Nahen Infrarot außerhalb starker Methanbänder, wo die Scheibe Jupiters relativ hell ist, sind die Einschlagsstellen unsichtbar oder erscheinen etwas dunkler als die Wolken im Hintergrund, schreiben David Crisp und Mitarbeiter am 19. Juli. Die Albedo der Einschlagsgebiete scheint bei diesen Wellenlängen mit der Zeit etwas abzunehmen. Innerhalb starker Methanbänder erscheinen die Stellen hell. Bei den längeren Wellenlängen nimmt die Helligkeit dieser Methanband-Features in der ersten Stunde nach dem Einschlagsereignis rasch ab, aber stabilisiert sich dann, um ein langlebiges Gebilde zu formen.*
>
> *Diese Charakteristika legen die folgende vorläufige Interpretation nahe. Die Impaktereignisse enthalten eine starke thermische Komponente und eine weitere, die auf Sonnenlicht zurückgeht, das von den Plumes reflektiert wird. Die thermische Komponente ist bei den langen Wellenlängen am auffälligsten, nimmt aber rapide ab, während die Impaktplume sich ausdehnt und abkühlt. Wenn die Einschlagsstelle erst auf die Jupiterscheibe rotiert ist, könnten die beobachteten Eigenschaften von einer Wolke in großer Höhe hervorgerufen werden, die aus Material besteht, das aus der Plume herauskondensiert ist... Das beobachtete spektrale Verhalten bei Wellenlängen kürzer als 3 μm könnte erklärt werden, wenn das Wolkenmaterial eine mittelhelle spektral einheitliche Albedo hat. Ausgeklügelte Strahlungstransportmodelle der Atmosphäre Jupiters werden erforderlich sein, um diese Spekulation zu bestätigen. Die relativ hohe Albedo der Einschlagsstrukturen bei 3,1 μm scheint mehrere Kandidaten für ihr Material auszuschließen, auch Wassereis, das bei diesen Wellenlängen sehr dunkel ist.*

Ein Fragment I hatte es (wie auch ein Fragment O) wegen der Verwechslungsgefahr mit Ziffern nie gegeben, und J war schon bald nach der Entdeckung des Kometen verschwunden. K war aber wieder ein ordentlicher Bursche, und prompt meldete SPIREX – abermals als erster –, daß die Plume, die am 19. Juli um 10:33 UT erschienen war, in ihrer Maximalhelligkeit im K-Band G durchaus ebenbürtig war. Am Okayama Astrophysical Observatory sah man sie auf die 20fache

Helligkeit des Jupitermonds Io steigen; mehrere Graufilter mußten in den Strahlengang geschoben werden, um weiter beobachten zu können. Auf keinen anderen Impakt hatten sich diejenigen Astronomen, die eine Reflexion des Bolidenblitzes an den Jupitermonden beobachten wollten, mehr gefreut: Nur bei Einschlag K würde einer – mit Namen Europa – gleichzeitig im Schatten Jupiters stehen, aber von der Erde aus sichtbar sein. Und doch: «Kein Hinweis auf einen Blitz, der von Europa reflektiert wurde», meldete das Perth Observatory in Australien, ebenso negativ die Beobachtungsversuche an anderen australischen Sternwarten. Damit war endgültig klar, daß die Kometenfragmente zunächst fast spurlos in Jupiters Wolken verschwinden mußten; erst Minuten später kam es dann zu den spektakulären Plumes, die aber nicht hell genug waren, um die Monde in irgendeiner Weise zu beleuchten.

Abermals glaubten australische Amateurastronomen, die Plume des Impakts direkt zu sehen. «Wir beobachteten bei Helensvale in Queensland mit einem 30- und einem 35-cm-Newtonteleskop bei 200facher Vergrößerung», schrieben Greg Bock und Peter Marples. «Um 8:18 Uhr abends (10:18 UT, 19.7.) war nichts zu sehen, auch kein Blitz auf Europa. Gegen 8:31 Uhr AEST (10:31 UT) beobachteten wir einen hellen Fleck (die Plume?), ähnlich dem, den wir letzte Nacht gesehen hatten… Er war schwächer als die G-Plume und hielt sich bis 8:45 Uhr (10:45 UT). Diese Beobachtung wurde bestätigt von G. Thompson vom Springwood-Observatorium und Z. Pujic in Kingston. Die Luftruhe war heute nicht so gut wie letzte Nacht.» Kann das alles Einbildung gewesen sein? Wie Zac Pujic kurz darauf mitteilte, haben an seinem Standort auch sieben andere Beobachter die Plume wahrgenommen, an einem 35-cm-Newton-Teleskop. Um 11:07 UT war diesmal die Delle in Jupiters Rand erschienen, und später wurde wieder ein ähnlich gearteter Fleck wie am Vortag nach dem G-Impakt sichtbar. Diese australischen Beobachtungen stellten eine kontinuierliche Verbindung zwischen den Plume-Sichtungen und dem ersten Auftreten der dunklen Flecken her – sie bewiesen, daß sich bereits binnen weniger Minuten das dunkle Material bilden mußte, das dann den optischen Eindruck dominierte. Schade nur, daß ausschließlich 111 visuell beobachtet wurde und keinerlei wissenschaftlich auswertbare Aufzeichnungen existierten.

Auf der morgendlichen NASA-Pressekonferenz präsentierte Steve Noll ein Ultraviolettspektrum des G-Flecks, das dem Hubble-Teleskop am Vortag mit dem Faint Object Spectrograph gelungen war. Nachdem die G-Plume am Jupiterrand entdeckt worden war, konnte die präzise Ausrichtung des Teleskops gerade noch rechtzeitig korrigiert werden, um den Spalt des Spektrographen beim nächsten Orbit genau auf das Zentrum des großen dunklen Flecks zu richten. Das Spektrum enthielt Hinweise auf Ammoniakgas, das sich durch eine deutliche und breite Absorption um 200 nm Wellenlänge, die vorher nicht da war, verriet. Wie das zusätzliche Gas da hingekommen ist, klären die Spektren allerdings nicht mit Bestimmtheit: Es könnten von der Hitze des Feuerballs verdampfte Ammoniakeiskristalle sein. Telefonische Berichte von Sternwarten in aller Welt werden eingespielt, illustriert mit den entsprechenden Infrarotaufnahmen, die bereits über Computernetze verfügbar sind. Tausende von Fans, die mit kleinen oder großen Rechnern den Zugang dazu haben, machen von dieser Möglichkeit so intensiv Gebrauch, daß die zentralen Computer, wo die Bilder bereitliegen, kurz vor dem Kollaps stehen…

Vom Südpol berichtet Hien Nguyen, wie sich zum Impakt G alle 8 Personen am Teleskop versammelt hatten, die zu diesem Zeitpunkt den Südpol bevölkerten: «Das war ein einmaliges Erlebnis, denn zum ersten Mal fühlte die ganze Station, daß sie zusammengehörte» – in einer sechs Monate langen Nacht, in der Jupiter freilich ständig 12 Grad hoch über den Horizont wanderte. Vom texanischen McDonald-Observatorium meldet sich Bill Cochran und zeigt ein aktuelles IR-Bild des G-Flecks, einen Tag nach dem Einschlag, ohne die Spur eines Verblassens: «ein sehr heller, dramatischer Fleck». Als die Pressekonferenz gerade geschlossen werden soll, kommt noch ein Forscher vom International Ultraviolett Explorer hereingestürzt und bemächtigt sich des Mikrophons: Man habe soeben detaillierte Spektren erhalten, die die Verdunklung Jupiters im Ultravioletten nach Impakt G dokumentieren. Zusammen mit den UV-Beobachtungen des HST werde sich die Dynamik dieses Phänomens «detailliert» verstehen lassen.

112

Im Mailexploder meldet sich nun auch der Planetenforscher Mark Sykes zu Wort: Bereits in Amateurteleskopen mit nur 10 Zentimetern Durchmesser sind inzwischen einige der dunklen Flecken gesichtet worden. «Als wissenschaftliche Gemeinschaft sollten wir dieses bemerkenswerte Ereignis und seine leichte Sichtbarkeit ausnutzen und die Öffentlichkeit ermutigen, durch eigene Teleskope zu schauen oder zur lokalen Volkssternwarte zu gehen. Es kommt nicht oft vor, daß wir die Möglichkeit haben, solch ein aufregendes Ereignis mit der Öffentlichkeit in so direkter Weise zu teilen.» Zustimmung von Tom Livengood von der ESO: «Wir müssen auch auf den wissenschaftlichen Wert der Amateur-Astrophotographie hinweisen. Amateure werden in der Lage sein, über Monate oder Jahre (?!) wesentlich kontinuierlichere Aufzeichnungen zu machen als große Teleskope. Es sollte interessant sein, die Farbentwicklung der stratosphärischen Dunstschichten von den Einschlägen zu verfolgen, denn dort könnte die Kohlenwasserstoffchemie ihren Ausgang nehmen. Wer weiß, vielleicht lernen wir etwas über die berühmten und geheimnisvollen Chromophoren aus den Aufzeichnungen von Amateur-Astrophotographen?»

Schließlich kommt auch eine Nachricht vom Kuiper Airborne Observatory, das nach seinen Beobachtungen des K-Einschlags in Melbourne gelandet ist. Wieder war Methanemission bei 7,7 Mikron vorhanden, «noch spektakulärer als beim G-Fragment», aber die Suche nach Wasser bei 23 µm war auch dieses Mal erfolglos. Damit dürfte klar sein, daß keines der Fragmente bis zur hypothetischen Schicht der Wasserdampfwolken durchgedrungen ist, doch auch die Kometenkerne selbst sollten ja eigentlich zum größten Teil aus Wassereis bestehen. Warum ist auch davon nichts in den Impaktwolken zu finden?

Und dann – drei Tage nach Beginn der Einschlagsserie – tritt zum ersten Mal das Galileo-Team, das Team mit dem besten Blickwinkel von allen Beobachtern, mit allerersten Beobachtungen in Erscheinung: Nur diese 1989 gestartete Jupitersonde, die Ende 1995 ihr Ziel erreichen sollte, hatte nämlich einen direkten Blick auf den tatsächlichen Einschlagspunkt auf der Nachtseite Jupiters. Leider dauert wegen der verklemmten Hauptantenne der Sonde die Übertragung von kompletten Bildern etliche Wochen, doch von einem anderen Instrument, das

113

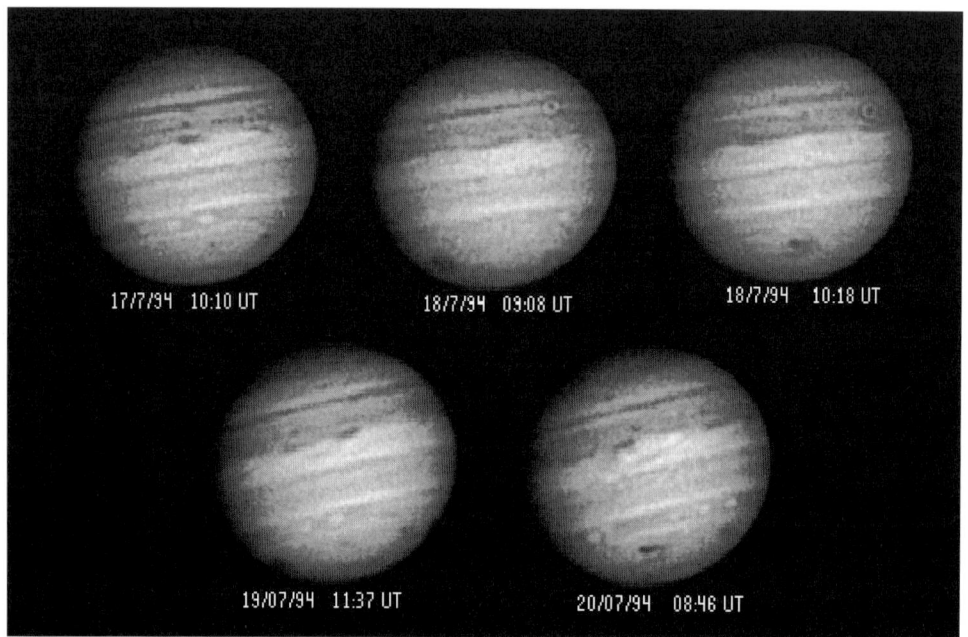

Selbst mit moderaten Amateurteleskopen (wie hier einem 35-cm-Reflektor des Typs C-14) und handelsüblichen CCD-Kameras (einer ST-4) waren bei ruhiger Luft detailreiche Aufnahmen der frischen Einschlagsgebiete möglich. Diese Bildserie gelang dem Grove Creek-Observatorium in Australien (Quelle: Steven C. Williams).

mit weit weniger Bits auskommt, lagen nun die ersten Ergebnisse vor: Das Photopolarimeter-Radiometer ist eine Art Belichtungsmesser, das zwar den ganzen Jupiter – mit oder ohne Explosion – aus 240 Millionen Kilometern Entfernung nur als einen einzigen Lichtpunkt wahrnimmt, das aber mit großer Genauigkeit. Von eben diesem PPR waren nun bis zum Abend des 19. die Helligkeitsmessungen bei den Einschlägen B und H zur Erde übertragen worden. Bei 945 Nanometern Wellenlänge erhielt man 1 1/2 mal pro Sekunde Helligkeitsmessungen. «Kein Hinweis auf den B-Impakt wurde gefunden» – wen wundert's –, aber «der H-Impakt wurde um 19:31:59 UT gesehen. Die Helligkeit entspricht etwa 2% der Helligkeit von Jupiter selbst. Das Signal steigt bis zum Spitzenwert in etwa 2 Sekunden und fällt dann über 25 Sekunden hinweg auf den Hintergrundswert zurück.»

114

Nächstes Ereignis: Einschlag L. Diesmal ist eine kleine und bis dahin selbst in Amerika so gut wie unbekannte Sternwarte bei Whately in Massachusetts die erste: Mit einem nur 40 cm großen Reflektor, aber einer topmodernen Infrarotkamera wird das erste Anzeichen der Plume um 22:17 UT (19.7.) im K-Band wahrgenommen. Um 22:24 sieht man sie am Nordic Optical Telescope bei 10 µm «mindestens so hell wie den H-Impakt, vielleicht sogar größer»! Die Mannschaft aus Whately berichtet weiter: «Die Plume von Fragment L ist ständig heller geworden», bis die Kamera übersteuert wurde und der Filter gewechselt werden mußte – und auch für den neuen wurde sie noch zu hell. Ein solches Ereignis schockiert einen «normalen» Infrarotastronomen, der sonst schwachen Objekten in der Tiefe des Weltraums nachspürt und nun selbst mit einem Miniteleskop und einem Filter, der nur 1% des Lichts durchläßt, der Strahlenflut vom Jupiter nicht gewachsen ist. Erst um 22:23 UT war die Plume wieder dunkel genug, um gemessen zu werden, und noch um 22:40 war sie mindestens doppelt so hell wie Jupitermond Io.

Vom Calar Alto wird gemeldet, daß während des Strahlungsmaximums «sehr starke Emissionslinien» zu sehen waren. Beobachter auf dem Kitt Peak widersprechen allerdings. Aus Brasilien kommt die Nachricht, daß ebenso wie bei B und F auch bei L keine blitzartige Aufhellung eines günstig plazierten Jupitermondes gesehen wurde, was inzwischen niemanden mehr überraschte. Als die frische L-Impaktstelle dann zwei Stunden später über die erdzugewandte Seite Jupiters zog, schaute Mark Sykes wieder durchs Okular eines Fernrohrs und stellte fest, daß sie «ähnlich dunkel und von gleicher Größe erschien wie die 19 Stunden vorher beobachtete G-Stelle». Den gleichen Eindruck haben auch die Whately-Beobachter, als sie sich die L-Stelle optimal plaziert auf der Planetenscheibe mit dem gerade einmal 10 cm großen Sucherfernrohr anschauen: «ein auffälliger dunkler Fleck». Auch der Radioastronomin Susanne Hüttemeister, die sich mit diversen Astronomen an diesem Abend auf dem Dach des Center for Astrophysics in Cambridge, Massachusetts, versammelt hatte, erschienen der frische L und der ältere G vergleichbar. Ihre Einschätzung: «Diese Flecken haben nichts, aber auch überhaupt nichts ‹Subtiles› – sie sind *bei weitem* das Auffälligste, was ich auf Jupiter je gesehen habe, *viel* auffälliger als der Große Rote Fleck und dunkler als die dunkelsten Bänder. Übrigens waren alle Leute überwältigt, aber der Grad des Erstaunens hing davon ab, ob die Leute Jupiter vorher schon öfter beobachtet hatten. Doch auch die Unerfahrenen sahen die Flecken ohne Probleme und waren erstaunt, erfreut und zufrieden, weil sie nun ‹wirklich› etwas sahen – nicht bloß Bilder. Diejenigen, die Jupiter vorher schon beobachtet hatten, reagierten mit völligem Unglauben: ‹I can't believe it›, ‹Wow…!!›, ‹This is totally incredible!›.»

Längst hatte sich fast alles Interesse auf die Einschläge selbst und ihre Folgen konzentriert, die offenkundig weit langlebiger waren, als man erwartet hatte. Einige wenige, deren Interesse nur den Kometen an sich galt, versuchten immer noch, die verbliebenen Trümmer zu beobachten. Vom Mauna Kea auf Hawaii kam die diesbezügliche Erfolgsmeldung: Mit dem 2,2-Meter-Teleskop war es David Jewitt und Paul Kalas im dunkelroten R-Band gelungen, am 19. Juli die Fragmente P2, Q1, Q2, S, R und W sicher nachzuweisen. N, P1, T, U und V waren nicht zu sehen (letzteres überraschend, da V kurz vorher noch W vergleichbar gewesen war), L lag außerhalb des Bildfelds, aber K konnte noch zwei Stunden vor seinem Absturz erwischt werden. Das Aussehen der Subkometen Shoemaker-Levys hatte sich stark verändert: «Die Fragmente ähneln nun aufgereihten Kaulquappen, die mit dem Schwanz voran in Richtung Jupiter fallen. Wir sehen keinen Hinweis mehr auf die Staubschweife, die die Morphologie seit Anfang 1994 dominiert hatten und vom Strahlungsdruck der Sonne herrührten.» Die Kernbereiche der «Kaulquappen», d.h. die inneren Bogensekunden, waren nach der ersten Auswertung gegenüber dem Zustand vor dem Eintritt in Jupiters Magnetosphäre nicht schwächer geworden.

Dicke Wolken über dem Cerro Tololo in Chile hatten es derweil den dortigen Astronomen erlaubt, die Analyse ihrer Daten der ersten Tage fortzusetzen: Aus Spektren des 4-Meter-Teleskops und des OSIRIS-Instruments ließ sich die Höhe der neuen Wolken abschätzen, denn sie zeigten starke Methanabsorptionslinien bei 2,2 und 2,3 μm: Daraus läßt sich berechnen, wieviel Methan noch oberhalb der Wol-

116

ken liegt. Die normale Höhenschichtung von Jupiters Methan vorausgesetzt, müßten die neuen Wolken im Druckniveau um 2 Millibar liegen, aber weil die Explosionen etwas Methan mit nach oben in die Stratosphäre gerissen haben dürften, sind die 2 mbar nur eine untere Grenze für die Wolkenhöhe. Die normalen Ammoniakwolken treten zwischen 300 und 600 mbar auf, der polare Dunst (der auf den Infrarotaufnahmen dem dunklen Planeten brillante Polkappen verschafft) liegt bei 10–20 mbar. Auch ein anderes Ergebnis vom Cerro Tololo liegt vor, diesmal vom 1,5-Meter-Teleskop, das am 18.7. die H_3^+-Emission aus der Gegend des Südpols unter die Lupe genommen hatte. Die Temperatur lag nach den ersten sechs Einschlägen weiterhin bei 1000 Kelvin, wie sie auch in den Jahren zuvor gemessen worden waren: «Dieses Resultat legt nahe, daß die S-L 9-Impakte keinen signifikanten Einfluß auf die Temperatur der Auroraaktivität hatten», schlossen Sang Kim und Mitarbeiter.

Wieder ein neues Molekül nach einem Impakt meldet das Caltech Submillimeter Observatory: Kurioserweise nur nach Impakt B, nicht aber nach C, war für einige Minuten H_2S bei einer Frequenz von 217 Gigahertz nachzuweisen. Das James Clark Maxwell Teleskop hat inzwischen das Molekül HCN an den Orten der Einschläge C, F, G und H gesichtet, Kohlenmonoxid dagegen nicht. Und aus Mexiko kommt die Kunde, daß man dicht neben dem alten Fleck von C im K-Band auch einen Impakt des Fragments M gesehen habe. Dies war erstaunlich, denn dort, wo sich in der Kette der Kometentrümmer Fragment M hätte befinden sollen, war seit 1993 auch mit dem Hubble-Teleskop nichts mehr zu sehen gewesen.

Das *S-L 9 News Bulletin* der ESO vom Morgen des 20.7. enthielt neben einiger Vorfreude auf die Impakte der beiden Q-Fragmente – gerade rechtzeitig zum 25. Jahrestag der ersten bemannten Mondlandung und mutmaßlich mindestens so spektakulär wie der K-Crash – auch die ausgiebige Diskussion eines erstaunlichen Phänomens, das das 3,6-Meter-Teleskop auf La Silla beim Einschlag H registriert hatte. Mehr als 1000 Bilder waren mit dem TIMMI-Instrument bei 10 µm gelungen, und der gesamte Lebenslauf der Plume ist mit 3,5 Sekunden Zeitauflösung dokumentiert. Man sieht einen steilen Anstieg zu einem

117

starken Maximum und dann einen langsameren und ungleichmäßigen Abfall der Infrarothelligkeit über eine halbe Stunde hinweg. Aber am spannendsten ist ein kurzes Aufleuchten am Jupiterrand, vier Minuten *bevor* der große Anstieg begann! Derartige «Vor-Blitze» wurden nicht nur bei der ESO beobachtet. Es liegen vergleichbare Berichte von mehreren anderen Sternwarten vor, allein der Vor-Blitz von H wurde mindestens auch in Südafrika und auf dem Pic du Midi gesehen. Der Zeitpunkt fällt auf die Minute genau mit dem Blitz zusammen, den Galileos Photopolarimeter gemessen hatte! Daher vermutet man bei der ESO: «Die Beobachter auf dem Pic du Midi, in Sutherland und auf La Silla waren höchstwahrscheinlich Zeugen der sehr frühen Entwicklung der Plume, während sie noch hinter dem Rand Jupiters verborgen war. Wahrscheinlich konnten sie ihr Licht sehen, weil es in der Atmosphäre gebrochen wurde (wie auf der Erde, vor Sonnenauf- und nach Sonnenuntergang), oder weil es von Wolkenschichten nahe des Jupiterrandes reflektiert wurde (ebenso wie es möglich ist, entfernte Blitze an Gewitterwolken reflektiert zu sehen).» Die Vor-Blitze sollten noch für manche Diskussion gut sein – schon bei Impakt K war das Phänomen wieder beobachtet worden. Diese Überlegungen, ob Licht der frühen Explosion irgendwie «um die Ecke» Richtung Erde gelangt sei, waren übrigens die Quelle der in deutschen Zeitungen verbreiteten Falschmeldung, Jupiter habe das Licht gekrümmt…

Wie bereits ausgeführt wurde, galt Fragment M eigentlich als verloren, doch war ja aus Mexico sein Einschlag gemeldet worden. Bestätigungen für einen Impakt des «verlorenen» Fragments gab es zunächst nicht, und dann war schon N fällig – keine große Leuchte. «Der Impaktblitz von Fragment N wurde zuerst am Morgenrand um 10:35 UT (20.7.) gesehen», meldete das Anglo-Australian Telescope. «Die Intensität des Blitzes stieg langsam bis etwa 10:37 UT, überstieg aber nie 70% der mittleren Oberflächenhelligkeit der Südpolhaube bei 2,34 μm. Gegen 10:37 hatten wir ein technisches Problem, das uns bis etwa 10:42 lahmlegte. Als wir unsere Beobachtungen wieder aufnahmen, gab es keine Hinweise mehr auf den Einschlagsort von Fragment N.» Einer benachbarten Sternwarte ging es genauso. Um so mehr war man nun auf die Impakte der Fragmente Q2, R und S gespannt, die in jeweils 10 Stunden Abstand den Jupiter erreichen und mithin nahezu denselben Fleck treffen sollten.

Die nächste Pressekonferenz der NASA fand um 12:00 Ortszeit statt. Die gerade laufende Space-Shuttle-Mission IML-2 erzwang einen etwas chaotisch anmutenden Zeitplan, weil Livebilder aus dem Orbit die meiste Sendezeit des NASA-eigenen TV-Kanals beanspruchten – und die Öffentlichkeit nicht im mindesten so interessierten wie die Berichte von Jupiter. Die «Spitzenmeldung» präsentierte diesmal Robert Yelle vom Hubble Space Telescope und seinem Faint Object Spectrograph. Man hatte ihn auf den Kern des G-Impaktflecks gerichtet und nun im ultravioletten Licht detaillierte Spektren in der Hand. Nur ein Teleskop im Erdorbit konnte überhaupt im entscheidenden Bereich zwischen 150 und 300 Nanometern beobachten, den unsere Atmosphäre komplett ausblendet, und nur das Weltraumteleskop hat gleichzeitig auch die räumliche Auflösung, um sich ganz auf ein winziges Detail des dunklen Flecks konzentrieren zu können.

Das Spektrum, das Yelle nun zeigte, war zwar dasselbe, das Keith Noll bereits gestern präsentiert hatte, aber es hatte 48 Stunden gedauert, bis man auch eine Serie von Absorptionsbanden etwas langwelliger vom sofort erkannten Ammoniak identifiziert hatte. Zwei Eigenschaften der Linienserie brachten den Durchblick: Daß sie sehr regelmäßig waren, bewies, daß es ein einfaches Molekül sein mußte, und daß sie dicht beieinander lagen, wies auf ein schweres Molekül hin – viele Kandidaten wurden so ausgeschlossen. Auf viele mögliche Moleküle hatte man sich schon im Vorfeld der Beobachtungen eingestellt, aber hier paßte einfach nichts. «Wir wurden immer perplexer», erzählte Yelle, aber gegen drei Uhr morgens näherte man sich der Lösung: Schwefel mußte eine Rolle spielen, und das Linienmuster paßte gut zu reinem Schwefel in Gasform, S_2 – «ein definitiver Nachweis». Zusätzlich ist das Spektrum überdies mit der Anwesenheit von H_2S verträglich. S_2 wurde schon einmal, 1983, in der Atmosphäre des Kometen IRAS-Araki-Alcock gefunden, aber noch nie auf Jupiter; ob das nun beobachtete Gas aber aus Shoemaker-Levy 9 stammte oder aus unbekannten Komponenten der Jupiteratmosphäre, konnte Yelle noch nicht sagen.

Auch in Sachen Magnetosphäre hatte das Hubble-Teleskop etwas Neues zu bieten: Zwar kann man sie im Optischen nicht direkt abbilden, wohl aber die Aurorae des Jupiter, Leuchterscheinungen im Ultravioletten, die auf einen Regen geladener Teilchen, der aus der Magnetosphäre in die polare Atmosphäre hineinfällt, zurückgehen. Sowohl Hubble als auch der lange nicht die gleiche räumliche Auflösung schaffende IUE-Satellit hatten in den letzten Wochen festgestellt, daß die Aurora im Norden immer schwächer strahlte als die im Süden, ein unerklärliches Phänomen, denn eigentlich hätte man eine Schwächung der südlichen Aurora durch bereits angekommenen Kometenstaub erwarten können. Am 19.Juli hatte dann Hubbles Kamera WFPC2 eine UV-Aufnahme des Jupiter gemacht – und *neben* dem nördlichen Auroraoval zwei neue helle Flecken entdeckt. Folgt man nun den magnetischen Feldlinien, die durch diese Punkte gehen, so landet man geradewegs in der Position, in der kurz vorher das Fragment K eingeschlagen war. Dort allerdings gab es praktisch kein neues Leuchten. Die neuen Auroraflecken im Norden lassen sich wohl nur so erklären, daß Teile des einschlagenden Kometen dabei elektrisch aufgeladen, entlang der Feldlinien beschleunigt wurden (wie in einer Ionenkanone) und dann im Norden abregneten und die Erscheinungen auslösten.

Bei der täglichen Zusammenfassung der Jupiterbeobachtungen vom Erdboden aus erhielt zum ersten Mal David Levy als Repräsentant der Amateurastronomie den Vortritt: «Inzwischen gibt es so viele Flecken, daß von jedem Beobachtungspunkt der Welt aus praktisch immer mindestens ein dunkler Fleck zu sehen ist.» Das Überraschende dabei war ja, daß man in kleinen Fernrohren überhaupt etwas sehen konnte. «Vielleicht ist es so etwas wie Ruß aus kohlenstoffhaltigen Resten der Kometenkerne», meinte Levy. Und er stellte die Frage in den Raum, was wohl gewesen wäre, wenn niemand den Kometen vor dem Einschlag entdeckt hätte. Zunächst einmal wären die dunklen Flecken höchstwahrscheinlich zuerst von Amateurastronomen erspäht worden, da nur sie den Planeten unter praktisch permanenter Über-

120

wachung haben – und dann hätte das große Rätselraten begonnen. Nach dem ersten (großen) Fleck hätte man vielleicht auf einen Impakt getippt, aber ein Fleck nach dem anderen? Levy spekulierte, daß die Impakthypothese dann erst einmal wieder verworfen worden wäre, denn eine Kette von rund 20 Kernen, wie sie P/Shoemaker-Levy 9 bot, war selbst nach den spektakulärsten Kometenspaltungen noch nie beobachtet worden, und daß ausgerechnet ein gespaltener Komet auf Jupiter fallen würde, hätten wohl die meisten für beliebig unwahrscheinlich gehalten. Die Bemerkungen Levys stimmen nachdenklich und werfen ein bezeichnendes Licht auf die Rolle des Zufalls in der Wissenschaft...

Für den 20.7. war auch der Impakt der Q-Fragmente angekündigt worden (auch der letzte Rest von P, den Hubble im Mai noch gesehen hatte, blieb ohne sichtbare Folgen). Von der ESO wurden sie als mutmaßlicher Höhepunkt der ganzen Impaktwoche angesehen, «ein weiterer dramatischer Augenblick». Mehrere deutsche Fernsehanstalten hatten sich zu Sondersendungen durchgerungen, die ARD wollte sogar den Einschlag live übertragen – und dabei Geld für TV-Verbindungen, etwa zum Calar Alto, sparen, indem man die Bilder noch während der Sendung aus den weltweiten Computernetzen saugen wollte. Was aber niemand bis zum Beginn der Sendung aufgefallen zu sein schien, war die totale Überlastung der Rechner, auf dem die Bildsammlungen abgelegt waren, wie auch des Internet selbst. Seit das Wochenende vorbei war und insbesondere Hunderttausende von Amerikanern wieder Zugang zu ihren Rechenknechten am Arbeitsplatz hatten, waren die entscheidenden Bildquellen entweder völlig überlastet, oder das Herunterladen der oft Hunderttausende von Bytes großen Bilder dauerte außerordentlich lange. Zum Glück funktionierte der Mailexploder für die Profigemeinde auf weitgehend getrennten Wegen und litt nicht unter diesem ersten großen «Verkehrsstau auf der Datenautobahn». An «Livebilder» war unter diesen Umständen aber nicht zu denken.

Doch auch der sterbende Komet hatte wieder eine Überraschung parat: «Weniger hell als der gestern beobachtete L-Impakt» war der

121

Traditionell stammen einige der schärfsten Planetenaufnahmen von der Erde aus vom Pic du Midi in den französischen Pyrenäen, und trotz der südlichen Stellung Jupiters blieb man seinem Ruf treu: Die Einschlagsgebiete G, K, L und Q sind auf dieser CCD-Aufnahme mit dem 1-Meter-Teleskop vom 20.7. in vielen Einzelheiten zu erkennen (Quelle: F. Colas und Mitarbeiter).

Einschlag von Q1 nach den 10-μm-Beobachtungen des Nordic Optical Telescope, die als erste eintrafen. Die frische Impaktstelle beobachtete dann das Swedish Solar Telescope, ebenfalls auf La Palma, als

DER JUPITER CRASH

«sehr ähnlich der nahen L-Stelle: ein zentraler dunkler Fleck mit einem diffusen konzentrischen Ring». Eindeutige Beobachtungen vom Einschlag des Fragments Q2, das 17 Minuten vor Q1 kommen sollte, lagen zunächst nicht vor – und die Vielzahl der bereits die Südhemisphäre Jupiters schmückenden Flecken machte das Aufspüren schwacher neuer Einschläge immer schwieriger. Erst nach einigen Stunden meldete sich der Pic du Midi zu Wort und hatte einen «sehr kurzen kleinen Blitz im K-Band um 19:44, der vermutlich mit Q2 zusammenhing» (und später auch vom Calar Alto bestätigt wurde: Q2 um 19:44, Q1 um 20:20), anzubieten. P2 wurde auch hier nicht gesehen: Die sogenannte Viererbande der beiden P- und Q-Fragmente, die im Frühjahr durch erstaunliche Bewegungen der Objekte relativ zueinander und durch immer weiteres Zerbrechen in immer kleinere Teile einiges Aufsehen erregt hatte, schien zum bitteren Ende auf ein mäßig großes und ein kleines Fragment zusammengeschmolzen zu sein.

Als Trostpreis gab es aber zur selben Zeit wieder PPR-Daten von der Galileo-Sonde: Auch Impakt L war erwischt worden. Abermals war das Signal binnen zwei Sekunden auf den Maximalwert angestiegen – diesmal 4% der Gesamthelligkeit Jupiters –, um dann binnen 35 Sekunden zu verschwinden. Die zeitliche Veränderung der Helligkeit, die Lichtkurve, war der des Impakts H außerordentlich ähnlich. Und kurz darauf gab es auch einen – leider negativen – Bericht von einer Raumsonde, die noch viel weiter draußen im Sonnensystem ihre Instrumente zurück auf den Jupiter gerichtet hatte, an dem sie 15 Jahre zuvor vorbeigeflogen war. Voyager 2 hatte mit seinem Ultraviolettspektrometer während der Einschläge A,B,C,D,F,G und H nach Effekten Ausschau gehalten (die Einschlagsstellen wären optimal für ihn zu sehen gewesen), doch in dem Wellenlängenbereich 50–170 nm konnte «eine statistisch signifikante Signatur von einem dieser Fragmente noch nicht identifiziert werden». Bis zum 17. August würden die Beobachtungen aber noch fortgesetzt.

In Mexiko meinte man zeitweilig, ein Impaktphänomen des «verlorenen» Fragment M beobachtet zu haben. Doch dann kam das Dementi: Es war wohl doch nur die Rückkehr des K-Flecks. «Ist ‹Instant

123

Science› nicht wundervoll?», amüsiert sich der Leiter der mexikanischen Gruppe: «Ich mache Voyager dafür verantwortlich – die haben damit angefangen.» Gemeint sind hier die wissenschaftlichen Schnellinterpretationen auf täglichen Pressekonferenzen während des Vorbeiflugs der Voyager-Sonden an den Planeten Jupiter, Saturn, Uranus und Neptun – die übrigens in weit mehr als der Hälfte der Fälle später nicht mehr grundlegend revidiert werden mußten. Gleichwohl stellte diese Art des Wissenschaftsbetriebs ein Novum dar und wird von vielen immer noch argwöhnisch beäugt – auch vor den Kometenstürzen gab es wieder Diskussionen, wieviel man wann öffentlich spekulieren dürfe.

Ältere Einschlagsstellen sind noch immer gut zu beobachten. «Die Stellen K, L und G marschierten über die Scheibe», berichtet John Rogers aus Cambridge, England, wo er mit dem 30-cm-Refraktor, Baujahr 1838, «einen weiteren exzellenten Beobachtungsabend» erlebt hatte. «Sie sind alle spektakulärer denn je, sehr groß und dunkel.» Und Rogers glaubt jetzt klarer denn je ein anderes Phänomen wahrzunehmen, von dem noch kein professioneller Beobachter berichtet hat: ein Leuchten über dem Planetenrand, wenn eine der Einschlagsstellen gerade «um die Ecke» kommt. Bereits seit mehreren Tagen hatte er diesen Eindruck.

Am Morgen des 21. Juli gibt es eine neue Molekülidentifikation in den HST-Faint-Object-Spectrograph-Spektren des HST vom G-Fleck: Jetzt sind auch 13 Banden von CS_2 aufgespürt worden. CS_2 ist das erwartete Produkt von chemischen Reaktionen zwischen H_2S und CH_4 (Methan), die beide bereits in den Flecken entdeckt worden waren, wobei als Auslöser der Reaktionen sowohl Schocks als auch die Extrem-UV-Strahlung der Sonne in Betracht kommen. Nicht gefunden wurden in den Spektren aber SO und SO_2.

Und weiter geht es im Alphabet. Der nächste Einschlag: R. Diesmal ist das 5-Meter-Teleskop auf dem Palomar Mountain am schnellsten, gleich mit simultanen Beobachtungen bei 3,6, 5 und 10 μm. Die ersten Anzeichen kam am 21.7. um 5:35 UT. Am mexikanischen San Pedro Martir Observatory glaubt ein Teleskopoperateur sogar, den

124

Blitz von R mit eigenen Augen durch ein Sucherfernrohr als Reflexion an einem Mond gesehen zu haben – reichlich unwahrscheinlich angesichts ausschließlich negativer Berichte dieser Art von allen früheren Einschlägen und auch der Tatsache, daß der R-Impakt weit hinter dem gestrigen L zurückblieb, wie es im IR am selben Observatorium gemessen wurde. Bei R war das Phänomen des Vor-Blitzes offenbar besonders ausgeprägt: Am 10-Meter-Keck-Teleskop auf Hawaii sah man um 5:33 UT einen 20 Sekunden langen Blitz («wahrhaft bemerkenswert»), dann 45 Sekunden später einen *zweiten* Blitz ähnlicher Länge. Aber erst 8 Minuten später kam die eigentliche Plume um den Planetenrand. Bei Wellenlängen zwischen 7 und 12 μm erreichte sie die 50fache Flächenhelligkeit Jupiters, wie die nahe NASA/IR Telescope Facility feststellte. Bei 2,34 μm wurde sie sogar 200mal heller als Jupiters Polarhaube, so das Anglo-Australian Telescope. Und das Südpolteleskop SPIREX nannte R bei 2,36 μm ungefähr so hell wie E. Am Südpol hatte man Jupiter seit Beginn der Einschläge fast ununterbrochen beobachten können, und die Pol-Astronomen fragten sich bereits, ob das wohl ein Rekord werden würde.

Vom IUE-Satelliten kommt am Morgen die Kunde, daß das umfangreiche Beobachtungsprogramm, in Koordination mit dem HST, hervorragend läuft. «Wir überwachen mehrere der am besten untersuchten atmosphärischen Erscheinungen auf Jupiter und in seiner Magnetosphäre», schreibt Walt Harris. «Wir haben Veränderungen in einigen dieser Features entdeckt (insbesondere, daß die Aurora schwach war), die wir auf die Effekte der Kometenfragmente und ihrer Einschläge und/oder die Passage von Staub durch Jupiters innere Magnetosphäre zurückführen (oder die zumindest verdächtig dazu passen würden). Der IUE wird auch benutzt, um die Entwicklung der spektralen Features in den Impaktgebieten zu überwachen und war insbesondere nützlich, um die Zeitskalen aufzuzeigen, in denen sich die von der WFPC2-Kamera des HST zu sehenden dunklen Flecken entwickeln. Die Impakte A,B,E,G,K und Q sind mit großem Erfolg beobachtet worden.» Zahlreiche Emissions- und Absorptionsfeatures sind entdeckt worden, deren Analyse aber noch Zeit braucht. «Wir führen auch eine beispiellose Zahl von Simultanbeobachtungen mit

125

anderen Instrumenten durch», fährt Harris fort. «Dies liefert neue Einsichten in die Charakteristiken von Phänomenen, die schon lange mit dem IUE beobachtet wurden, und gibt den Betreibern der anderen Instrumente die Möglichkeit, die Resultate ihrer eigenen Beobachtungen mit den Fern-UV-Spektren des Jupiter in unserem Archiv zu vergleichen.» Und Gilda Ballister steuert weitere IUE-Beobachtungen über wahrscheinliches Wasserstoffleuchten am Planetenrand über den Einschlagsstellen bei: Ultraviolette Lyman-Alpha-Strahlung von atomarem Wasserstoff wie auch Emission von molekularem Gas sind über den Stellen K und P2 gefunden worden.

Im heutigen *S-L 9 News Bulletin* verweist auch Richard West auf die überraschende Rolle, die Amateurastronomen bei der Überwachung der Einschlagsspuren spielen werden: Nur sie können in den kommenden Monaten eine ausreichend dichte Beobachtungsfolge garantieren, wenn die meisten professionellen Teleskope wieder mit «normaler Astronomie» beschäftigt sind. «Es ist seltsam, wenn man zurückdenkt», schreibt West. «Wer hätte, bevor das alles vor wenigen Tagen losging, gedacht, daß Amateure mit Teleskopen der 10-Zentimeter-Klasse überhaupt eine Chance haben würden, irgendwelche Veränderungen auf Jupiter zu sehen – geschweige denn an diesem aufregenden Programm teilzunehmen?» Auf der morgendlichen NASA-Pressekonferenz präsentierte Hal Weaver die letzten Bilder, die dem Hubble-Teleskop vom untergehenden Kometen selbst gelangen. Nur zehn Stunden vor ihrem Ende war es gelungen, die Fragmente Q1 und Q2 aufzunehmen: Entlang der Flugrichtung zum Jupiter hin sind ihre Komae bereits stark verlängert, doch innen drin sitzen immer noch punktförmige Helligkeitsspitzen. Einen weiteren Zerfall der beiden Fragmente hat es demnach in den letzten Tagen nicht gegeben.

Eine überraschende Meldung liegt vom Keck-Teleskop vor: Den Impakt des «vermißten» Fragments M scheint es doch gegeben zu haben, jedenfalls wurde gestern um 6:08 UT ein Impakt beobachtet, der «deutlich von dem von K getrennt war, der erst etwas später sichtbar wurde». Wie Lucy McFadden nach einem Anruf in Hawaii festgestellt hatte, fanden das die Keck-Beobachter um Imke de Pater zunächst so unglaublich, daß sie es erst nach einem Tag meldeten. Das

DER JUPITER CRASH

Dementi des Dementis vom M-Impakt freute besonders Gene Shoe-maker, der schon immer der Ansicht war, «verschwundene» Kometen seien in Wirklichkeit noch da, nur habe der feste Kern all seinen Staub verloren bzw. die Produktion von neuem Gas und Staub eingestellt. M war seit dem allerersten Hubble-Bild von P/Shoemaker-Levy 9 nicht mehr gesehen worden. Daß es nun doch einen Effekt auf Jupiter hatte, ist eine Überraschung mehr.

Aber zurück zu den laufenden Hubble-Beobachtungen: Mit einiger Mühe ist es gelungen, die wahrscheinliche Einschlagstelle von Q2 auf den Aufnahmen aufzuspüren. Sie ist kaum größer als ein Bildpunkt. «Das ist unser Baby», hat es die Jupiterexpertin Rita Beebe ausge-drückt. Auch die chemischen Eigenschaften dieses Minieinschlags sind offenbar denen der viel größeren vergleichbar, denn auf einem Farbbild Jupiters nach den Einschlägen, das gerade noch rechtzeitig vorgestellt werden konnte, hat es dieselbe braune Farbe. Doch spätestens jetzt ist klar, daß die Helligkeit der einzelnen Kometenfragmente auf Hubbles letztem kompletten Bild vom 17. Mai *in keiner Weise* mit der Energie der Explosionen korreliert. Denn nach der damaligen Abschätzung hätte, wenn man A als 1 setzt, Q1 den Energiegehalt von 25 gehabt und auch Q2 noch von 10 – wovon in beiden Fällen nicht die Rede sein kann. Bei G (24) und L (15) hatte das «Gesetz» dagegen ganz gut funktioniert.

Daß Q2 fast nicht stattfand, paßt aber wieder zu der schon früher vermuteten abweichenden Zusammensetzung derjenigen Fragmente, die von der großen Kernlinie abwichen, denn auch Q2 war auf Abwegen (Nicht-Ereignis P2 übrigens auch). Die Hypothese verhärtet sich, daß die «Abweichlinge» nicht die relativ kompakten Reste der eigentlichen Kometenspaltung vor zwei Jahren sind, sondern lockeres Material darstellen, daß – mit einem gewissen Impuls, daher die Abweichung – erst später freigesetzt wurde. Hal Weaver glaubt, daß diese Fragmente zwar einen (kleinen) festen Kern besitzen, diesen aber viel Staub umgibt, weil er jünger als ein «normaler» Kern ist (der seinen Staub durch den Strahlungsdruck der Sonne teilweise verloren hat): Dies erkläre die anomale Helligkeit der Abweichler, relativ zu ihrer geringen wahren Masse. Welcher Prozeß sie allerdings geschaffen

127

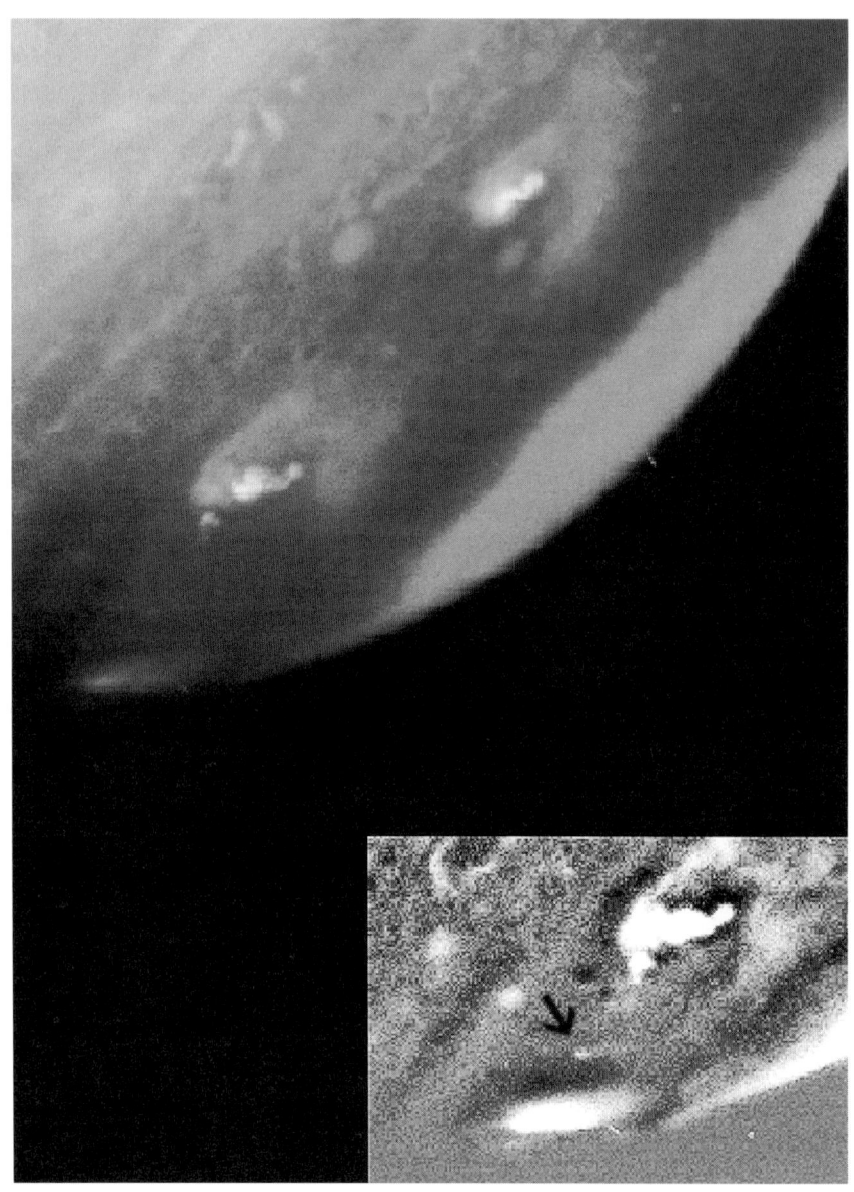

Rita Beebes «Baby»: Nur mit erheblicher Kontrastverstärkung (Ausschnitt) gelang es, auf dieser Methanbandaufnahme Hubbles vom 20. Juli die winzige Einschlagsstelle des Fragments Q2 als Punkt zwischen zwei größeren Impaktzonen sichtbar zu machen, die bereits etwas vom Winde verweht sind (Quelle: NASA).

DER JUPITER CRASH

haben könnte, dazu äußert sich niemand und alle bis dato veröffentlichten Modellrechnungen zur Spaltung von S-L 9 schließen solche Nachzügler nicht ein.

Unter den zahlreichen telephonischen Einspielungen ist auch ein erster Bericht vom NASA-Satelliten EUVE, der den Plasmatorus beobachtet hat, den der Vulkanmond Io um Jupiter produziert. Große Veränderungen sind noch nicht aufgetreten, womit aber auch nicht gerechnet worden war: Die Kometenmaterie braucht einige Zeit, um diesen Schlauch geladener Teilchen zu erreichen. Was aber schon gesehen wurde, ist Helium-Emission während der Einschläge, die es sonst nicht gibt: Offenbar reißen die Plumes Helium aus Jupiters Atmosphäre so hoch nach oben, daß seine Extrem-UV-Strahlung nicht mehr absorbiert wird, und weil EUVE ebenfalls außerhalb der Atmosphäre – der irdischen – kreist, kann er die Strahlung nun wahrnehmen; ein weiteres Fenster ist geöffnet.

Nach den Nachrichten von Galileo und Voyager 2 gibt es am 21. Juli auch Kunde von der europäisch-amerikanischen interplanetaren Raumsonde Ulysses, die zwar auf dem Weg zur Südpolarregion der Sonne war, aber deren radioastronomischer Detektor für den Nachweis etwaiger Emissionen von den Einschlägen geeignet schien. Dank des ungewöhnlichen Orts der Sonde weit südlich von der Ebene der Planetenbahnen ergab sich auch für Ulysses ein direkter «Blick» auf die Einschlagsgebiete, doch keiner der Impakte von A bis Q führte zu einem auffälligen Phänomen. Auch bei detaillierterer Anlayse der Daten erwarten die Wissenschaftler des URAP-Instruments keinen Erfolg mehr. Neben den ausgefallenen Blitzreflexionen an den Jupitermonden war das die zweite Enttäuschung (nun gab es außer Galileos Messungen keinerlei direkte Methode mehr, die präzisen Impaktzeitpunkte der meisten Fragmente zu ermitteln), was freilich durch die alle Erwartungen weit übertreffenden Phänomene *nach* einem Einschlag mehr als ausgeglichen wurde.

Die Einschlagsserie ging nun allmählich zu Ende, und große Fragmente waren nicht mehr in Sicht. Doch die Einschlagspunkte rückten jetzt immer näher an den Rand Jupiters heran: Immer früher nach den

129

Explosionen sollten nun die Plumes sichtbar werden. S wurde zuerst vom Calar Alto gemeldet, um 15:29 UT (anderswo ein paar Minuten früher am 21.7.), aber von T sahen sie nichts, und auch andere Sternwarten hatten nur negative Meldungen über diesen Impakt zu bieten. Auch von U kamen erst nur Negativberichte; spätere vermeintliche Sichtungen der T- und U-Einschlagsstellen könnten auch Verwechslungen mit älteren Flecken sein, die nun fast den gesamten Planeten bedecken und von stratosphärischen Winden zerzaust werden. Dafür gibt es aber ein «vollständig unmißverständliches» Ergebnis (eine Seltenheit in diesen Tagen) vom R-Impakt: Mit dem 90-Zoll-Teleskop des Steward Observatory in Arizona hat man rund 40 Emissionslinien im K-Band gesehen, die die Anwesenheit von Kohlenmonoxid beweisen. Ein anderes Infrarotteleskop hatte dieses Molekül bereits bei einem früheren Impakt gefunden. Die Bedeutung dieser Beobachtungen: endlich ein Molekül mit Sauerstoff.

In der Nacht zum 22. Juli berichten Andy Ingersoll und John Clarke vom HST Comet Team über eine bemerkenswerte Entdeckung in Sachen G-Plume: Hubble hat sie anfangs im eigenen Licht gesehen! Denn wie genauere Berechnungen der Geometrie zeigen, ist schon ein (kleiner) Lichtpunkt mehrere Minuten lang direkt neben Jupiter zu sehen gewesen, als dort noch kein Sonnenlicht hinkommen konnte. Bei den Wellenlängen 889 nm und 953 nm leuchtet eine frische Plume also selber; wenn sie dann ins Sonnenlicht tritt, zunächst nur mit ihrem «Kopf», dann ist dieses helle D-förmige Gebilde ungefähr so hell wie Jupiters Äquatorregion. Und das ist eine Menge Licht – die mutmaßlichen Sichtungen der Plumes von G und K durch australische Amateurastronomen gewinnen an Glaubwürdigkeit. Und zu guter Letzt sollte im September im britischen Astronomienachrichtenblatt *Spectrum* eine CCD-Aufnahme im tiefroten Licht vom JKT-Teleskop auf La Palma bei 907 Nanometern auftauchen, die tatsächlich einen hellen Punkt direkt am Rande von Jupiter zeigt: die Plume von Impakt L, 553 Sekunden nach dem Impakt. Es ging!

Zur gleichen Zeit reißen über dem Cerro Tololo in Chile nach mehreren wolkigen Tagen und einem schweren Schneesturm überraschend die Wolken auf – aber wegen des Schnees auf den Teleskop-

130

kuppeln erlaubt der Direktor zur Frustration der ausgehungerten Beobachter nicht, daß sie sofort geöffnet werden. Man versammelt sich schließlich, als sich Jupiter schon dem Untergang nähert, um ein kleines Amateurteleskop, das sich in einem Gästequartier befand, und tatsächlich sind marginal ein oder zwei der dunklen Flecken zu sehen. Während sich die Begeisterung der Spektroskopiker vom 1,5-Meter-Teleskop in Grenzen hält, können sich zwei der Astronomen, die speziell an Abbildungen interessiert waren, kaum vom Okular losreißen. Pläne werden geschmiedet, in der nächsten Nacht ein altes und bereits stillgelegtes 40-cm-Teleskop auf dem Berg wieder in Betrieb zu nehmen. Da sage noch einer, moderne Astronomen hätten kein Bestreben mehr, selbst mal durch's Okular zu schauen.

Auch vom Impakt V gibt es zunächst keine positiven Berichte (erst später wurde die Impaktstelle am Lick-Observatorium entdeckt), und dann war nur noch ein Fragment übrig. Vielleicht wird zum Schluß noch einmal ein größerer Impakt kommen, spekuliert der Kometentheoretiker Paul Weissman. «Als letzter in der Kette könnte W einen Überschuß von Material enthalten, das beim ursprünglichen Kometen nahe der Oberfläche lag, bereits seine flüchtigen Bestandteile verloren hatte und verkrustet war», schrieb er eine Stunde vor dem Impakt. «Das resultierende Fragment könnte unfähig sein, die gleiche Aktivität zu entfalten wie die anderen von tiefer innerhalb des Kerns. Wenn W groß und inaktiv ist, dann wird es einen ziemlichen Knall geben, wenn es eintritt… Viel Glück beim letzten Schuß.» Diesen sah als erster SPIREX am Südpol um 8:14 UT (am 22.7.): «Unsere erste Abschätzung ist, daß die Impaktstelle bei 2,36 Mikron ungefähr so hell wie E war» – also tatsächlich wieder ein gutes Verhältnis von Explosionsstärke und Fragmenthelligkeit. «Die letzten 30 Stunden waren am Südpol stark von Wolken beeinträchtigt», fahren Mark Hereld und Co. fort. «Die Wolken rissen aber um die Impaktzeit herum auf, und der Blick auf den Impakt wurde von den Beobachtern am Pol als *wunderschön* beschrieben. Die Wolken sind dann zurückgekommen. Wir hoffen, daß sie für einen vernünftigen Teil unserer verbleibenden rund 1000 Beobachtungsstunden weichen werden.»

131

In allen optischen Wellenlängen außerhalb der Methanabsorption sind die Flecken gleich dunkel: Das belegt diese Zeit- und Filtersequenz vom Kitt Peak in Arizona vom 22. Juli ab 4:18 UT durch die Standardfilter R, B, V, I und U., d.h. vom Roten bis zum Nahen Ultraviolett, das die Erdatmosphäre noch durchläßt. Die Flecken sind H, Q1 und der GIDISIR-Komplex, von links nach rechts (Quelle: B. Mueller und C. Phillips).

Die vorletzte NASA-Pressekonferenz findet am Nachmittag statt, um nach dem Ende aller großen Impakte eine Zwischenbilanz zu ziehen. Farbige Hubblebilder dokumentieren, daß ein ganzer Streifen auf der Südhemisphäre mit dunklen Flecken übersät ist. Im nahen Ultraviolett sehen die Flecken freilich noch viel größer aus: Sowohl Staub als auch verschiedene Gase sind hier starke Absorber. Noch bis in den August hinein werden solche Aufnahmen gemacht werden, um anhand der Wolken die stratosphärischen Atmosphärenströmungen Jupiters nach-zuvollziehen. Dann kommt Andy Ingersoll, ein schon aus Voyager-Ta-gen bekannter Experte für Planetenatmosphären. Er hat entzerrte Auf-nahmen des frischen G-Flecks mitgebracht. Sie zeigen ihn so, wie ihn ein Beobachter senkrecht über ihm wahrnehmen würde. Nun ist unverkennbar, daß der scharfe Ring um den zentralen Fleck wirklich kreisrund ist und rund 4000 km Radius hat. Da das Bild 1 1/2 Stunden nach dem Einschlag entstand, muß die Welle, die hier offensichtlich von der Eintrittsstelle aus losgelaufen ist, 800 m/s schnell gewesen sein. Dies entspricht genau der Schallgeschwindigkeit in Wasserstoff in Jupiters Stratosphäre. In manchen Farben ist ein zweiter Ring mit kleinerem Radius auszumachen, der einer Welle in einer tieferen Atmosphärenschicht entspricht.

Ingersolls Deutung dieser beiden Ringe: «Dieser Komet hat in der Stratosphäre eine weit stärkere Welle ausgelöst als tiefer unten in der Atmosphäre. Und das bedeutet, daß der Komet den Großteil seiner

132

Energie bereits hoch oben in der Atmosphäre freigesetzt hat und nicht unten» – was eigentlich der Tatsache widerspricht, daß es so gut wie keine Meteorblitze beim Eintritt der Fragmente gab. Ein anderer Hubble-Planetologe widerspricht: Daß die tiefere Welle schwächer aussähe, hieße ja noch nicht, daß sie es auch in natura ist – zum einen müsse man hier möglicherweise durch einige Atmosphärenschichten hindurchschauen, und zum anderen seien es vielleicht andere chemische Partikel, die in der Stratosphäre dunkel und in der Troposphäre heller kondensierten. Ingersoll glaubt aber, das schon berücksichtigt zu haben. Noch ahnt er nicht, daß sich die kuriosen Ringe um die größeren Einschlagspunkte bald zum größten Rätsel des Kometenuntergangs entwickeln werden. Er zeigt sogar einen «Film», der die Expansion der beiden Ringe über einen kurzen Zeitraum in drei Bildern und eine schönere Version der phänomenalen Plume-Sequenz vom G-Impakt vorführt: Im Film ist jetzt sehr klar zu sehen, wie sie als selbstleuchtender winziger Ball über den Horizont steigt, dann oben von der Sonne beschienen wird und so Halbmondform annimmt, bevor sie zu einem Pfannkuchen zusammenbricht und die Bildung der ausgedehnten dunklen Wolkenstruktur beginnt. Inzwischen ist auch die Geschwindigkeit berechnet worden, mit der die Plume aufstieg: 5 km/s oder mehr war sie schnell, und 2500 km Höhe wurden im Maximum erreicht.

Vom Kuiper Airborne Observatory kommt telefonisch der Bericht, daß man in Infrarotspektren des R-Flecks bisher noch nicht gesehene Emissionen gefunden hat, und zwar von Azethylen und Äthan. Don Hunten glaubt, daß die verstärkte Emission durch eine Heizung der Jupiterstratosphäre infolge des Einschlags zu erklären ist und daß dies auf eine Explosion in der Höhe hindeutet. Diese erhöhe die Temperatur in der Umgebung dann für einige Stunden um 50 Grad, und so seien die nun gemessenen Spektren am besten zu erklären. Ebenfalls während des R-Impakts wurde bei 2,4 μm von einer anderen Gruppe eine einsame Spektrallinie gesehen, die zu Wasser paßt. Doch eine einzelne Linie ist noch keine sichere Identifikation, und so bleibt die Frage nach Wasser in den Plumes weiter offen. Ebenfalls zweifelhaft sind Berichte über große Ringe, die sich von den Impaktflecken aus ausbreiten sollen und

133

die Größe des halben Planeten erreicht haben. Vom Hubble Space Telescope werden sie nicht bestätigt; vielmehr werden sie als eine Art Sinnestäuschung erklärt. Eine IUE-Forscherin berichtet, man habe die Spuren der anfliegenden Kometenkerne als leuchtende Streifen abbilden können – kein anderes Teleskop war dazu in der Lage.

Den Frage-und-Antwort-Teil dominiert zunächst ein überraschend vom US-Kongreß verabschiedeter Zusatz zum NASA-Etat: Bis zum 1.2.1995 soll eine Arbeitsgruppe herausfinden, wie man möglichst viele Kleinplaneten katalogisieren kann, die potentiell mit der Erde zusammenstoßen können. Die Erfahrung der vergangenen Woche, daß tatsächlich zuweilen kleine Körper auf große Planeten fallen und daß es dabei nicht ohne Schrammen abgeht, habe diese Entscheidung sicherlich gefördert, da ist sich Gene Shoemaker sicher. David Levy, der stolz seine ersten eigenen Zeichnungen der Flecken präsentierte, die er mit Hilfe eines Sucherfernrohrs angefertigt hatte, legte auch großen Wert darauf, daß «sein» Komet wirklich einer war und nicht doch ein zerborstener Asteroid. Man möge doch bitte zur Bedeutung der Worte im Griechischen zurückgehen, und da bedeutet Asteroid sternähnlich und Komet Stern mit Haaren: Schon vom Aussehen her sei da die Zugehörigkeit P/Shoemaker-Levys keine Frage. Doch die Frage des fehlenden oder nur in geringen Mengen vorhandenen Wassers steht weiter im Raum: Wenn viel freigesetzt worden wäre, hätte es sich rasch überall in der Stratosphäre ausgebreitet und wäre leicht nachzuweisen.

Die nächste Szene spielt in Chile, am 22.7. abends auf dem Cerro Tololo: Die Wiederinbetriebnahme des alten 40-cm-Spiegels war gelungen. Für Chile stand der Planet bei Sonnenuntergang fast im Zenit, und die Luftruhe war nahezu perfekt. Und die Flecken waren da, sie sind nicht nur das am leichtesten zu sehende Phänomen auf dem Planeten. Vielmehr dominieren sie trotz ihrer sehr südlichen Lage den ganzen Anblick – und es sind zahlreiche Details innerhalb der Flecken auszumachen, mehr als auf fast allen anderen Bildern verschiedener Sternwarten auf der Erde, die über das Internet in der vergangenen Woche verbreitet worden waren. Eher ähnelte die Detailfülle den Rohbildern der Widefield Camera des Weltraumteleskops. «Who needs Hubble?» war denn auch ein viel gehörter Scherz unter den

Scharen von Astronomen, die für einen Blick durchs Okular Schlange stehen mußten. «Wir sind nahezu überwältigt von der Detailfülle», beschrieb einer der anwesenden Autoren (D.F.) die ersten Eindrücke in einer Nachricht an den Mailexploder. «Nicht nur sind die Einschlagsgebiete L, G und Q leicht auszumachen, es ist auch möglich, diverse Detailphänomene wahrzunehmen. Die G-Region z.B. besteht aus einem extrem dunklen Kern, der stark länglich ist und kleine Ausläufer in verschiedene Richtungen zu haben scheint.

Dieser Kern wird für etwa 150 Grad seines Umfangs von einem grauen Halo umgeben, der einen scharfen Rand zu haben scheint. Wir waren total verblüfft von den Ausmaßen jeder einzelnen Post-Impakt-Wolke (eine schnelle Durchmesserabschätzung ergab grob 30 000 km für G und seinen Halo), die gegen 23:45 UT am 22. ungefähr die Hälfte der sichtbaren Längengrade auf dieser sehr südlichen Breite ausfüllten… Wir können andere nur auffordern, einen direkten visuellen Blick auf diese höchst bemerkenswerten Phänomene zu riskieren!» Wie sich später zeigen sollte, ließen sich die Flecken ohne weiteres mit einer alten Videokamera aufnehmen, die man einfach an das Okular hielt. Man konnte sie auch auf gleiche Weise freihändig mit einer Kleinbildkamera ablichten.

Am 23. Juli findet die vorerst letzte NASA-Pressekonferenz statt. Sie ist der Versuch, alles Bisherige zusammenzufassen. Gene Shoemaker stellt erst einmal klar, daß die Vorgänge der vergangenen Woche auf dem Jupiter natürlich nicht «die größten Explosionen im Universum» gewesen sind, wie einige Zeitungen geschrieben hatten, und sie waren nicht einmal die größten im Sonnensystem (in manchen Eruptionen auf der Sonne steckt mehr Energie): Doch für Explosionen auf Planeten sind sie schon ungewöhnlich groß gewesen. Heidi Hammel zeigt dann die wiederum exzellent gelungene Plume-Sequenz des Impakts W, bereits die vierte nach A, E und G, die Hubble aufnehmen konnte. Nun ist auch zu erkennen, daß die Plume nicht symmetrisch aufsteigt sondern seitlich versetzt, wobei etwas zurückbleibt: Offensichtlich die direkte Folge des ziemlich schrägen Eintritts der Fragmente in die Atmosphäre. Danach führt sie vor, wie sich die Impaktstelle A im Laufe

135

der Woche verändert hatte: Schwach und lang ist sie inzwischen durch den Wind geworden, und ein Teil scheint von einem Wirbel erfaßt worden zu sein – offenbar der stratosphärischen Fortsetzung eines lange bekannten Wirbelsturms in der Troposphäre Jupiters, einem weißen ovalen Fleck. In einer Woche und in einem Monat sind weitere komplette Kartierungen Jupiters mit dem HST geplant.

Melissa McGrath, die zu den Hubble-Spektrographenteams gehört, legt erste klare Anzeichen für Material aus dem Kometen vor, das drei Tage nach dem Einschlag im G-Fleck gefunden wurde. Scharfe Spektrallinien stammen von verschiedenen Metallen wie Magnesium, Silizium und vielleicht Eisen. Diese Zusammensetzung gibt es nur in der Staubkomponente von Kometen, aber nicht auf dem von leichten Elementen dominierten Gasplaneten Jupiter. Dafür sind die kurz nach dem Impakt an derselben Stelle des UV-Spektrums vorhandenen Moleküle, etwa die schwefelhaltigen, verschwunden. Das Spektrum sieht komplett anders aus. «Das war ein ziemlicher Schock für uns», erzählt McGrath: «Wir sehen den Müll des Kometen glühen.» David Levy verliest ein paar begeisterte Berichte aus der Amateurastronomenszene, darunter den oben zitierten vom Cerro Tololo – und Heidi Hammel wird nach dem größten Erlebnis dieser aufregenden Woche gefragt. Mehr noch als all die faszinierenden Details, die später entdeckt wurden, haben sie die allerersten Bilder des A-Impakts begeistert, als sie vor einer Woche auf dem Monitor erschienen. David Levy schätzt, daß es bereits jetzt mehr Bilder von den Einschlägen – Tausende – gibt, als im Rahmen des großen internationalen Beobachtungsprogramms für den Halleyschen Kometen Mitte der 80er Jahre zustande kamen.

Und schon wieder gibt es eine neue Überraschung auf dem Mailexploder: Im Infraroten ist Emission nicht nur auf der Südhalbkugel, wo die Kometenkerne einschlugen, sondern auch auf der Nordhalbkugel gesehen worden! Das könnte derselbe Effekt sein, der auch für die UV-Emission im Norden sorgte, auf die Hubble nach dem K-Einschlag gestoßen war. Dasselbe Material, das geladen entlang der Magnetfeldlinien nordwärts gewandert ist, könnte jetzt an seinem neuen Platz weiterleuchten. Die visuellen Beobachtungen auf dem

136

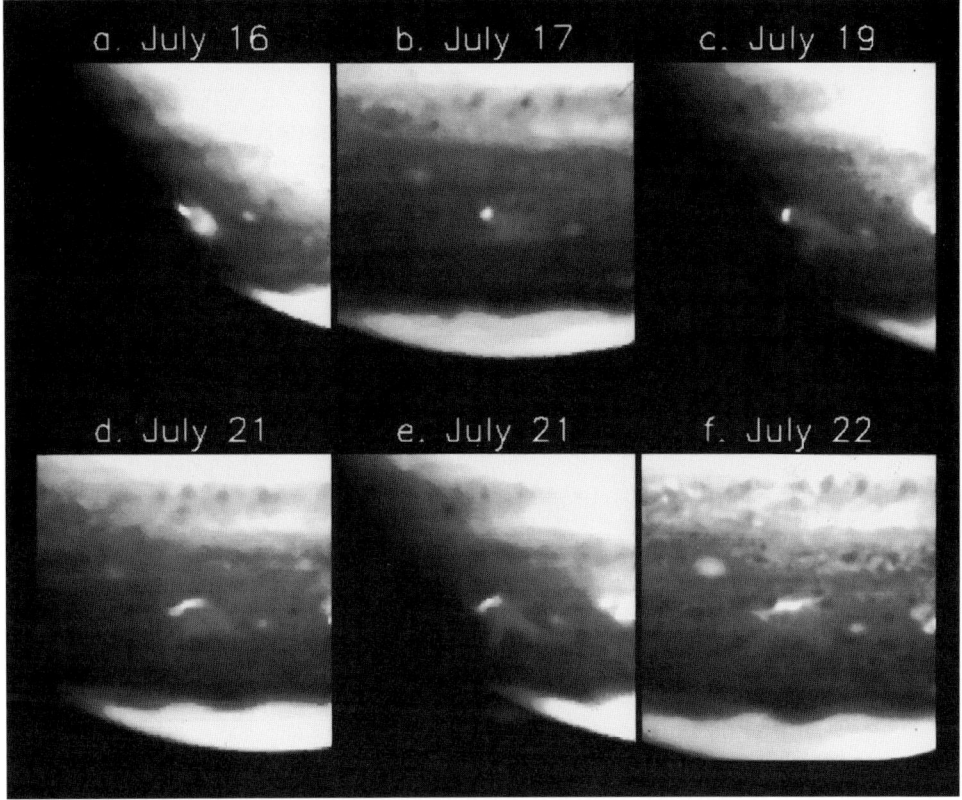

Die Entwicklung der ersten Einschlagsstelle über mehr als fünf Tage durch Hubbles Methanfilter: Bild a entstand 1½ Stunden nach dem Einschlag, b–f 19½, 59½, 90½, 109½ und 129½ Stunden danach. Bei b, d und f sieht man den A-Fleck nahe der Mitte der Scheibe, während er bei a, c und e dem Rand näher steht: Der schräge Blick läßt die ausgedehnteren Strukturen leichter erkennen (Quelle: Hubble Space Telescope Comet Team und NASA).

Cerro Tololo waren ebenfalls weitergegangen – nach Ende der Einschläge war es natürlich permanent klar gewesen –, und binnen drei Tagen waren alle Einschlagszonen zum Teil mehrfach vorbeimarschiert. G blieb die spektakulärste, gefolgt von K, L, Q, H, E, C und A, wobei die letzten beiden Gebiete erheblichen Zerfall und eine Schwächung des Kontrasts zeigten. Die anderen aber waren auch eine knappe Woche nach den entsprechenden Einschlägen noch extrem

137

dunkel und kontrastreich, so daß an einem Überleben für mindestens Wochen nicht mehr zu zweifeln war.

Am 25. Juli gab es noch einmal eine Flut von Meldungen. So entdeckte man auf dem Palomar Mountain, daß man entgegen ersten Vermutungen doch den Einschlag von Fragment V gesehen hatte, wenn auch nur sehr schwach. Eine Übersicht von Beobachtungen der dekametrischen Radiostrahlung vom Jupiter zeigte zwar eine Anzahl von Ausbrüchen, aber kein einziger schien in direktem Zusammenhang mit einem der Einschläge zu stehen. Und Sang Kim, der mit dem 1,5-Meter-Teleskop auf dem Cerro Tololo beobachtet hatte, präsentierte bereits eine ausgiebige Auswertung. Im Gegensatz zu den Beobachtern am 4-Meter-Teleskop hatten Kim und Co. noch drei klare Nächte ausnutzen können, um zu untersuchen, wie sich Jupiters IR-Spektrum weiterentwickelte. Die Methan-Emission bei 3 μm nahm an den alten Einschlagsstellen allmählich ab, aber in manchen war immer noch heißes Methan zu finden. In denen, die schon abgekühlt waren, traten die Methanlinien dagegen in Absorption auf.

Die Ähnlichkeit zwischen den dunklen Impaktwolken und gewöhnlichem Poldunst läßt vermuten, daß die Impaktwolken aus «schweren Kohlenwasserstoffen» aus den Kometenkernen bestehen, denn der Poldunst besteht vermutlich ebenfalls aus schweren Kohlenwasserstoffen. War S-L9 also tatsächlich ein kohlenwasserstoffreicher Komet und kein felsiger Asteroid?

Seit den detaillierten Beobachtungen am Halleyschen Kometen weiß man, daß Kometen zu einem erheblichen Anteil aus Kohlenstoff bestehen. Direkt beweisen läßt sich eine Kohlenwasserstoffnatur der dunklen Wolken leider nicht, weil solche großen Moleküle keine eindeutigen Linienmuster mehr produzieren, aber die braune Farbe der Wolken würde passen. Die chemische Zusammensetzung der dunklen Wolken war bei weitem nicht das einzige Rätsel nach den Einschlägen. Wie groß waren die Kometenkerne gewesen? Wie tief waren sie eingedrungen? War P/Shoemaker-Levy 9 ein gewöhnlicher Komet?

Jahre der Detailarbeit werden nun vor den erschöpften Wissenschaftlern liegen, und schon in weniger als einem Monat wird die erste große Konferenz zum Thema auf dem Programm stehen...

138

Vom Datenberg zu neuen Erkenntnissen: Was haben wir gelernt?

Am 25. Juli war die aufregende Zeit der Crashs, der Mediensensationen und der weltweiten Beobachtungsmarathons endgültig vorbei. Mit dem Untergang des letzten bekannten Fragments, W, hatten auch viele der konzentrierten Beobachtungsprogramme geendet. Nur ein paar Gruppen hatten sich noch für weitere Tage bis Ende des Monats oder bis in den August hinein Teleskopzeit gesichert, um nach dem Ende der Einschläge Vergleichsdaten eines ungestörten Jupiters aufzunehmen: Die Erwartung, daß die Folgen der Einschläge nach Stunden schon abgeklungen seien, hatte sie dazu verleitet. In Wirklichkeit zeigte der Planet nicht die geringsten Absichten, sich seines Kranzes je nach Wellenlänge dunkler bzw. heller Wolken zu entledigen, der sich um seine südlichen gemäßigten Breiten gelegt hatte. Von weiteren Einschlägen vorher nicht entdeckter Kometentrümmer nach Fragment W kamen in den nächsten zwei Monaten allerdings keine zuverlässigen Berichte mehr.

Woher sollte man auch die Zeit nehmen, noch wochen- und monatelang das neue Gesicht Jupiters zu bewundern und zu beobachten, wie die neuen Wolken allmählich von den Höhenwinden zerzaust und zu einem neuen Band im tiefen Süden verschmiert wurden? Nur Amateurastronomen und die wenigen Profis, die eine Sternwarte fast für sich allein hatten, konnten sich dies leisten. Einer von ihnen war Mike Skrutski mit seiner hypermodernen Infrarotkamera NICMASS, der am alten 40-cm-Spiegel von Whateley in Massachusetts die Stellung hielt. Noch Ende August gelangen hier spektakuläre Aufnahmen des neuen Wolkengürtels im K-Band. Am «richtigen» Rand des Planeten ist ein ausgesprochen heller Fleck zu erkennen: Plume eines Nachzüglers oder Überlagerung älterer Wolken? Am 15. September schließlich konnte der Planetenspezialist John Spencer den Wolkengürtel Jupiters in hoher Auflösung ebenfalls im K-Band beobachten. «Die Impaktstellen sind immer noch sehr auffällig», schrieb er über das Bild mit dem NASA-Infrarotteleskop auf dem Mauna Kea, «aber sie sind zu einem relativ kontinuierlichen Band zusammengewachsen, in dem die individuellen Einschlagsstellen noch als helle Verdichtungen sichtbar sind».

Jetzt war die Zeit gekommen, um erste Bilanzen zu ziehen, die über das «unglaublich» und «alle Erwartungen weit übertreffend» der ersten Wochen hinausgingen. Fast alle internationalen Konferenzen nahmen sich der Kometenstürze und ihrer Folgen an. Besonders die zufälligerweise nur einen Monat nach dem Crash stattfindende Vollversammlung der Internationalen Astronomischen Union in Den Haag wurde zu einem Happening der Beobachter. Neun Stunden lang folgte ein spektakuläres Bild dem nächsten, oft zu atemberaubenden Zeitrafferfilmen der Einschläge kombiniert. Eine Flut von Meßwerten in Kurvenform ließ erahnen, welche Schätze im Juli eingefahren worden waren. Die Kometenkollision «wird in die Annalen der Astronomie als eines der unglaublichsten Ereignisse eingehen, die je von Angehörigen dieses Berufs vorausgesagt und beobachtet wurden», schrieb Richard West anschließend im *ESO-Messenger*.

Eine komplette Liste aller Beobachtungen gäbe es immer noch nicht, so West, aber alleine von der ESO könne er von zehn erfolgreichen Teleskopen berichten. Bereits das Ferninfrarot-Instrument TIMMI, das auch ohne Probleme am Tage arbeiten konnte, nahm über 120000 Bilder Jupiters auf. Weitere Gigabytes an Daten fuhren die anderen Teleskope ein. Auf die ganze Welt hochgerechnet könne man wohl von etlichen zehn und vielleicht Hunderten von Gigabyte ausgehen: «Eines der vorrangigsten Probleme ist jetzt, einen Überblick über all diese Daten zu gewinnen, damit Beobachter von verschiede-

140

nen Orten eine effektive Zusammenarbeit aufziehen können.» Erst das Zusammentragen von Daten der verschiedensten Techniken wird die Astronomie in die Lage versetzen, viele der Schlüsselfragen anzugehen, die während der Impakte aufgeworfen wurden – denn in dieser Richtung hat sich noch nicht viel bewegt, wie West nach der Den-Haag-Konferenz etwas ernüchtert feststellte. «Bis jetzt sind die meisten Beobachtungsprogramme nicht viel über eine rein phänomenologische Beschreibung dessen, was gesehen wurde, hinausgekommen», bringt West die Lage im Spätsommer 1994 auf den Punkt.

Dies war allerdings kein Wunder, hatte doch kaum ein von Astronomen beobachtbares Phänomen so viele Facetten zu bieten wie der Kometensturz auf Jupiter. Das fängt schon damit an, daß die verschiedenen Fragmente Shoemaker-Levys einander nicht so ähnlich gewesen sein können, wie es auf Bildern des Kometen aussah, denn die Größe der Explosionen stand kaum in direktem Zusammenhang mit der Helligkeit der Fragmente. Bedeutet dies, daß der Komet ein inhomogenes Objekt war, das sich in Einzelteile unterschiedlicher Beschaffenheit oder Konsistenz auflöste? Dem widerspricht, daß es beim Staub, den die verschiedenen Fragmente absonderten, keine nennenswerten Unterschiede gab, denn alle Komae polarisierten das von ihnen gestreute Sonnenlicht in gleicher Weise. Gas ist in keiner der Komae je eindeutig identifiziert worden, trotz intensiver Bemühungen, vom Boden aus die bei Kometen normalerweise starken Zyanlinien nachzuweisen. CN sollte selbst in der großen Sonnenentfernung Shoemaker-Levys noch in nachweisbarer Menge aus dem Kometen ausgasen, denn es ist flüchtiger als der Wasserdampf, dessen Abbauprodukt OH das Hubble-Teleskop suchte und ebenfalls nicht fand.

Vor allem deswegen zweifelt Hal Weaver, der die Hubble-Beobachtungen von S-L 9 leitete, immer noch, daß er *ein normaler Komet* war. Ein normaler Komet in einem Stück setzt in Jupiterentfernung gewiß nicht genug Wasserdampf frei, da dessen Sublimationstemperatur (bei der das Eis im Weltraum direkt in die Gasform übergeht) ziemlich hoch ist. Beim Aufbrechen des Kerns muß sich aber die freie

141

Oberfläche enorm vergrößert haben, einmal schon durch die Verteilung auf die einzelnen Fragmente, zusätzlich aber auch durch den Staub, der ebenfalls frei wurde. «Wenn es ein Komet war», sagt Weaver, «dann müssen nach dem Aufbrechen eine Menge eisbedeckte Staubkörnchen wie auch die eisbedeckten Kerne unglaublich viel mehr freie Oberfläche dargeboten haben, was weit mehr Sublimation als der einzelne feste Körper erlaubt hätte». Und doch sah Hubble keine Anzeichen für OH – aber dafür etwas ganz anderes.

«Wir haben mit dem HST weitergesucht», erinnert sich Weaver, «und am 14. Juli haben wir endlich etwas gesehen, aber etwas absolut Ungewöhnliches. Wir sahen Magnesium II, ein ionisiertes Metall, während gleichzeitig kein OH zu sehen war.» Der Spektrographenspalt Hubbles zeigte irgendwo in die Nähe des großen Fragments G; eine genaue Ausrichtung war nicht nötig, da eventuell vorhandene Moleküle bei einem so sonnenfernen Kometen weit vom Kern wegströmen können, bevor sie vom UV-Licht der Sonne zerkleinert werden. Das Magnesium-Mysterium hatte auch eine zeitliche Komponente. «Wir hatten zwei Orbits für die Beobachtungen», also zwei etwa 50minütige Fenster in 96 Minuten Abstand, beschreibt Weaver den Ablauf der Ereignisse: «Während des ersten Orbits sahen wir nur das vom Staub gestreute Licht, das Spektrum sah ziemlich so aus wie das der Sonne. Aber als wir die Messungen wieder aufnehmen konnten, war da im ersten 2 Minuten lang belichteten Spektrum dieses enorme Signal von Magnesium II. Nach 2 Minuten war es verschwunden, doch 18 Minuten später veränderte sich das Kontinuum, also das von Staub gestreute Licht, erheblich. Es wurde um den Faktor 3 heller, und die Form des Spektrums veränderte sich, was so gedeutet wird, daß sich die Größenverteilung der Teilchen geändert hat.»

Was war passiert? Weaver fiel auf, daß das Fragment G zum Zeitpunkt der Messungen gerade 3,8 Millionen Kilometer oder etwa 50 Jupiterradien von Jupiter entfernt war: Etwa dort erwartet man die Magnetopause, also den Übergang von interplanetarem Raum in die Magnetosphäre Jupiters, die mit einem viel aggressiveren Plasma gefüllt ist. «Es könnte sein, daß das strömende Plasma das Kometenmaterial verdampfte und den Staub elektrisch auflud, was ihn schließlich explodieren ließ», meint Weaver: «Etwas vollkommen Verrücktes geht da vor!» Eine elektrostatische Aufladung von Shoemaker-Levys Staub beim Eintritt in Jupiters Magnetosphäre war tatsächlich vorausgesagt worden, und die Spannung zwischen verschiedenen Partien der irregulär geformten Kometenstaubteilchen könnte sie dann zerreißen. «Aber ich wiederhole noch einmal», fährt Weaver fort: «Was wir gesehen haben, war eine Metall-Linie. Wenn man ein mit Wassereis beschichtetes Objekt mit Plasma bombardiert, dann *muß* dabei unter anderem OH absplittern. Aber wir haben kein OH gesehen!»

Während Hal Weaver also einerseits als Advocatus Diaboli die Zweifel an Shoemaker-Levys Kometennatur wachhält, hat er aber andererseits ein schlagkräftiges Argument *für* kometentypisches Verhalten parat, das überdies nur das Hubble-Teleskop mit seiner hohen Winkelauflösung liefern konnte. Bereits von Anfang an und noch bis Mitte Juli 1994 gab es nämlich direkt um die Helligkeitsmaxima immer eine kreisrunde Koma von 0,6 bis 0,7 Bogensekunden Radius, und die Linien gleicher Helligkeit blieben auch dann noch Kreise, als sich die gesamte Kometenkette inklusive der äußeren Komae der einzelnen Kerne erheblich in die Länge gezogen hatte. Das Längerwerden der Komae war leicht zu verstehen: Wie die Kerne, so folgte auch jedes einzelne Staubteilchen den Keplerschen Gesetzen, und jupiternähere waren etwas schneller als jupiterfernere. Aber für die innere Koma galt genau das nicht, und das konnte eigentlich nur heißen, daß der Staub auch nach 1992 kontinuierlich freigesetzt wurde. Und das wiederum können nach bisherigem Wissen ausschließlich Kometen: Von Shoemaker-Levys Kernen mußte ein feiner Gasstrom ausgehen, der den Staub mitriß. Weaver ist fasziniert von den Widersprüchen der Beobachtungen: «Die Angelegenheit ist noch sehr rätselhaft, sehr doppeldeutig, will mir scheinen.»

Auch Kometenkenner Richard West hat mehr Fragen als Antworten: «Könnte es sein, daß dieser Komet zu einem ungewöhnlichen Typ gehört oder daß seine Staubproduktion in diesem Fall nicht von Gas angetrieben wird, wie man gemeinhin annimmt? Oder sind unsere bisherigen Vorstellungen darüber falsch, wie sich ein ‹normaler› Komet unter den gegebenen Umständen verhalten sollte? Ein Asteroid,

143

Vom Datenberg zu neuen Erkenntnissen: Was haben wir gelernt?

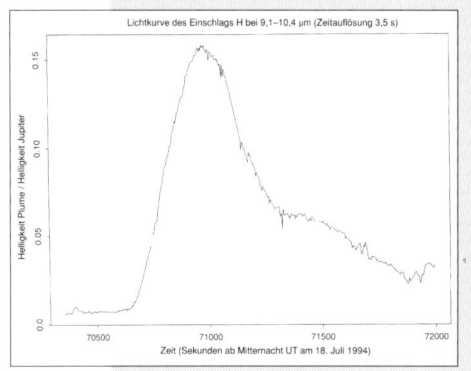

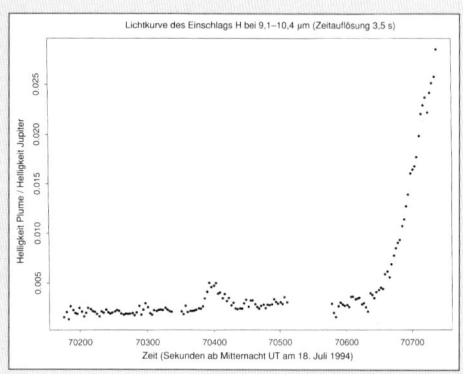

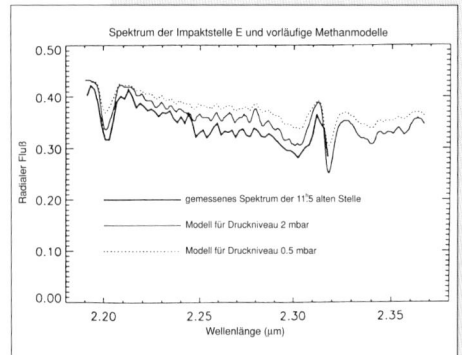

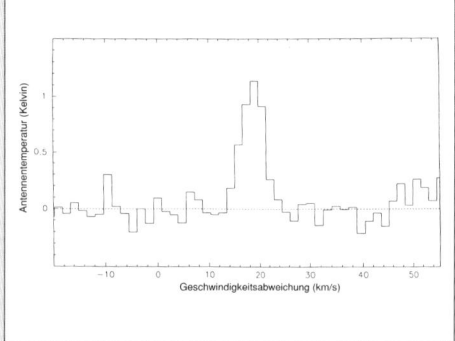

Die Abbildungen in der oberen Reihe zeigen die typische Infrarotlichtkurve eines Einschlags, wie sie hier das TIMMI-Instrument am 3,6-Meter-Teleskop der ESO während des Impakts H aufgenommen hatte; auf über 1000 der Infrarotbilder wurde die Helligkeit des Lichtflecks am Planetenrand gemessen. Eindeutig (und rechts vergrößert dargestellt) gibt es bereits 3½ Minuten, *bevor* die eigentliche Plume am Horizont erscheint, ein kleines Helligkeitsmaximum, einen der «Vor-Blitze», die im nachhinein bei den meisten Impakten gesehen wurden. Auch die Infrarotlichtkurve (bei 9,1–10,4 µm) der Plume selbst birgt Überraschungen, denn das Maximum ist nicht symmetrisch, und es gibt auf dem absteigenden Ast einen ausgeprägten «Buckel».Diese sogenannte «Schulter» des Hauptereignisses in vielen Infrarotlichtkurven kann einerseits geometrisch gedeutet werden: Die Stelle, wo der «Pfannkuchen» auf die Atmosphäre zurückstürzt, rotiert immer mehr auf die Vorderseite des Planeten. Es ist aber auch denkbar, daß der Pfannkuchen noch einmal abprallt, erneut zurückstürzt und dabei wiederum zusätzliche Wärmestrahlung freisetzt. Spektralbeobachtungen zeigen zu diesem Zeitpunkt auch das Erstarken der Emissionslinien verschiedener Metalle: Daraus wurde 1996 der Schluß

144

wie auch behauptet wurde, war es wahrscheinlich nicht, denn das spätere Verschwinden einiger zunächst gesehener Fragmente macht dies doch sehr unwahrscheinlich.» Auch die Bahn von Shoemaker-Levy, das hatte bereits Brian Marsden klargestellt, paßte viel eher zu einem Kometen, denn die hat man schon öfter auf elliptischen Jupiterbahnen gesichtet, Kleinplaneten aber noch nie. Eine dritte Hypothese, wonach Shoemaker-Levy ein ehemaliger normaler Jupitermond war, der aus irgendwelchen dunklen Gründen plötzlich auf eine selbstzerstörerische Bahn geriet, erscheint noch weiter hergeholt.

Als die Fragmente nur noch Tage und Stunden von ihrem Ende trennten, kam es zu einer ganzen Reihe überraschender Effekte. Bei einigen wies die länglich gewordene Koma eine deutliche Asymmetrie mit erheblich mehr Staub *vor* dem Kern auf – sie sahen aus wie Kaulquappen, die mit dem Schwanz voran in Richtung Jupiter rasten. Insgesamt ähnelten die Komae jetzt den sonderbaren Staubstreifen, die auf wesentlich größerem Maßstab die gesamte Kometenkette im Frühjahr 1993 begleitet hatten: Ob diese verblüffende Ähnlichkeit etwas zu bedeuten hat, darüber rätselt nicht nur Hal Weaver noch. «Auf jeden Fall ist klar, daß wir die Dynamik von Staub in Jupiters Umgebung noch nicht voll-

Vom Datenberg zu neuen Erkenntnissen: Was haben wir gelernt?

ständig verstehen», sagt auch Richard West, und der Kometenspezialist Mike A'Hearn sieht hier elektromagnetische Kräfte am Werke. Nicht nur Fragment G fiel durch kurzzeitige Veränderungen – das kurze Aufleuchten von Magnesium und das Hellerwerden im Kontinuum – auf, auch von K wußte A'Hearn aufgrund eigener Beobachtungen mit dem NASA-Infrarotteleskop auf Hawaii Ähnliches zu berichten. 7 1/2 Tage vor seinem Absturz war es im Infraroten verschwunden, aber 2 Stunden vor seinem Ende war es wieder da: Tief in der Magnetosphäre muß es plötzlich eine Menge Staub freigesetzt haben.

Die Einschläge selbst stellten aus wissenschaftlicher Sicht natürlich den absoluten Höhepunkt des ganzen Ereignisses dar – gingen sie doch mit einer Fülle von Phänomenen in rascher Folge einher, wie es sich die Theoretiker nicht hätten träumen lassen (siehe Grafik Seite 147). Dabei begann es immer ganz harmlos: Am Rande Jupiters, an der Stelle, hinter der eines der größeren Fragmente des Kometen aufschlagen sollte, erschien ein winziger Lichtpunkt. Zu sehen war er freilich nur für große Teleskope mit mehreren Metern Durchmesser und Kameras für das Nahe Infrarot auf der Erde oder das Weltraumteleskop Hubble. Die Strahlung stieg für vielleicht 30 Sekunden immer schneller, aber dann fiel sie wieder, ziemlich abrupt: Diese erste, schwache Spitze wird heute Precursor 1, Vorläufer Nr. 1, genannt und ist bei mindestens fünf der Einschläge beobachtet worden. Etwa 10 Sekunden später wurde der Helligkeitsabfall des Infrarotsignals von einem winzigen Anstieg von ein paar Sekunden unterbrochen, der aber eine große Bedeutung haben könnte. Denn exakt im gleichen Moment sahen die optischen Sensoren der Raumsonde Galileo – die einzigen, die den Einschlagspunkt im Blick hatten! – einen kurzen Blitz. Das UV-empfindliche Instrument UVS, die für sichtbares und nahinfrarotes Licht zuständigen PPR- (Photometer) und SSI -Instrumente (Kamera) registrierten eine steil ansteigende Helligkeitsflanke von 5 Sekunden Dauer, dann ein viel langsameres Absinken der Strahlung. Was war das? Und was war der infrarote Blitz 10 Sekunden früher gewesen, den scheinbar aller Physik zum Trotz so viele Teleskope auf der Erde einfingen?

Es bedurfte mehrerer internationaler Konferenzen, um dieses Rätsel zu lösen und damit die Frage zu beantworten, ob Galileo die

146

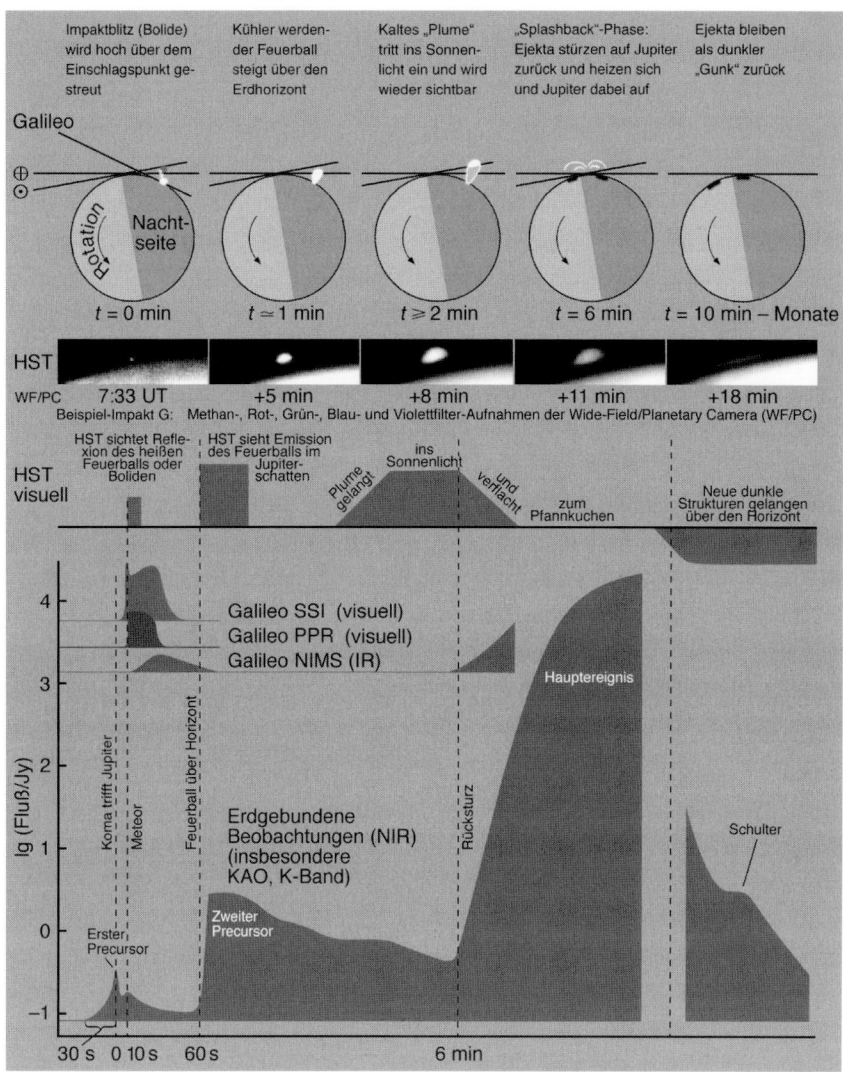

Beispiel-Impakt G: Methan-, Rot-, Grün-, Blau- und Violettfilter-Aufnahmen der Wide-Field/Planetary Camera (WF/PC)

(Quelle: Sterne und Weltraum; die Grafik wurde von Daniel Fischer und A. Quetz nach R. Chapman angefertigt.)

Vom Datenberg zu neuen Erkenntnissen: Was haben wir gelernt?

Manche Sternwarte, die vor den Einschlägen fast niemand kannte, ist durch sie
populär geworden – so wie das Skinakas-Observatorium auf Kreta, dessen Aufnah-
men mit einem 1,3-Meter-Reflektor auf der IAU-Tagung Aufsehen erregten. E.
Palaeologou, M. Xilouri und B. Croke hatten, unterstützt von F. Melsheimer und
O. Bauer, Jupiters Flecken in den für Planetenbeobachtungen ungewöhnlichen
Filterbereichen H-Alpha, H-Beta und O-III aufgenommen, also im Licht von
Wasserstoff und Sauerstoff; da diese Emissionslinien etwa im Roten, Blauen und
Grünen liegen, konnten aus je drei Aufnahmen Farbbilder erzeugt werden. Die
besten Resultate, die hier zu sehen sind, entstanden an den Abenden des 21. und
22. Juli, als die Flecken noch als Individuen erkennbar, aber seit den Impakten
bereits deutlich gewachsen waren. Kaum eine andere Bildserie kommt dem
visuellen Eindruck näher als diese, wobei Kontrast und Schärfe gleichwohl im
Computer verstärkt worden sind (Quelle: B. Croke, Foundation for Research and
Technology – Hellas).

einschlagenden Fragmente oder aber erst die später wieder aufsteigenden Feuerbälle nach den Explosionen gesehen hatte. Zuerst wurde die
Genauigkeit der Zeitnahme in Frage gestellt: Konnte man nicht wenigstens den Precursor 1 und den Galileoblitz zeitgleich machen? Man
konnte es nicht, wurde spätestens auf dem European SL-9/Jupiter
Workshop im Februar 1995 in Garching bei München klar: Das erste
Infrarotsignal kam regelmäßig 10 Sekunden *vor* dem Galileoblitz! War
damit klar, daß der Precursor 1 der Bolid, also das in den obersten
Atmosphärenschichten beim Kontakt aufglühende Kometenstück, war
und daß er Galileo entging? Wieder falsch, stellte sich dann auf einem
großen IAU-Kolloquium zum Kometencrash im Mai 1995 in Baltimore
am Sitz des Space Telescope Science Institute heraus: Die Galileoforscher konnten plausibel machen, daß ihre Jupitersonde doch den
Boliden gesehen hatte – und daß das frühe Infrarotleuchten einer
anderen Erklärung bedurfte.

148

Eigentlich war es ja ganz einfach: Noch Tage und Stunden vor ihrem Ende waren die Kometenkernchen von auffälligen Komae, Wolken aus Staub, umgeben gewesen, die sich in langgezogene Staubzungen in der Kometenbahn vor und hinter dem Fragment verwandelt hatten – Hubble und gute Teleskope auf der Erde hatten das gesehen. Und die Komae der Shoemaker-Levy-9-Trümmer unterschieden sich wahrscheinlich erheblich von den Hüllen aus Gas und größtenteils mikroskopischen Staubteilchen, die Kometenkerne üblicherweise in der Nähe der Sonne erzeugen. Die Komae der S-L-9-Fragmente sind vielmehr eine Spätfolge des Zerbrechens in unmittelbarer Nähe des Jupiter am 7.7.1992. «Wenn Sie einen Kometen zerbrechen und dann wieder zusammenkommen lassen, dann werden in einigen dieser Klumpen große Brocken stecken», erklärt Gene Shoemaker die Mechanik dieses Vorgangs: «Manche andere mögen nur aus kleinen Brocken zusammengesetzt sein und wieder andere könnten gar nur diffuse Schwärme sein – es gibt da draußen wahrscheinlich einen ganzen Zoo verschiedenartiger Kometenkerne, sie sind keineswegs alle gleich.»

In der Tat unterschieden sich die einzelnen Subkometen etwas in ihrer Farbe: Sie waren zwar alle rötlich (wie es sich für Kometenkerne generell gehört), aber es gab doch klare Unterschiede von Kern zu Kern, chemische Differenzen von Plume zu Plume, wie verschiedene Beobachter bestätigten – in Australien z.B. wurde nur nach den Einschlägen C und D Wasserstoffemission gemessen. Die zunächst unbegreifliche Tatsache, daß manchmal ein kleiner Kometenteil einen großen Effekt auf Jupiter hervorrief (z.B. Fragment A), während andere, die genauso ausgesehen hatten, fast überhaupt nichts bewirkten (z.B. B und F), manche großen (G,K,L) wirklich Großes leisteten, der größte von allen (Q1) aber wiederum nichts Besonderes, könnte so eine plausible Erklärung finden. Vielleicht bestanden die «Nieten» (die auch alle ausnahmslos seitlich von der Kette der Kometenkerne versetzt waren) aus mehr Koma und weniger Kern als die «Volltreffer» und gingen als Sternschnuppenschwarm anstatt in einer gewaltigen Explosion zugrunde? Die endgültige Zählung sieht jedenfalls so aus: Von ingesamt 23 Fragmenten, die zu sehen waren, bewirkten vier absolut

149

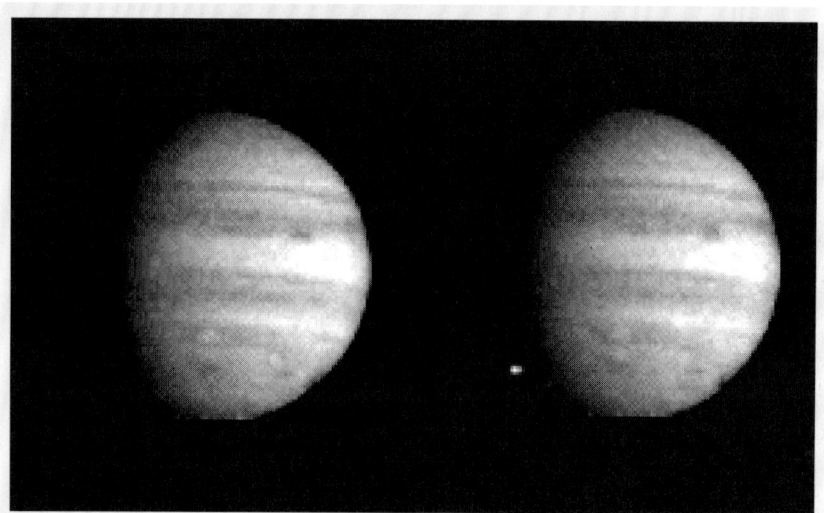

So sah Galileos Kamerasystem (SSI) den Einschlag W – und zwar nur dessen
Bolidenphase, also den Eintritt des letzten Kometenfragments in die Atmosphäre
des Jupiter, wie nach Monaten immer wieder revidierter Szenarien festzustehen
scheint. Die Bilderserie entstand durch ein Grünfilter alle 2 2/3 Sekunden ab 8:06
Uhr UTC am 22. Juli 1994: Sie ist die einzige, die einen Impakt wie eine richtige
Filmsequenz zeigt. Wegen der durch die defekte Hauptantenne stark behinderten
Datenübertragung zur Erde wurden weitere Einschläge als Strichspuren auf dem

nichts Meßbares auf Jupiter, drei sind mit Fragezeichen zu versehen
und 16 produzierten sichere Einschlagsphänomene oder Spuren.

Das neue Bild der Kometenfragmente, zufällig zusammengeballt
aus einem von Jupiters Gezeitenkräften zerrissenen größeren Kern,
erklärt noch mehr. Ihre Komae sind nämlich ein Nebenprodukt der
Ereignisse vom Juli 1992, bestehen aus zurückgebliebenem Staub und
einem ganzen Spektrum kleinerer Brocken, die nicht den Weg zurück
in die Fragmente fanden. Die geringfügige kontinuierliche Staubfreisetzung der Kernchen bis zum bitteren Ende, von der ihre runden
inneren Koma zeugen, trug zur Gesamtmasse des Staubes kaum bei.
Die größeren, in die Komae eingelagerten Brocken von 1992 sind es
nun, die sich als Erklärung für den Precursor 1 *vor* den Einschlägen
anbieten. Einige tausend Kilometer erstreckten sich nämlich die
Komae der Fragmente kurz vor den Crashs in Richtung Jupiters, und

DER JUPITER CRASH

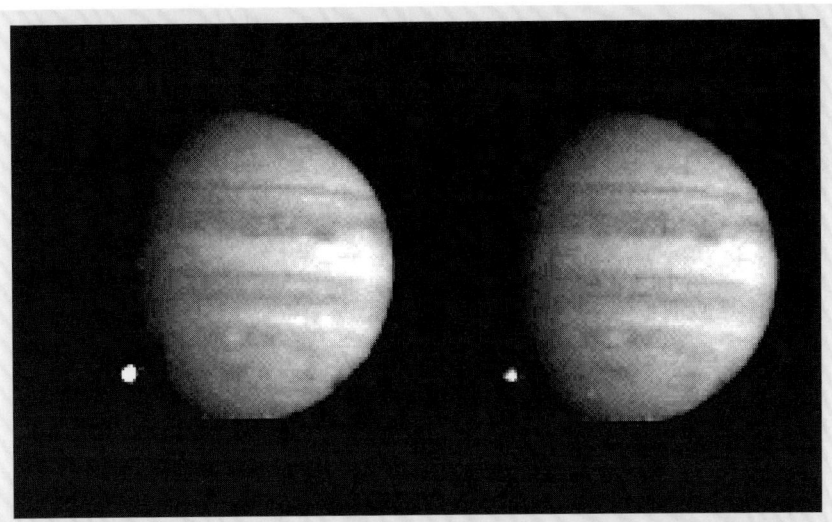

Kamerachip aufgezeichnet, die sich zwar ebenfalls auswerten lassen, aber nicht so beeindruckend aussehen. Nur bis Januar 1995 hatten die Galileoforscher Zeit, ihre Daten vom Bandrekorder der Sonde abzurufen, dann mußten sie bereits mit den Vorbereitungen der Ankunft am Jupiter beginnen. Ein paar Messungen, die aber nicht als wesentlich galten, wurden so zwar gemacht, aber später auf dem Band von Daten nach der Jupiterankunft überschrieben.

bei einer Geschwindigkeit von zuletzt 60 km/s beginnt ihr Kontakt mit der Atmosphäre bereits 20 – 30 Sekunden, bevor der eigentliche Kern eintrifft! Jetzt paßt alles zusammen: Mehr und mehr der ungewöhnlich massereichen Koma trifft eine große Fläche der Hochatmosphäre und heizt sie auf – das Infrarotsignal beginnt rampenartig. Die scharfe Spitze des Precursor 1 repräsentiert dann den Augenblick, in dem die Hauptmasse der Koma und/oder das bereits warm gewordene Kernstück hinter dem Horizont Jupiters verschwinden. Und wenn der eigentliche Kometenkern die Atmosphäre erreicht und so hell aufglüht, daß ihn Galileo sieht, dann wird etwas von diesem Licht von dem Staub reflektiert, der dem Kern folgt, und kann ganz schwach auch auf der Erde gesehen werden, obwohl sich alles hinter unserem Horizont abspielt: Das ist die Erklärung für den kleinen Infrarothügel 10 Sekunden nach dem Precursor 1.

151

Was sprach eigentlich gegen die Anfang 1995 von vielen übernommene Deutung des Precursors 1 als Bolid und des Galileo-Ereignisses als Feuerball? Selbst die Auswerter des Galileo-Photometers hatten sich zunächst damit angefreundet, daß ihnen wohl der Bolid entgangen war: Schließlich war ihr Gerät ein Winzling, verglichen mit irdischen Großteleskopen, war außerdem weit vom Geschehen entfernt und hatte überwiegend im nahen Infrarot gemessen, während Boliden in der Erdatmosphäre vorwiegend im Blauen strahlen. Aber dann fielen anderen Galileo-Denkern schlagendere Argumente ein: Wieso sollte die Lichtkurve des Feuerballs so asymmetrisch sein? Und vor allem: Die Bolidenphase des Einschlags müßte außerordentlich gut versteckt sein. Denn Galileo kann, das zeigten genauere Berechnungen, noch Boliden sehen, die für einen Beobachter auf der Höhe der Jupiterwolken -24. Größe hätten. Das überzeugte in Baltimore viele: Bei der endgültigen Festlegung der Einschlagzeitpunkte (Kasten Seite 160) wurde stets der Moment des Galileo-Ereignisses zugrundegelegt, das nun als eine Art Übergangsphänomen zwischen Bolid und Feuerball gesehen wird. Der Feuerball expandiert sofort und kühlt sich dabei rapide ab: Während die Strahlung im sichtbaren Licht und nahen Infrarot fällt, steigt sie im tieferen Infrarot für einige dutzend Sekunden an, gemessen alleine vom Infrarotinstrument NIMS der Galileosonde. Es ist ideal, um die Entwicklung des frühen Feuerballs zu verfolgen: Zunächst hat er 7 km Durchmesser und eine Temperatur von 8000 Kelvin, eine Minute später ist er 75 km groß und auf 450 Kelvin (180°C) gefallen. Danach fällt die Emission wieder unter die Nachweisgrenze von NIMS.

Dieses Szenario ist nun in sich schlüssig – und läßt doch fundamentale Fragen offen: Was genau in den stets ca.9 Sekunden zwischen dem Precursor 1 und dem Einsetzen des scharfen Galileo-Blitzes geschieht, darüber wurden sich die Theoretiker im ersten Jahr nach dem Einschlag nicht einig. Es ließ sich ähnlich plausibel argumentieren, daß es die Kometenstückchen schon in der Hochatmosphäre fast komplett zerlegt hat und die terminale Explosion des Rests noch hoch über den Wolken Jupiters erfolgte. Weitere Möglichkeiten sind, daß die Fragmente kaum zerstört tief in die Atmosphäre eindrangen und dann der

152

ganze Eintrittskanal explodierte oder daß es eine auf einen Punkt beschränkte Explosion in großer Tiefe gab. Was davon ist richtig?

Der Physiker Sekanina hat ein plausibles, aber dennoch umstrittenes Modell geschaffen. Er überträgt die gut verstandene Physik der Meteore in der Erdatmosphäre um etliche Größenordungen auf ganze Kometen in der Atmosphäre Jupiters. Den eindringenden Meteoroiden geht in unserer Atmosphäre nämlich der größte Teil ihrer Masse durch die vom Luftwiderstand verursachte Ablösung von Partikeln verloren. Genau das sei auch den Fragmenten von S-L9 widerfahren: Je nach Stärke der Ablösung verschwand fast ihre gesamte Masse, und es war kaum noch etwas da, als es zur terminalen Explosion kam. Diese verlorene Masse verteilte sich über ein großes Volumen der Jupiteratmosphäre – und die Restmasse von immerhin noch 6 – 7 Millionen Tonnen explodierte mit einer Energie von 10^{26} erg. Sekaninas Modell kann den zeitlichen Ablauf der Ereignisse genau wiedergeben, insbesondere die etwa 53 Sekunden zwischen dem Verschwinden des hereinstürzenden Fragments hinter dem Horizont (Precursor 1) und dem in mindestens 7 Fällen gesehenen erneuten und stärkeren Anstieg der Infrarot-Helligkeit (Precursor 2) für Beobachter auf der Erde.

Dieser zweite Precursor immerhin ist inzwischen akzeptiert: Es ist der Feuerball der Explosion selbst, der rotes und infrarotes Licht abstrahlend, über den Jupiterrand steigt und sichtbar wird, was auch Hubble in mindestens zwei Fällen direkt abbilden konnte – noch im Schatten des Planeten, wohlgemerkt. Das in sich geschlossene Sekanina-Szenario, das die Kometencrashs perfekt mit dem Studium gewöhnlicher Meteore verbindet, stößt dennoch wie gesagt auf heftigen Widerstand. Warum? Der Knackpunkt ist die Tatsache, daß die Ablösung von Partikeln, bei der gewaltige Masse in der Jupiteratmosphäre gestoppt wird, fast völlig ohne Strahlung abgehen müßte. Denn es gibt keine eindeutigen Hinweise auf eine solche Strahlung. Wenn jedoch Meteore über der Erde die Grundlage der Kometencrash-Modelle liefern, dann empfiehlt sich der Blick auf die hellsten Boliden: Ihr Zerfall ging mit einer Kette von kleinen Explosionen einher. Können die Shoemaker-Levy-Kerne auf vergleichbare Weise Masse und kinetische Energie in Jupiters Hochatmosphäre deponiert haben, ohne daß

153

die auf den Planeten gerichteten Detektoren dies «bemerkten»? Noch ist ein solches Bild nur schwer zu vermitteln, aber daß die Meteorexperten etwas zu den Modellen des Kometencrashs beizutragen haben, wird zunehmend anerkannt.

Ein «traditionelles» Modell, wie es in mehreren Instituten und teilweise mit den leistungsfähigsten Supercomputern der Welt berechnet worden ist, sieht ganz anders aus: Bei ihm bleibt der Kometenkern, der in die Jupiteratmosphäre eindringt, praktisch in einem Stück, und nur am Rand des rasch deformierten Kerns findet Ablösung von Partikeln statt. Bei solchen Modellen dringen die Fragmente mehrere hundert Kilometer unter die oberste Wolkenschicht Jupiters vor, und der Feuerball steigt aus dem Einschußkanal wieder nach oben. Hier erfolgt die Freisetzung der kinetischen Energie an ganz anderer Stelle: statt in der Stratosphäre in Tiefen von 50 – 300 km. Die resultierenden Phänomene sind allerdings gleich, egal wie hoch oder tief die Endexplosion stattfand. Es entsteht immer eine überwiegend ballistisch aufsteigende und rasch expandierende Plume, die schließlich im Sonnenlicht hell aufleuchtet: Das hat Hubble insgesamt viermal beobachtet (bei den Einschlägen A, E, G und W), und bei besonders guten Luftverhältnissen war sie bei den größten Impakten auch mit Teleskopen auf der Erde zugänglich. Interessanterweise, so die Ausmessung der Bildserien von Hubble, stiegen die Plumes immer in dieselbe Höhe von ziemlich genau 3000 km, unabhängig von der Energie der vorangegangenen Explosion – zu diesem Kuriosum ist den Modellrechnern noch keine überzeugende Antwort eingefallen.

Wie ging es weiter? Binnen weniger Minuten kollabierte der erkaltende Feuerball zu einem «Pfannkuchen», dessen Reste sich in den folgenden etwa dreißig Minuten halbmondförmig in der Stratosphäre um den Einschlagspunkt ablagern. Bei dem Rücksturz des Materials wird die Stratosphäre aufgeheizt, stärker denn je – simple Physik, denn was mit 10 km/s ballistisch nach oben geschleudert wird, und so schnell schoß die Plume anfangs nach oben, das kommt mit der gleichen Geschwindigkeit wieder unten an. Ergebnis: Das Infrarot-Signal von Galileos NIMS steigt erneut an, und weil die Einschlags- und Rücksturzregion zunehmend auf die Vorderseite Jupiters rotiert, er-

154

reicht die volle Wucht der thermischen Infrarotstrahlung jetzt auch die irdischen Teleskope. *Genau dies* ist die Erklärung für die grellen Lichtpunkte am Rand Jupiters, die auf so vielen Bildern zu sehen sind: Es sind weder die Einschläge noch die darauffolgenden Explosionen, die hier strahlen. Vielmehr ist es der Rücksturz der kollabierten Feuerbälle auf mitunter riesige Gebiete der Atmosphäre – diesen Aspekt hatte kein einziges vor dem Crash veröffentlichtes Modell vorausgesagt! Und dabei hatten dieselben Theoretiker zehn Jahre zuvor darüber spekuliert, daß die zur Erde zurückstürzende Explosionswolke nach dem großen Asteroideneinschlag vor 65 Millionen Jahren die Erdatmosphäre entzündet und so globale Waldbrände ausgelöst haben könnte. Dieser sehr plausible Mechanismus kann das damalige globale Artensterben erklären, und so scheint, sozusagen als Abfallprodukt des Kometensturzes, die Theorie vom großen Artensterben infolge eines Asteroideneinschlages vor 65 Millionen Jahren durch die Ereignisse von 1994 nochmals bestätigt zu sein!

Zeitgleich mit diesem Infrarot-«Hauptereignis» konnte jetzt das Erscheinen eines riesigen schwarzen Flecks am Rande Jupiters beobachtet werden, den die Rotation des Planeten 2 1/2 Stunden später in den Zentralmeridian brachte. Noch während die Plume sich entwickelte, war es in ihr bereits zu den chemischen Reaktionen gekommen, die das dunkle, leicht bräunliche Material erzeugten, das sich – «Gunk» genannt – am Ende auf der oberen Atmosphäre Jupiters niederließ. Bei den größeren Einschlägen war die Form stets gleich: ganz außen und sehr flach die halbmondförmig zurückgestürzten Reste des Feuerballs, in der Mitte eine große Menge Explosionsrückstände, vermutlich in Gestalt einer Säule, die den Einschußkanal nachzeichnet. Dieses Material reichte bis in die Troposphäre des Jupiter und wurde rasch von den gewohnten Winden zerzaust. Und dann waren da noch die beiden scharf begrenzten, kreisrunden und expandierenden Ringe, die mehrere Stunden lang von Hubble verfolgt werden konnten. Auch sie expandierten in dieser großen Höhe, und ihre Deutung schien schon beinahe geglückt – aber dann ruinierte ausgerechnet die Galileo-Kapsel eines der beeindruckendsten Gedankengebäude, das aus dem Untergang des Kometen erwachsen war. 155

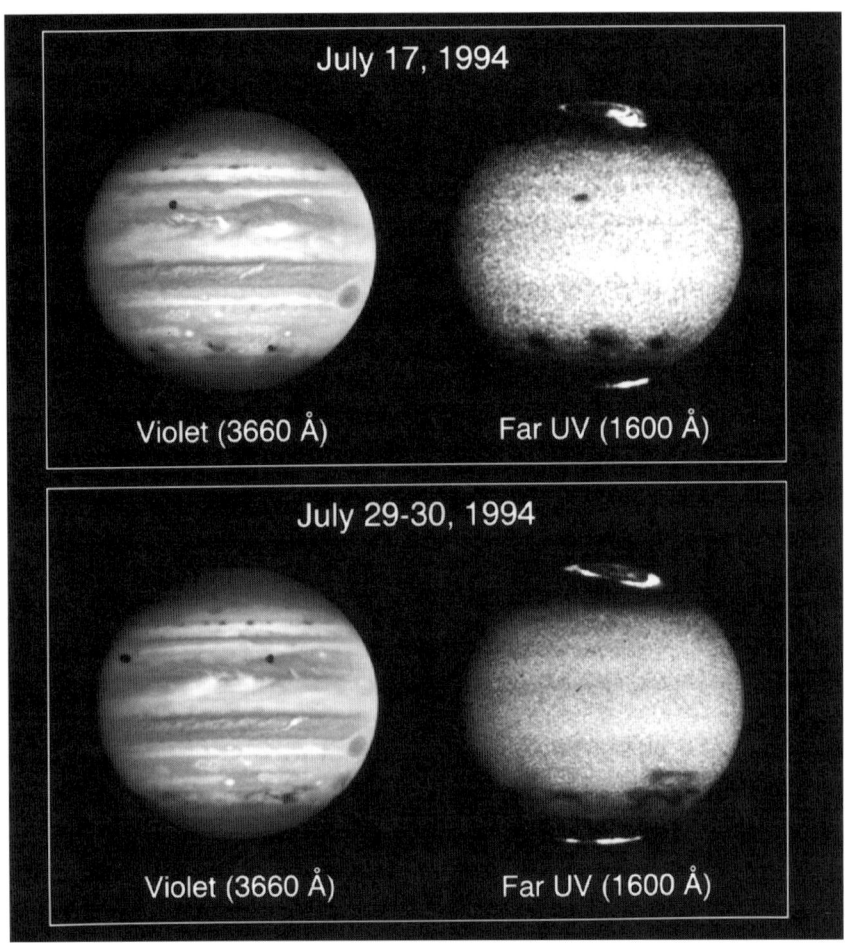

So verwirbelten Jupiters Winde die dunklen Wolken innerhalb von zwei Wochen:
Bildpaare im Violetten und Fernen UV vom Hubble-Teleskop, aufgenommen am 17.
Juli kurz nach dem Impakt E (von links nach rechts sind die Einschlagsgebiete C, A
und E zu sehen) und 12–13 Tage später. Offenbar wehen in Jupiters oberer Atmosphäre andere Winde als in der Troposphäre. Zum Beispiel zeigt das spätere UV-Bild eine
schwache Wolke bei 45 Grad südlicher Breite, die im Violettbild fehlt. Sie könnte aus
Material in größerer Höhe bestehen, das mit den Hochatmosphärenwinden
nach Norden von den Polregionen mitgenommen wird. Im Violetten sieht man
Wolken tiefer in der Atmosphäre, die solchen Winden nach Norden offenbar nicht
unterliegen. Die Violettaufnahmen zeigen den Großen Roten Fleck am Ostrand
(rechts) und Io, die UV-Bilder dafür die Aurora (Quelle: J. Clarke, G. Ballester,
J. Trauger und NASA).

DER JUPITER CRASH

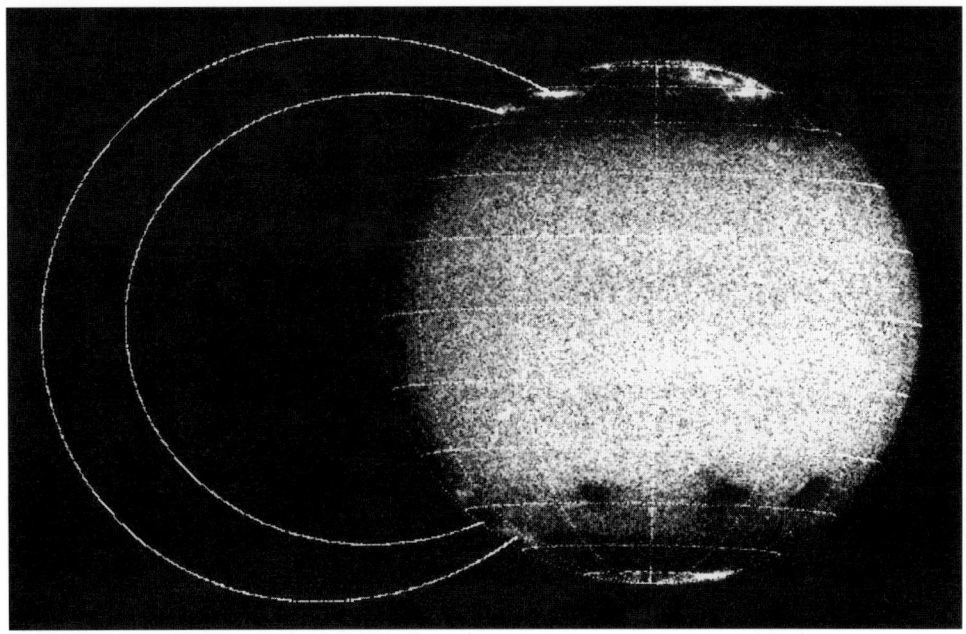

So ließ der Impakt K die Aurora im Norden aufleuchten: Das UV-Bild (bei 130–210 nm) entstand mit der WFPC-2 am 19. Juli, 45 Minuten nach dem K-Impakt – und die eingezeichneten Magnetfeldlinien deuten an, wie es passiert ist. Der Impakt muß eine elektromagnetische Störung ausgelöst haben, die die Feldlinien entlang lief und in den Strahlungsgürteln Teilchen soweit abgelenkt hat, daß sie auf die Atmosphäre stürzten und dort die ultravioletten Leuchterscheinungen auslösten. Auch der deutsche Röntgensatellit ROSAT nahm Jupiter kurz nach dem K-Impakt auf und fand an genau derselben Stelle starke Röntgenemission Jupiters, die es dort kurz vorher (und auch kurz danach) nicht gab (Quelle: J. Clarke und NASA).

Da gab es einen intensiven Ring, dessen Radius mit 450 Metern pro Sekunde expandierte und weiter innen einen undeutlicheren, der langsamer war – den großen verfolgte Hubble bei nicht weniger als 5 Impakten, den kleinen bei 2. Konnten das Explosionsrückstände sein, die über die Atmosphäre Jupiters schlitterten, fragte sich der bekannte Planetenatmosphärenforscher Andy Ingersoll. Doch schnell verwarf er den Gedanken wieder, denn bewegte Materie verlangsamt sich – hier aber blieb die Geschwindigkeit des Phänomens konstant. Andererseits spielte sich das Phänomen aber in derselben Höhe ab, in der die

157

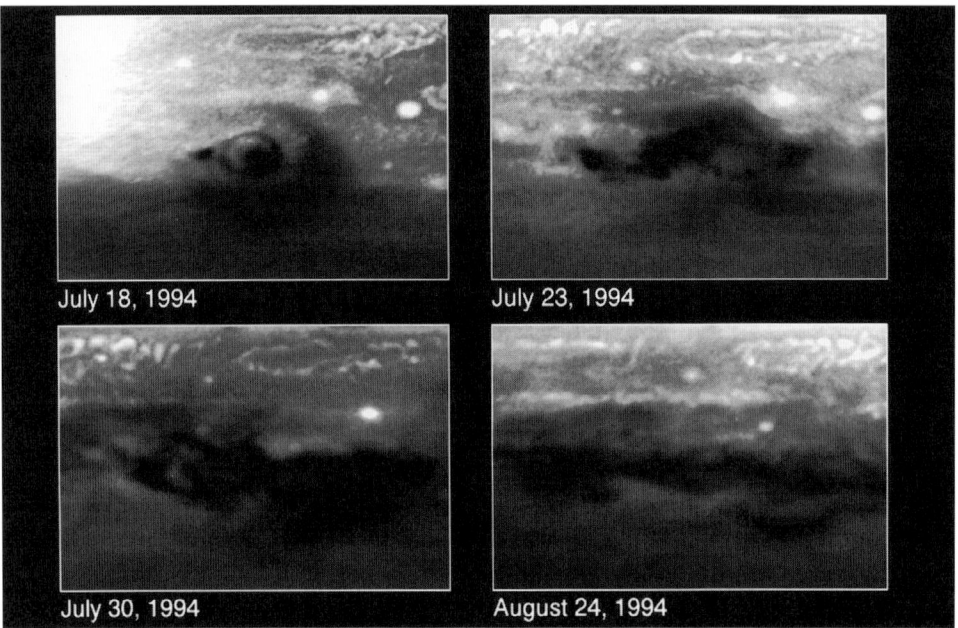

July 18, 1994   July 23, 1994

July 30, 1994   August 24, 1994

Eine Serie von Schnappschüssen des D/G-Komplexes, der nach 2 Einschlägen am 17. und 18.7. entstanden war und am 21. noch durch das Fragment S modifiziert wurde. Das Bild oben links entstand am 18.7., nur 90 Minuten nach dem Einschlag; die ursprüngliche Morphologie der Wolke – inklusive nach außen laufender Ringe – ist noch erhalten. Anders der Anblick am 23. Juli: Der Wind hat die Wolke zu einer lockigen Struktur verwirbelt. Am 30.7. und 24.8. baute der D/G-Komplex dann noch weiter ab; fast alle Veränderungen hingen mit den Ost-West-Winden zusammen, denen eine Schlüsselrolle bei der Zerstreuung des Materials zukommt (Quelle: H. Hammel und NASA).

zurückgestürzten Impaktrückstände gelandet waren, und auch seine Farbe war genau dasselbe bräunliche Grau. Die Alternative zur Bewegung von Materie ist aber, daß sie an einem Ort sitzt, eine Welle vorbeikommt und das Gas für nur kurze Zeit zur Kondensation bringt.

Also nahm Ingersoll einen ganzen Zoo von Wellentypen, die auf Jupiter entlang, in ihm oder durch ihn hindurch laufen könnten, unter die Lupe und schloß einen nach dem anderen aus. Oberflächenwellen, globale Oszillationen, Schallwellen in verschiedenen Richtungen: Alle wären entweder viel schneller als die beobachteten 450 m/s der Hauptringe

158

oder viel zu schwach angesichts der doch eher geringen Durchmesser der S-L-9-Fragmente, die wohl selbst bei den größten Brocken nur 500–1000m Durchmesser erreichten. Folglich wurde nicht einer der Wellentypen gefunden. Insbesondere das Fehlen von Schallwellen, die sich nach den größeren Impakten ausbreiteten, machte stutzig und deutet nach Ingersolls Auffassung auf besonders tiefe Explosionen hin. Die einzige Wellenart, die noch für die Erklärung der Ringe blieb, ist die sogenannte Gravity Wave, was nicht etwa eine Gravitationswelle im Sinne der Relativitätstheorie, sondern eine Schwerewelle meint. Gravity Waves sind zum Beispiel die großen Wellen auf den Meeren der Erde. Für eine solche Gravity Wave (GW) benötigt man eine Grenzschicht (hier: Wasser gegen Luft) und eine Störung, nach der Pakete des dichteren Mediums auf und ab zu schwingen beginnen.

Die untere Stratosphäre Jupiters liefert Bedingungen für GWs – aber auch die Schicht der Wasserwolken, die unterste der drei theoretisch vorhergesagten Wolkenschichten. Stratosphärische GWs, da stimmen analytische wie numerische Modelle überein, sind mit 900 m/s doppelt so schnell wie die dort tatsächlich beobachteten Ringwellen, und weil dieser Teil der Jupiteratmosphäre bereits von den Voyager-Sonden bestens erforscht war, gibt es auch keine freien Parameter, an denen gedreht werden könnte. Anders ist das aber bei den troposphärischen Gravity Waves (TGWs): Sie bleiben als einziger Wellentyp übrig, und sie lassen sich auf 450 m/s trimmen – allerdings nur dann, wenn die Wasserwolken Jupiters gleich zehnmal mehr Wasser enthalten als zu erwarten wäre, wenn die Elementhäufigkeiten in dem Gasplaneten denen der Sonne entsprächen. Es gab zwar auch andere Hinweise auf Anreicherungen Jupiters mit schweren Elementen, aber nie zuvor auf so starke Abweichungen von einer solaren Zusammensetzung, noch dazu für den ganzen Planeten. Lag eine Sensation in der Luft? Ingersoll jedenfalls war sich seiner Sache auf der Baltimore-Tagung so sicher, daß er Wetten darüber annahm – schließlich versprach die Galileo-Kapsel schon ein halbes Jahr später eine Antwort aus erster Hand.

Und diese Antwort ist nun bekannt und war für den Planetenforscher ein schwerer Schlag. Zwar ist Jupiter tatsächlich mit schweren Elementen angereichert, was für eine Massen-«Nachlieferung» durch

159

#	Juli	UT	Indiz	Hell.	En.	Rang	IR	HST
A	16	20:12(1)	JJJJ	1.0	1.0	#17	III	2a
B	17	02:50(3)	–JJ–	1.5	1.8	#14*	IV	3
C	17	07:11(1)	JJJJ	2.2	3.2	#12	III	2a
D	17	11:53(1)	JJJ–	1.0	1.0	#16	III	3
E	17	15:12(2)	?JJJ	4.2	8.6	#	8	II
F	18	00:37(7)	――	2.3	3.5	#11*	V	4
G2	18	–	――	0.3	0.2	#21*	V	4
G1	18	07:33:32(3)	JJJJ	8.2	24	#	2	I
H	18	19:31:59(1)	JJJJ	4.9	11	#	5	II
J	19	01:35(60)	―?–	–	–	–	?	4
K	19	10:24:13(1)	JJJJ	7.3	20	#	3	I
L	19	22:16:48(1)	JJJJ	6.1	15	#	4	I
M	20	05:52(30)	―J–	–	–	–	?	4
N	20	10:29:17(1)	–JJ–	1.0	1.0	#15*	IV	3
P2	20	15:23(7)	――	1.8	2.5	#13*	V	4
P1	20	16:37(15)	――	0.4	0.2	#20*	V	4
Q2	20	19:44(1)	JJJ–	4.8	10	#	6*	?
Q1	20	20:13:52(1)	JJJJ	8.6	25	#	1	III
R	21	05:35:03(5)	JJJJ	3.3	5.9	#	9	II
S	21	15:16(2)	JJJJ	4.3	9.1	#	7	II
T	21	18:11(7)	――	0.2	0.1	#22*	V	4
U	21	21:56(7)	–J―	0.4	0.3	#19*	V	4
V	22	04:23(1)	J―	1.0	0.9	#18*	IV	4
W	22	08:06:14(2)	JJJ?	3.0	5.1	#10	II	2c

Alles auf einen Blick...

... versucht diese Tabelle darzustellen: Wann schlug ein Fragment ein, was geschah dabei, wie groß erschien es vorher, wie hell war das Infrarot-Ereignis und wie groß am Ende der dunkle Fleck?

Spalte 1: Fragmentbezeichnung. Die Buchstaben I und O wurden nie vergeben, die Fragmente J und M verschwanden zwischen März 1993 und Juli 1994 scheinbar aus der Kette der Kerne, aber in beiden Fällen gibt es mögliche Impaktspuren im Infraroten. Die Fragmente G, P und Q spalteten sich später in getrennte Stücke.

Spalte 2: Tag im Juli 1994.

Spalte 3: Zeitpunkt des Einschlags in Weltzeit-Stunden, -Minuten und (nur wenn von Galileo beobachtet) -Sekunden, in Klammern jeweils der Fehler der Minuten oder Sekunden. Diese Tabelle erstellte Paul Chodas nach intensiven Diskussionen noch während der Tagung in Baltimore.

Spalte 4: Was war zu sehen? Die erste Unterspalte betrifft infrarote Precursor Flashes, die zweite infrarote Hauptereignisse, die dritte das Auftauchen eines zentralen Impaktflecks und die vierte das Auftauchen eines ausgedehnten «Halbmonds» aus zurückgefallenen Ejekta; «J» heißt Ja, «–» Nein.

Spalte 5: Helligkeit des Subkometen, gemessen auf Hubble-Aufnahmen vom 17. Mai 1994 in einer 3×3-Matrix, zentriert auf das hellste Pixel und bezogen auf Subkomet A.

Spalte 6: Wenn die Helligkeit der Spalte 5 in einem festen Verhältnis zur Masse der

Kometenkerne *stände*, dann wäre das die relative kinetische Energie, bezogen auf A.

Spalte 7: Rangfolge der Kometenfragmente. Ein «*» bedeutet, daß dieses Fragment gegenüber der Geraden, auf der die meisten Kerne standen, versetzt war.

Spalte 8: Intensitätsklasse der vom Fragment ausgelösten Infraroterscheinungen (bestimmt nach dem Spitzenfluß bei 2.3 µm).

Spalte 9: Größenklasse der Impaktwolke, nach Beobachtungen mit Hubbles Kamera WFPC2. Klasse 1 sind die größten (dunkle Region > 10000 km), Klasse 4 heißt: nichts zu sehen gewesen.

abstürzende Asteroiden und Kometen spricht – aber gerade der Wasseranteil entspricht ungefähr dem solaren Wert, ausgerechnet er war nicht angereichert! Ingersoll war ratlos, wenn sich auch der finanzielle Verlust in Grenzen hielt: Sein Vortrag war so überzeugend gewesen, daß fast niemand dagegengehalten hatte. Dies ist ein typisches Szenario für Pionierarbeit in der Weltraumastronomie. Sozusagen von einer Minute zur anderen werden Modelle hinweggefegt, von denen eigentlich alle überzeugt waren, und zurück bleibt Ratlosigkeit. Denn eine Theorie, die die bemerkenswert scharfen Impaktringe mit ihrer konstanten Geschwindigkeit erklärt, gibt es nun nicht mehr: Was zunächst ein lehrbuchreifes Beispiel für Wellenphänomene in Planetenatmosphären zu werden schien, gehört im Jahre 2 nach den Einschlägen zu ihren größten Rätseln.

Überhaupt spielt die Galileo-Kapsel eine immer größere Rolle bei der Erforschung der Abläufe auf Jupiter. Die in vielem überraschenden Erkenntnisse der Galileo-Kapsel vor Ort müssen mit den umfangreichen Beobachtungen des Kometencrashs und seiner Folgen zusammengeführt werden. Die Modellrechnungen der Einschläge sollten mit den «wahren» Zustandsdaten der Jupiteratmosphäre wiederholt werden. Dann dürfte sich der genaue Verlauf des Kometenuntergangs besser als bisher eingrenzen lassen, und eine zuverlässigere Bestimmung der Massen der Fragmente und ihrer Eindringtiefe würde möglich. Die Galileokapsel oder «Probe» lieferte während der 58 Minuten, die sie überlebte, unter anderem ein genaues Profil der Jupiteratmosphäre, was Temperatur, Druck und Dichte betrifft, maß die Eigen-

161

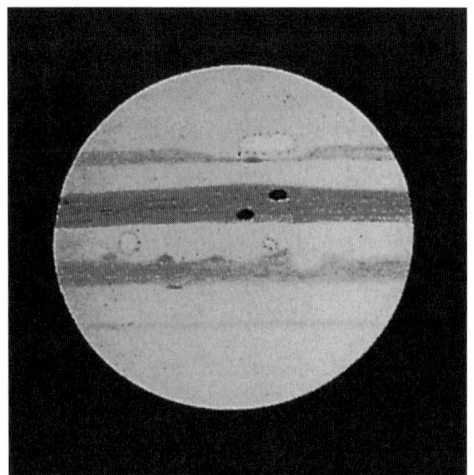

Jupiter mit zwei mysteriösen dunklen Flecken, gezeichnet von D. Millar am 14.5.1948. Millar beschrieb die beiden Flecken als «nahezu schwarz» (Quelle: Journal of the British Astronomical Association).

schaften der (ziemlich wenigen) Wolkenpartikel – und die chemische Zusammensetzung der Atmosphäre.

Genau diese Daten werden wiederum benötigt, um nach und nach die chemischen Prozesse zu entwirren, die sich während der Einschläge und danach abgespielt haben. In den Plumes und den dunklen Wolken wurde mit Hilfe einer Reihe spektroskopischer Techniken ein ganzer Zoo von Atomen und Verbindungen nachgewiesen. Da gab es Lithium, Natrium, Magnesium, Mangan, Eisen, Silizium, Schwefel, Ammoniak, Kohlenmonoxid, Wasser (das erst zu fehlen schien, aber schließlich gleich mehrfach nachgewiesen wurde), HCN, H_2S, CS, CS_2, S_2, OCS, CH_4, C_2H_2, C_2H_6 und mehr, zudem Hinweise auf O-H- und C-H-Bindungen: Nur selten läßt sich direkt angeben, ob ein bestimmtes Element von den Kometenkernen oder von Jupiter stammt oder ein Molekül erst unter den Bedingungen des Einschlags gebildet wurde. Oft kommt es schon auf die – oft nur indirekt berechenbare – Menge an: Als Indiz, daß die größeren Fragmente zumindestens die mittlere der drei Wolkenschichten aus NH_4SH erreichten, galt beispielsweise anfangs der scheinbare Reichtum an Schwefel, der in den Impaktspuren gefunden wurde und kaum von so kleinen Kometenkernen mitgebracht worden sein konnte – aber dieses frühe Hubble-Resultat stellte sich später als Rechenfehler heraus. Die Schwefelmenge ist

162

wahrscheinlich so gering, daß sie doch alleine von den Kometen her erklärt werden kann.

Darüber hinaus existieren weitere Aspekte des Kometencrashs, die weite Teilgebiete der Planetenforschung noch lange beschäftigen werden, etwa in der Meteorologie: Wie genau zerrissen Jupiters Winde die Impaktwolken so rasch, wieso war das dunkle Material so langlebig, und wie «regnete» es schließlich aus? Noch Anfang 1995 waren die Spuren der Einschläge als weitgehend homogen verschmiertes Band im Infraroten wie im Visuellen klar zu erkennen gewesen, selbst in besseren Amateurteleskopen, und auch Hubble-Spektren wiesen noch bis zum Sommer 1995 eine eindeutige Absorption von NH_3 und CS_2 nach, die erst Ende 1995, nach über einem Jahr, verschwand. Wie war es der Ionosphäre und Magnetosphäre Jupiters ergangen? Die Synchrotronstrahlung der Strahlungsgürtel Jupiters hatte noch in der Impaktwoche je nach Wellenlänge um 10 – 45 % zugenommen – und zwar auf einer Seite des Planeten stärker als auf der anderen, während sich der Abfall auf den Normalwert über Monate hinzog. Hingegen hatten weder der Io-Plasmatorus, der Staubring des Planeten, noch seine Polarlichter von den Einschlägen merklich Notiz genommen. Und dann sind da noch Rätsel, für deren Klärung jeder Ansatz fehlt. Warum beispielsweise gab es in einem bestimmten Wellenlängenbereich um 900 nm einige Minuten nach dem «Hauptereignis» des L-Impakts eine zweite, noch größere Helligkeitsspitze des Infrarotlichts, während die Lichtkurve bei der 2,5fachen Wellenlänge völlig glatt verlief? Warum gab es im Wellenlängenbereich 3 – 4 µm nach einigen der großen Einschläge gigantische helle Ringe, die sich über weite Teile der Südhemisphäre Jupiters ausbreiteten, nämlich bis über 20000 km Entfernung vom Einschlagsort, und dann plötzlich stehen blieben? Diese mysteriösen Ringe waren in keinem anderen Wellenlängenbereich zu sehen!

Angesichts der vielen offenen Fragen zu den Impakten an sich verwundert nicht, daß es auch 1996 noch an weitergehenden Schlüssen, etwa über das Wesen der Kometen selbst, hapert. Auf den Punkt brachte das der Kometenforscher Paul Weissman: Aus dem Kometencrash etwas über Kometen lernen zu wollen, sei, wie wenn man Insektenkunde anhand toter Fliegen auf der Windschutzscheibe betreiben wolle – und das auch noch aus einem Kilometer Entfernung. Und wer weiß, welche Fragen in den gewaltigen Datenmengen der Impakte lauern, mit denen sich noch niemand im Detail auseinandersetzen konnte? Wollte man sie komplett auf CD-ROMs pressen (und das ist tatsächlich bis Ende des Jahrhunderts geplant), dann füllen sie rund 200 Silberscheiben. Es gibt ja auch keinen Grund zu überstürzter Auswertung. Kometenstürze auf Jupiter sind eine Seltenheit, Vergleichbares ist nie beobachtet worden, seit es Teleskope gibt. Zwar tauchten gelegentlich kleine dunkle Gebilde auf dem Planeten auf, aber nichts, was nicht auch der normalen wechselvollen Meteorologie des Riesenplaneten zugeschrieben werden könnte. Neue numerische Simulationen zeigen, daß rund alle 1000 Jahre einmal ein von Jupiter eingefangener Komet abstürzt, viermal so häufig immerhin ein Komet, der zuvor auf einer Umlaufbahn um die Sonne war. Doch der Fall, daß ein Komet erst eingefangen wird, *dann* Jupiter so nahe kommt, daß ihn die Gezeitenkräfte zerreißen, und schließlich beim nächsten Umlauf auf den Planeten stürzt, kommt nur alle 10 000 bis 200 000 Jahre vor! Daß er uns gerade zu einem Zeitpunkt vorgeführt wurde, als wir ein optisch einwandfreies Weltraumteleskop im Orbit, eine Jupitersonde auf dem Weg und in günstiger Position sowie Infrarotkameras an vielen Sternwarten der Erde in Bereitschaft hatten, das veranlaßte Gene Shoemaker am Ende der Baltimore-Tagung zu einem vielzitierten Ausruf: «Leute, wir sind Zeugen eines verdammt seltenen Wunders geworden!»

Seien wir froh, daß wir dieses gigantische «Wunder» aus sicherer Entfernung betrachten durften. Unsere Erde hätte ein solcher Einschlag in einem Ausmaß verwüstet, daß ihm die menschliche Zivilisation möglicherweise ebenso zum Opfer gefallen wäre, wie die Herrlichkeit der Dinosaurier nach dem Asteroideneinschlag vor 65 Millionen Jahren ihr Ende fand. Seitdem die Auswertungen des großen Kometensturzes begonnen haben, wird jedenfalls wie bereits erwähnt immer deutlicher, daß ein «Sprung in der Evolutionsgeschichte» tatsächlich durch eine kosmische Katastrophe ausgelöst werden kann. Doch wie häufig kann Mutter Erde so etwas passieren?

164

Auch die Erde im Visier –
kosmische Bombardements
in der Vergangenheit

«Gebt mir ein Stück Mond, und ich sage Euch, wie das Sonnensystem entstanden ist.» Diese Forderung und Weissagung des Nobelpreisträgers Harald C. Urey begleiteten zumindest die wissenschaftlichen Perspektiven des amerikanischen Apollo-Mondlandeprogramms. Seine Worte gerieten alsbald in Vergessenheit.

Ein Vierteljahrhundert nach der ersten bemannten Mondlandung mit Apollo 11 gewinnt Ureys Einschätzung neuen Glanz. Zwar läßt sich anhand der zur Erde verschafften lunaren Boden- und Gesteinsproben – einhergehend mit der intensiven Planetenerkundung – die Entstehung des Sonnensystems noch längst nicht in Einzelheiten rekonstruieren, doch dafür gewinnen immer mehr konkrete Vorstellungen die Oberhand, wie unsere unmittelbare kosmische Umwelt, das Erde-Mond-System, geboren wurde: durch einen Crash der jungfräulichen Erde mit einem anderen Himmelskörper!

Tatsächlich erlaubt die wissenschaftliche Ausbeute der Mond-Exkursionen eine Reise in die Vergangenheit durch mehrere Milliarden Jahre hinweg. Die an der Mondforschung beteiligten Wissenschaftler stießen zunächst auf viele Ähnlichkeiten, aber gleichwohl auch auf bedeutende Unterschiede in der chemischen Beschaffenheit beider Himmelskörper. Diese Diskrepanzen standen mehr oder weniger im Widerspruch zu den drei klassischen Erklärungsmodellen der Mondentstehung.

165

Nach der recht attraktiven *Abspaltungstheorie* rotierte die fast noch vollständig geschmolzene Protoerde mit äußerst geringer Zähflüssigkeit so schnell, daß sich aus dem äquatorialen Wulst Masse trennte und daraus der Mond entstand. Dagegen geht die *Einfangtheorie* von einem vagabundierenden Himmelskörper aus, den die Schwerkraft der Erde in eine Umlaufbahn zwang. Möglicherweise zerfiel der Eindringling zunächst in mehrere Teile, aus denen sich erst später der Erdmond formte. Die *Akkretionstheorie* schließlich erklärt den Ursprung des Mondes aus einer die Protoerde umkreisenden Staubscheibe oder aus übriggebliebenen Trümmern der Erdentstehung. Sie geht in etwa mit den Ansichten über die Entstehung des Planetensystems konform.

Alle drei klassischen Theorien sind nicht ohne astrophysikalische und himmelsmechanische Probleme. Sie erfordern so manchen Kunstgriff, um die Hypothesen in der Diskussion zu halten. Dennoch fanden in der Vergangenheit Überlegungen, daß der Mond durch eine Kollision der Erde mit einem anderen Himmelskörper entstanden sein könnte, wenig Zustimmung. Die *Einschlagstheorie* führte lange Zeit ein Außenseiterdasein. Inzwischen steht sie vor allen anderen Erklärungsversuchen und im wesentlichen im Einklang mit den Ergebnissen der bemannten Mondforschung. Wichtige Indizien für den irdischen Ur-Crash sind unter anderem das ähnliche Alter von Erde und Mond sowie das gleiche Mengenverhältnis der Sauerstoffisotope auf beiden Himmelskörpern. Demnach sollten sie nahe beieinander entstanden sein.

Nach Computersimulationen liegt das für die Erdgeschichte herausragende Ereignis etwa 4,5 Milliarden Jahre zurück: Ein Planetesimal von der Größe des Mars traf quasi als gewaltiger Streifschuß auf die Erde, auf der sich gerade eine feste Kruste zu bilden begann. Der Vorfall mag sich in der Gegend des heutigen Stillen Ozeans ereignet haben. Zu dieser Zeit waren die schwereren Elemente bereits zum Erdinnern abgesunken, so daß die Gewalt des Aufschlages nur das leichtere Material in den Weltraum schleuderte. Auch der Kollisionspartner verlor Teile seiner zertrümmerten Oberfläche, und ein möglicherweise vorhandener schwerer Kern dürfte sich mit dem Erdkern

166

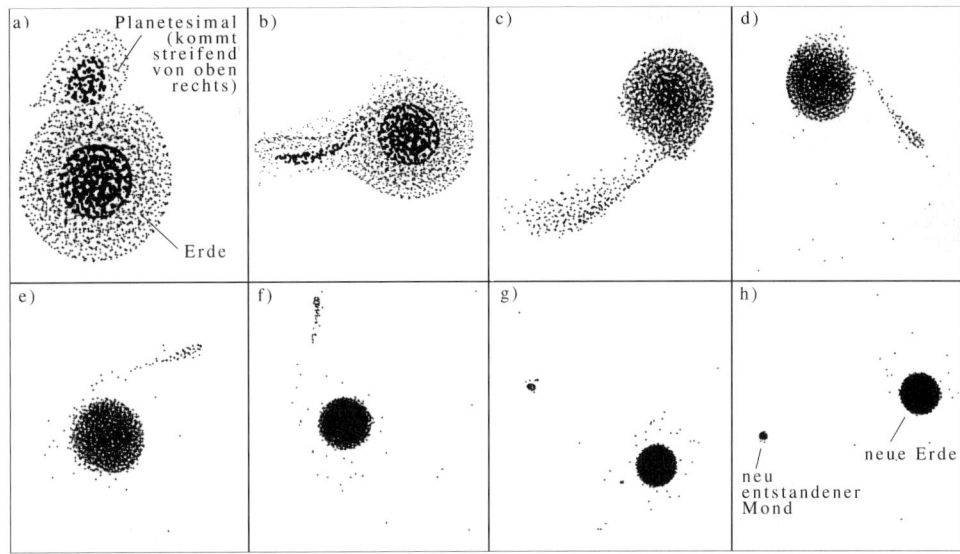

So entsteht der Mond der Erde – im Computer –, wenn ein Planetesimal von der Größe des Mars die Erde streift. Allerdings müssen die Parameter der Kollision genau stimmen, sonst bleibt nur ein Staubring um die Erde zurück (Quelle:Cameron & Benz, aus der Zeitschrift *Icarus*).

vereinigt haben. Ein Teil der Bruchstücke beider Kontrahenten geriet in eine Erdumlaufbahn und bildete zunächst einen Protomond. Durch seine Schwerkraft sammelte er weiteres Kollisionsmaterial aus seiner Umgebung auf, bis sich daraus schließlich der Erdtrabant in seiner heutigen Größe bildete. Die Mondmaterie besteht folglich teilweise aus Material der jungen Erde und aus Material des Aufprallkörpers. Infolge der enormen Hitze bei dem Zusammenstoß verdampften die flüchtigen Elemente in der fortgeschleuderten Materie.

Die «brutale Geburt» des Mondes blieb für die Erde nicht ohne Folgen. Abgesehen von einer bekannten Anomalie in der Erdkruste – wahrscheinlich durch Verlust von Materie an den Mond – könnte die Erde durch den «Streifschuß» einen Anstoß erhalten haben, mit dem sich ihre einzigartige schnelle Rotation im inneren Planetensystem erklären ließe. Zusammen mit der Gezeitenwirkung des Mondes lagen günstige Voraussetzungen für eine biologische Evolution auf der Erde.

167

Die kraterübersäte Oberfläche des atmosphärelosen Merkur, eine Aufnahme von Mariner 10, erinnert an die Hochländer des Mondes. Beide Himmelskörper geben Kunde von dem starken Bombardement, dem das innere Planetensystem in seiner Frühzeit ausgesetzt war (Quelle: NASA/DLR-RPIF).

vor. Es mag nachdenklich stimmen, daß unser Dasein im Grunde genommen einem kosmischen Crash zu verdanken ist und andererseits schon kleinere Ereignisse dieser Art zugleich unser Leben bedrohen können.

Seit Anbeginn des Sonnensystems spielen Kollisionen aller Kaliber eine wichtige Rolle. So sind alle Körper mit einer sichtbaren festen Oberfläche – Planeten, Monde und selbst Asteroiden – von Einschlagskratern unterschiedlicher Größe bedeckt. Auf der Erde wurden die

DER JUPITER CRASH

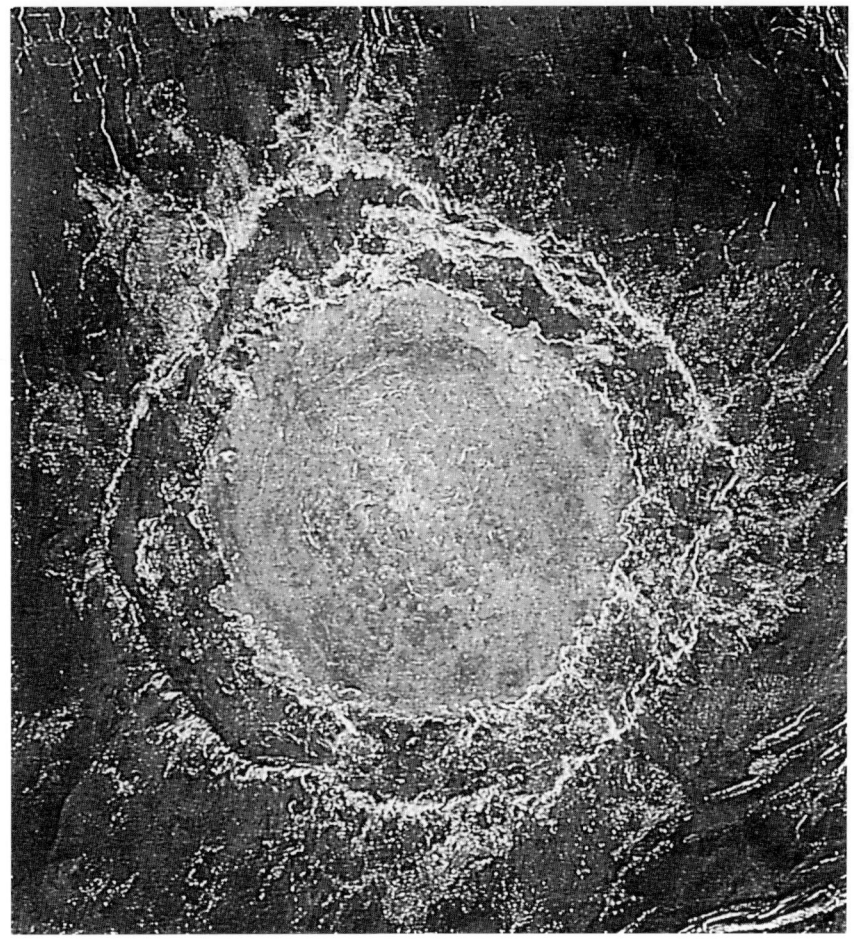

Unter der dichten Wolkenhülle der Venus entdeckte die Raumsonde Magellan durch Radarabtastung der Oberfläche über 1 000 Einschlagskrater. Das Mehrfach-Ring-system Mead mit einem Durchmesser von 280 km ist die größte Impakt-Struktur auf dem Nachbarplaneten (Quelle: NASA/DLR-RPIF).

ältesten Impaktstrukturen durch tektonische Prozesse, Vulkanismus und Erosion «ausradiert» oder erscheinen nur noch maskiert. Lediglich größere Krater aus der jüngeren Erdgeschichte und frische Impaktmu-ster sind erhalten geblieben. Auf dem Mars mit seiner wesentlich dünneren Atmosphäre ist die Dichte der Einschlagskrater (Anzahl pro

Auch die Erde im Visier – kosmische Bombardements in der Vergangenheit

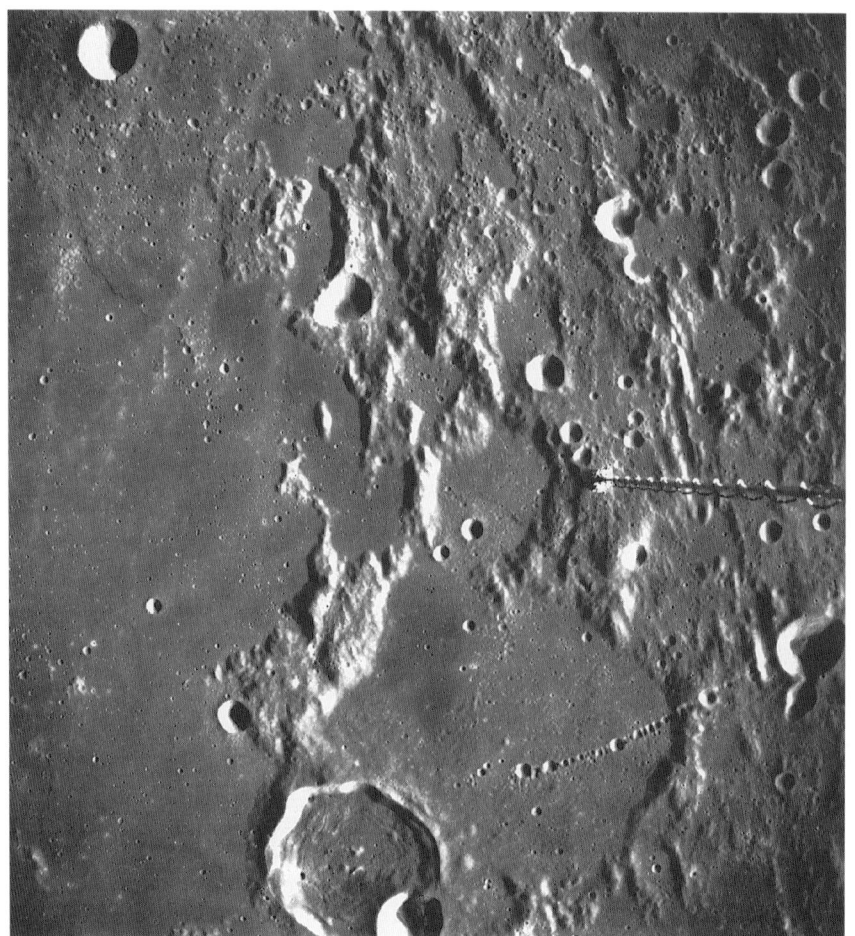

Die kraterübersäte Oberfläche des Mondes (Quelle: Deutsche Forschungsanstalt für Luft- und Raumfahrt).

Flächeneinheit) größer als auf unserem Planeten. Die fehlende Atmosphäre auf Merkur und Mond führte zu einer sehr dichten Verkraterung ihrer Oberflächen.

Die Topographie, die sich unter der dichten Wolkenhülle der Venus verbirgt, blieb bis Anfang dieses Jahrzehnts ein Rätsel. Inzwischen wurde die Nachbarin enthüllt und bot den Planetologen einen unerwarteten Anblick. Die Raumsonde Magellan, die zur vollständi-

DER JUPITER CRASH

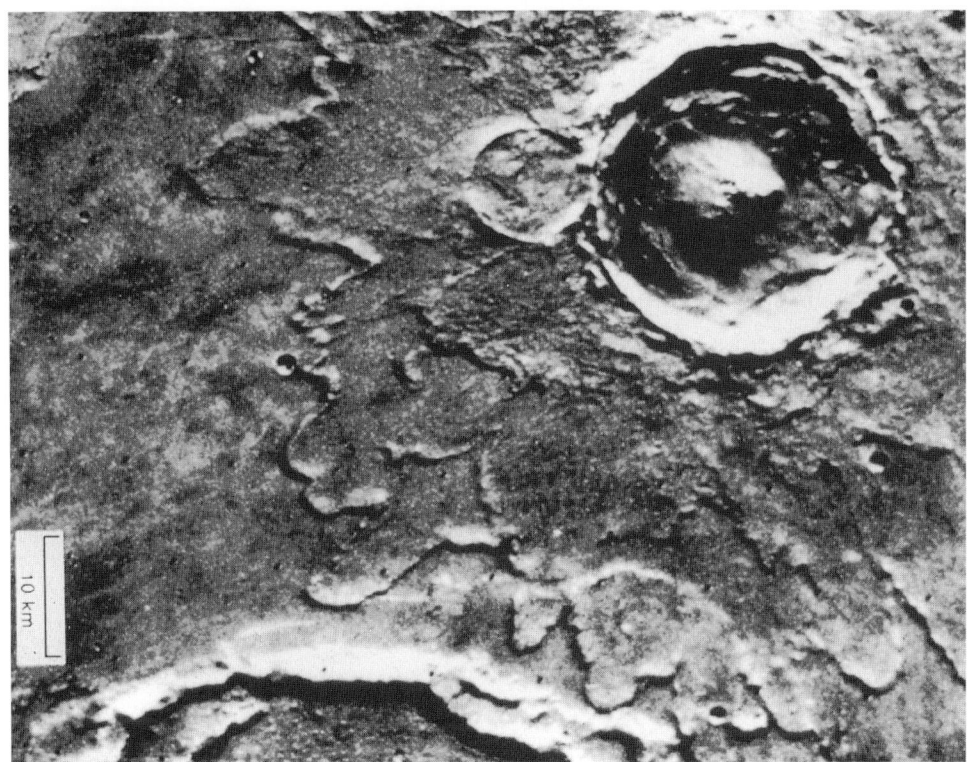

Der 19 Kilometer große Impakt-Krater Yuty auf der Nordhemisphäre des Mars. Der Treffer führte offenbar zum Aufschmelzen des auf einen Kilometer Dicke geschätzten Permafrostbodens. Schlamm überflutete die Umgebung und gefror wieder (Quelle: NASA/Lunar and Planetary Institute, Viking Orbiter-Aufnahme 003A07).

gen Radarkartierung der Venusoberfläche gestartet war, registrierte neben Strukturen vulkanischen und tektonischen Ursprungs etwa 1000 von Impaktereignissen verursachte Krater und Ringwälle. Da Einschlagskrater fehlen, die weniger als 3 km Durchmesser aufweisen, überlebten offensichtlich nur große und kompakte Projektile die Passage durch die dichte Venusatmosphäre, deren Druck in Bodennähe neunzigmal höher als auf der Erde ist.

Mit der Entstehung der großen kraterarmen Mare-Gebiete auf dem Mond vor etwa 3,8 Milliarden Jahren endete das intensive Bombardement. Durch die gewaltigen kinetischen Energien der massiven Einschläge schmolz die Mondkruste teilweise wieder auf, und Magma aus dem Innern überflutete die Oberfläche. In jener Epoche muß freilich auch die Erde einem apokalyptischen Geschoßhagel ausgesetzt gewesen sein. Nach dieser Zeit verlief die Kraterbildungsrate im inneren Planetensystem abgeschwächt und konstant.

Die Narben in unserer kosmischen Umwelt sind zurückgelassene Visitenkarten von Asteroiden und Kometen oder deren Bruchstücken, die den interplanetaren Raum erfüllen. Die meisten Asteroiden, Relikte aus der Entstehung und Entwicklung des Planetensystems, umkreisen die Sonne auf nahezu kreisförmigen Bahnen zwischen Mars und Jupiter. Durch gegenseitige Störungen und Kollisionen miteinander, vor allem aber durch die Schwerkraft des Jupiter, gelangen Ausreißer immer wieder auf Bahnen, die in das innere Sonnensystem hineinführen. Die Kometen indes bewegen sich auf unterschiedlich gestreckten Ellipsen um die Sonne und gelangen oftmals in Planetennähe. Führen ihre Bahnen nahe an Jupiter vorbei, kommt es auch bei ihnen zu dramatischen Veränderungen ihrer Bahnelemente. So befindet sich irgendwann jeder Planet und jeder Mond zur unrechten Zeit am unrechten Platz seiner Bahn und sieht einer unabwendbaren Kollision entgegen.

Auf der Erde wurden inzwischen – unter anderem mit Hilfe von Luft- und Satellitenaufnahmen – über 140 Einschlagskrater oder charakteristische Signaturen von Impakten mit Durchmessern bis zu 180 km identifiziert. Die beiden ältesten Krater mit jeweils 140 km Durchmesser (Sudbury/USA und Vredefort/Südafrika) entstanden vor knapp zwei Milliarden Jahren. Die immer exaktere Radarkartierung der Erdoberfläche mit orbitalen Instrumententrägern läßt sicherlich noch weitere Funde erwarten. Eine der letzten Entdeckungen gelang norwegischen Forschern im Jahre 1993: Sie fanden in der Barentssee im Bereich des kontinentalen Schelfs zwischen Skandinavien und Spitzbergen etwa 50 Meter unter dem Meeresboden einen 39 km durchmessenden Krater samt Zentralkegel. Er dürfte 125 bis 160 Millionen Jahre alt und durch den Einschlag eines 0,7 bis 2,5 km großen Körpers entstanden sein.

172

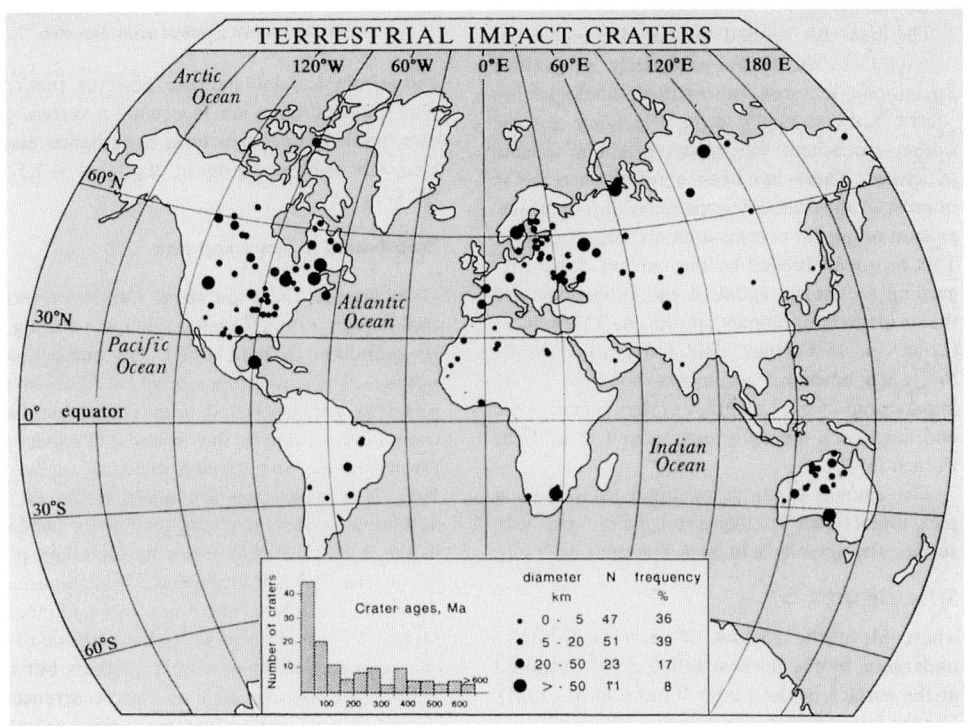

Verteilung der bekannten Einschlagskrater und -strukturen auf der Erdoberfläche
(Quelle: R.A.F. Grieve, 1992).

Im Vordergrund der gegenwärtigen Impaktforschung steht ein geobiologischer Holocaust, der vor 65 Millionen Jahren zu einem globalen Blackout führte. An der Grenze von der Kreidezeit zum Tertiär wurde unser Planet innerhalb relativ kurzer Zeit von einem Massensterben heimgesucht, dem rund 70 % aller Lebensarten, wohl einschließlich der Dinosaurier, zum Opfer fielen. Über viele Jahre hinweg spekulierten und theoretisierten Paläontologen über die Gründe, die für die Artenauslöschung verantwortlich gewesen sein könnten.

Im Jahre 1980 wurde schließlich ein Fund von Luis Alvarez und seinen Kollegen zu einem ersten Baustein im Erklärungspuzzle für die Ursache des K/T-Ereignisses. Nahe des italienischen Städtchens Gubbio entdeckten sie in einer nur einen Zentimeter dicken Tonschicht zwischen den Sedimenten der Kreidezeit und denen des Tertiärs eine sehr hohe Anreicherung mit dem in der Erdkruste nur selten vorkommenden Element Iridium. Bald darauf wurde weltweit, auf Kontinenten und in Meeresböden, die Iridium-Anomalie ebenfalls registriert. Doch Iridium gehört zu jenen Elementen, die in der Entstehungsphase der Erde zusammen mit Eisen in den Erdkern transportiert wurden. Dagegen blieb in chondritischen Steinmeteoriten und sicherlich auch in Asteroiden Iridium in der ursprünglichen Verteilung bestehen. Ein etwa 10 km großer Asteroid könnte genug Iridium enthalten, um bei einem Zufluß an die Erdoberfläche eine globale Ablagerung entsprechend der Anomalie hervorrufen zu können. Das Forscherteam um Alvarez schlußfolgerte, daß das Artensterben die Folge eines gewaltigen Asteroiden- oder möglicherweise Kometenkern-Einschlages war.

Weitere Funde erhärteten die Impakt-Theorie. Die bei dem kolossalen Einschlag entstandene Hitze müßte riesige Brände verursacht haben. Genauer gesagt war es bei diesen Modellrechnungen in den 80er Jahren die zurück auf die Erdatmosphäre stürzende Explosionswolke, die dabei genügend Hitze zum Entzünden von Holz in einem weiten Gebiet hervorrief. Genau dies ist auch das Phänomen des «Splashback», das bei den Jupitereinschlägen das helle Aufleuchten im Infraroten, die «Hauptereignisse» eben, hervorrief: Das 10 Jahre vorher für die Erde noch rein spekulative Szenario gewann durch den überraschenden Beweis an Jupiter plötzlich stark an Gewicht, was eine der bleibenden Kosequenzen des Kometensturzes für die Impaktforschung an sich geworden ist. Daß es vor 65 Millionen Jahren auf der Erde zu einem ähnlichen Vorgang kam, das legen Funde in der iridiumreichen Tonschicht nahe: Es konnten nämlich Rußteilchen in der Tonschicht nachgewiesen werden. Sehr hohe Drücke, wie sie bei Impakten entstehen, führen zu charakteristischen Veränderungen im Quarz-Mineral (geschockter Quarz). Untersuchungen von Quarz-Teilchen aus der K/T-Grenzschicht weisen auf diese Merkmale hin.

Eine bemerkenswerte Flut von Forschungsarbeiten setzte ein. Zu Beginn dieses Jahrzehnts führte dann die Spur des «Saurier-Killers» in den karibischen Raum – zunächst nach Haiti. Hier ist die K/T-Sedimentschicht mit 10 bis 50 Zentimetern viel dicker als irgendwo sonst.

Sie besteht zu einem Viertel aus bis zu sechs Millimetern großen verwitterten Glaskügelchen (Spherulen) mit Besonderheiten: Die Kügelchen enthalten keinerlei Kristalle und sind frei von Gasen und Wasser. Dies aber schließt ihre Entstehung durch gasgetriebenen Vulkanismus aus. Das radioaktiv zu datierende Alter der Spherulen ergibt $64,5 \pm 0,1$ Millionen Jahre und paßt damit genau zum Zeitpunkt des K/T-Ereignisses. Die inzwischen auch in Nordmexiko (nördlich von Tampico) in einem Bohrkern aus dem Golf von Mexiko und in einem Sedimentbett bei Brazos nahe der texanischen Küste gefundenen Spherulen sind übereinstimmend 65 Millionen Jahre alt. Als Ursprung der Spherulen bleibt nur der gewaltige Einschlag eines kosmischen Projektils, womit sie zugleich die ältesten bekannten Mikrotektite der Welt sind.

Sowohl die Größe der Tektiten als auch die Dicke der Ablagerung legen nahe, daß der Impakt nicht weit von den Fundorten stattgefunden haben muß. Als fast sicherer Kandidat für diesen Punkt wird eine heute von dicken Lagen jüngerer Sedimente verschüttete Struktur im Norden der ostmexikanischen Halbinsel Yucatan angesehen. Sie wurde – zur Zeit als Alvarez das Impakt-Szenario ersann – an sieben Stellen nach Erdöl angebohrt. Im Jahre 1990 verfügte der Kosmochemiker Alan Hildebrand über das Bohrkern- und Datenmaterial. Das von ihm nach der $^{40}Ar/^{39}Ar$-Methode ermittelte Alter der Struktur: 65 Millionen Jahre!

Das mutmaßlich 180 km durchmessende Ringgebilde, versunken je zur Hälfte auf der Halbinsel Yucatan und im Golf von Mexiko, trägt inzwischen den Namen eines Dorfes nahe des Zentrums: Chicxulub-Krater. Die Vermutungen über seine Größe sind keinesfalls gesichert, wurden sie doch bisher lediglich aus oberirdischen Spuren in Nordost-Yucatan und insbesondere aus Schwerkraftanomalien im angrenzenden Golf abgeleitet.

Unterdessen berichteten Wissenschaftler der NASA von Oberflächenmustern auf Satellitenaufnahmen Yucatans, mit denen sie die schwierige Wasserversorgung der alten Maya studiert hatten. Die Halbinsel ist eine reine Karstlandschaft. Es gibt keine Flüsse, der Regen versickert sofort im porösen Kalkgestein und kommt nur dort selbst zum Vorschein, wo von Kalksteinhöhlen die Decke eingebrochen und das Grundwasser freigelegt ist. Diese natürlichen Brunnen, Cenoten

175

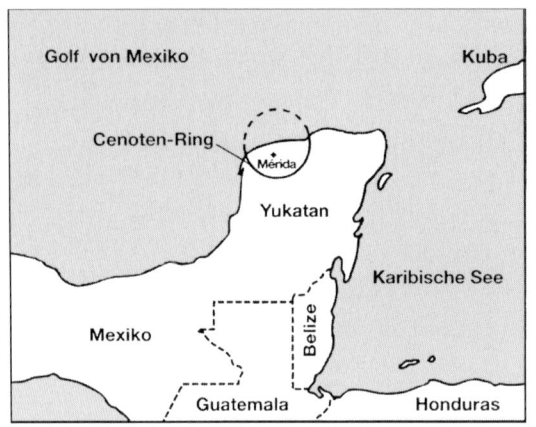
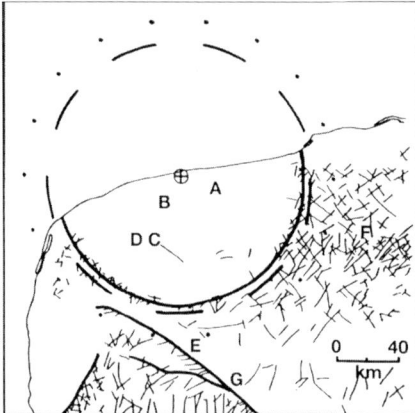

Der Cenoten-Ring auf Yucatan ist die einzige sichtbare Spur des Chicxulub-Kraters. Die erst 1987 entdeckten natürlichen Brunnen sind ringförmig um einen Punkt 17 km östlich des Küstenortes Progreso angeordnet. Links: Die geographische Lage des Ringes. Rechts: Eine geologische Analyse. Entlang des durchgezogenen Halbkreises gruppieren sich die Cenoten. Der gestrichelte Ring umgrenzt eine negative Schwerkraftanomalie, während der gepunktete Ring die äußere Grenze einer positiven Magnetanomalie markiert. Die Buchstaben weisen auf durchgeführte Bohrungen hin. Die Striche geben Brüche im Kalkgestein wieder – sie fehlen im Inneren des Kraters (Quelle: Sterne und Weltraum, 4/1992).

oder Sink Holes genannt, bildeten oft die Grundlage für größere Ansiedlungen. Auf Infrarot-Aufnahmen aus der Umlaufbahn fallen die zumeist 100 bis 150 Meter großen Cenoten durch ihre Wasserfüllung als schwarze Punkte auf – und viele von ihnen ordnen sich entlang eines Kreises von etwa 200 km Durchmesser an. Dieser Cenoten-Ring zeichnet wohl den Kreis des versunkenen Kraters nach, und der Mechanismus erscheint einleuchtend: Hier ist die Grenze zwischen unbeschädigtem und zerklüftetem Kalkgestein, das Grundwasser findet eine Barriere, fließt und erodiert schneller – und es stürzen mehr Höhlen ein als anderswo.

Daß es den gewaltigen Einschlag eines großen Asteroiden (oder Kometenkerns?) tatsächlich gegeben hat, auf den zunächst lediglich aus der Iridium-Anreicherung in K/T-Sedimenten geschlossen wurde, erscheint nach den zusätzlichen Funden in dieser Schicht (geschockte

Der Jupiter Crash

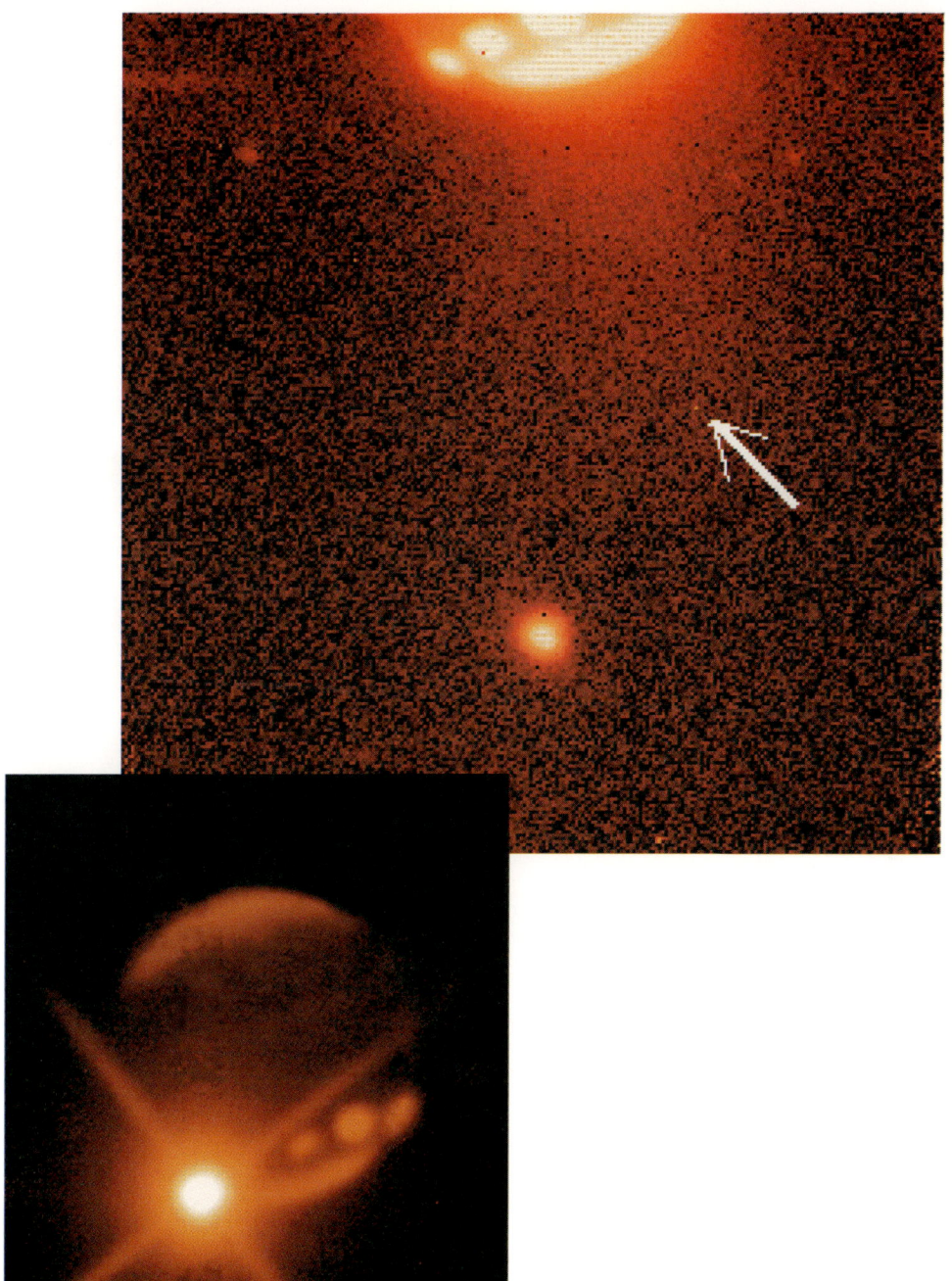

Der Anflug von Fragment K auf Jupiter. 45 Minuten vor dem Einschlag gelang dieses Photo mit der IRTF der NASA auf Hawai bei 2,3 Mikrometern. Unten links der Einschlag, gesehen mit dem ANU-Teleskop in Australien.

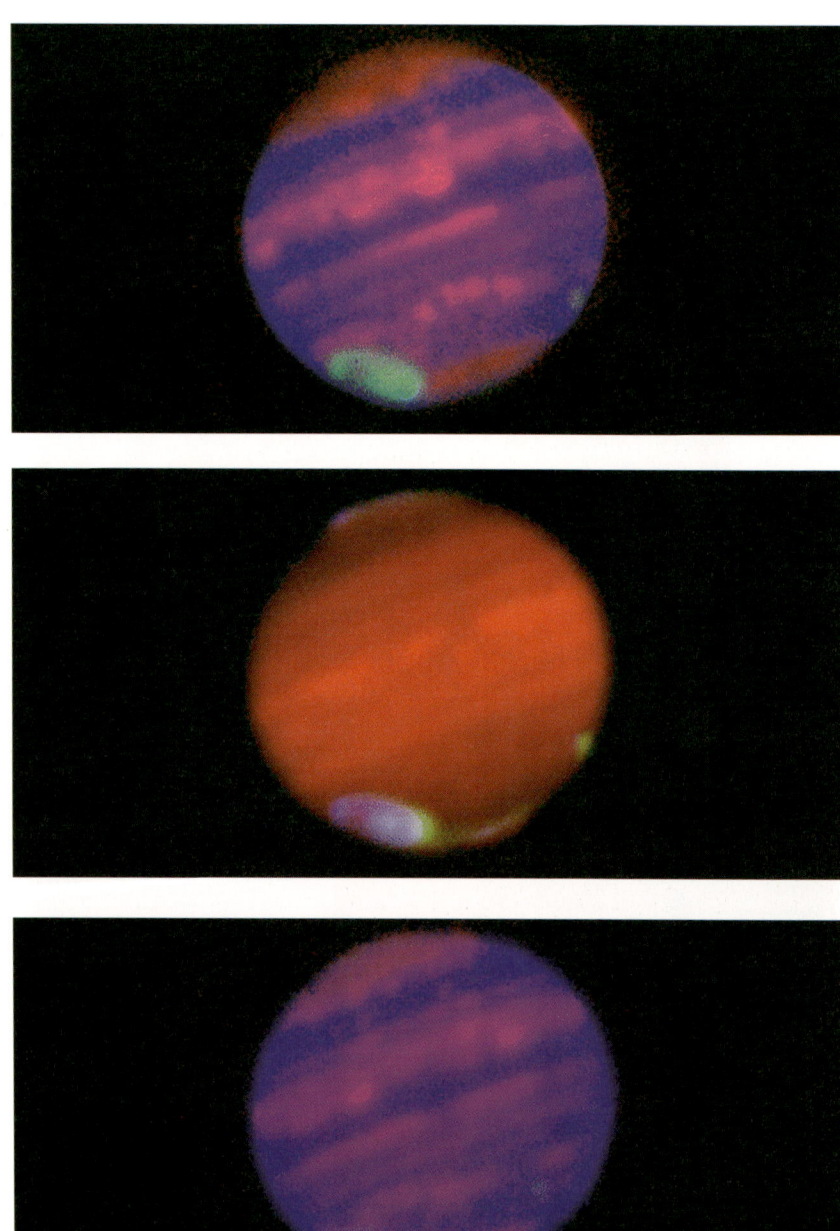

Verschiedene Infrarot-Falschfarbendarstellungen Jupiters kurz nach dem K-Einschlag;
verschiedenen Infrarotbereichen sind die Grundfarben Rot, Grün und Blau zugeord-
net worden (Quelle: ANU-Teleskop, Australien, Peter McGregor, Mark Allen).

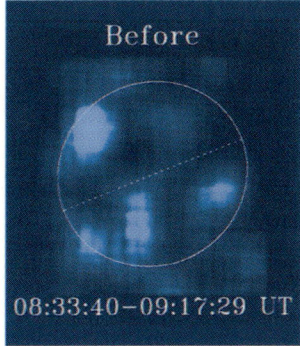
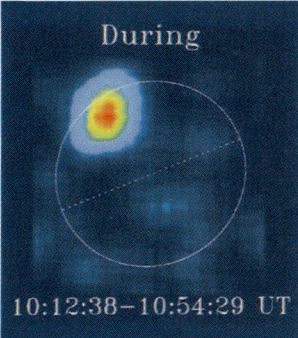
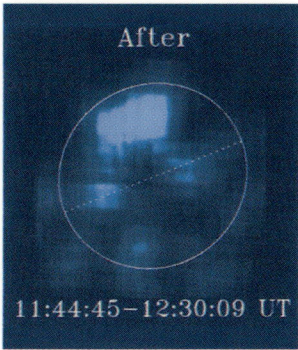

Before	During	After
08:33:40−09:17:29 UT	10:12:38−10:54:29 UT	11:44:45−12:30:09 UT

Eines der ungewöhnlichsten Bilder vom Kometenabsturz: Ein Röntgenblitz im Norden des Planeten wurde von dem deutschen Röntgensatelliten ROSAT unmittelbar nach dem K-Impakt beobachtet. Der Effekt dürfte mit dem Auftreten von Nordlichterscheinungen zusammenhängen, die auch das Hubble-Teleskop gesehen hatte.

Ein Echtfarbenbild nach den Einschlägen, von Barry Croke aus Schwarzweißbildern in drei Farbbereichen zusammengesetzt.

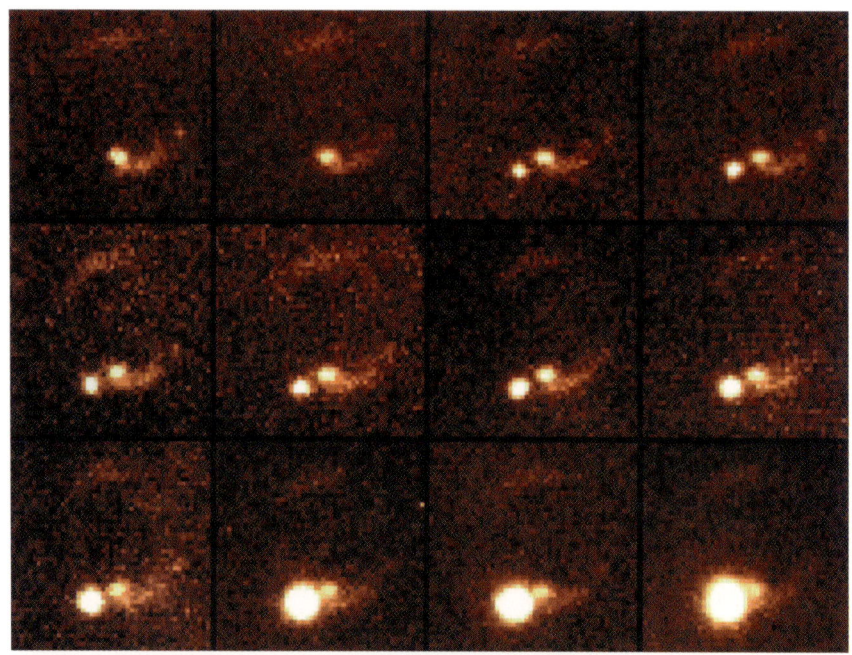

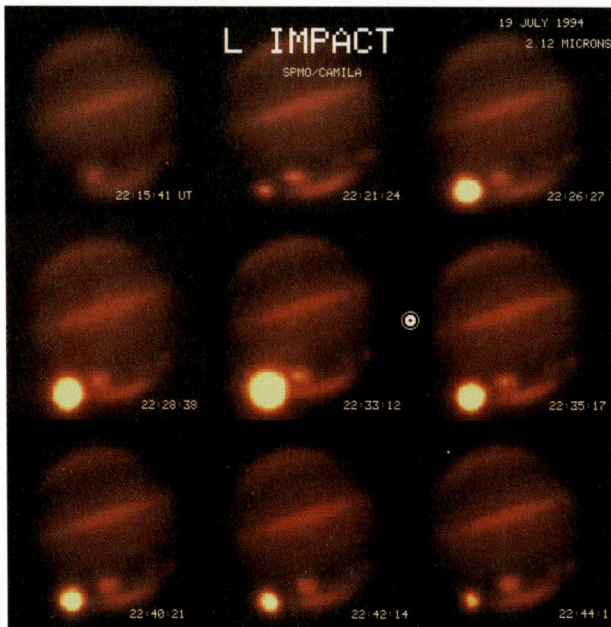

Zeitserien des L-Einschlags, mit kleinen Teleskopen gesehen in Massachusetts (Whately) und Mexico (San Pedro Martir Observatory).

Einschlag Q, beobachtet mit dem 3,5-Meter-Teleskop auf dem Calar Alto am 20. Juli:
Jupiters Südhemisphäre ist mit früheren Einschlägen übersät.

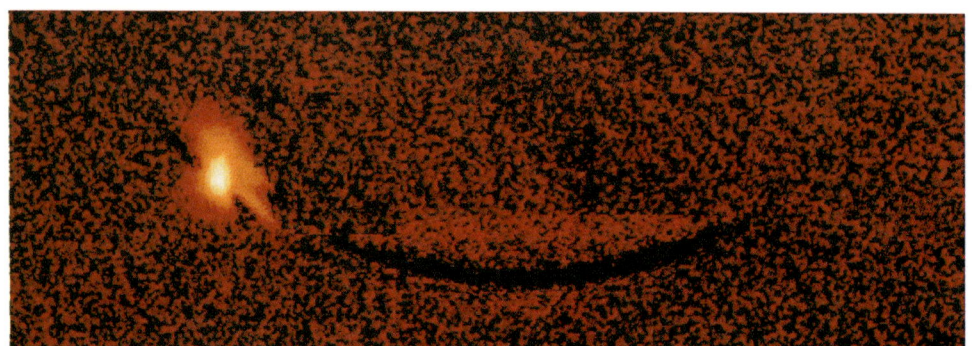

Die schärfsten Bilder einer Plume gelangen beim Einschlag von Fragment R mit dem 2,2-Meter-Teleskop der Universität Hawaii bei 2,3 μm. Oben die Plume «pur»: Von der Aufnahme um 5.35 UT am 21.7. wurde ein Bild abgezogen, das nur 90 Sekunden früher entstand; nur was neu erschien, blieb übrig. Unten eine Gesamtaufnahme von Jupiter 75 Minuten später; oben links ist Jupitermond Io zu sehen (Quelle: Institute for Astronomy, University of Hawaii).

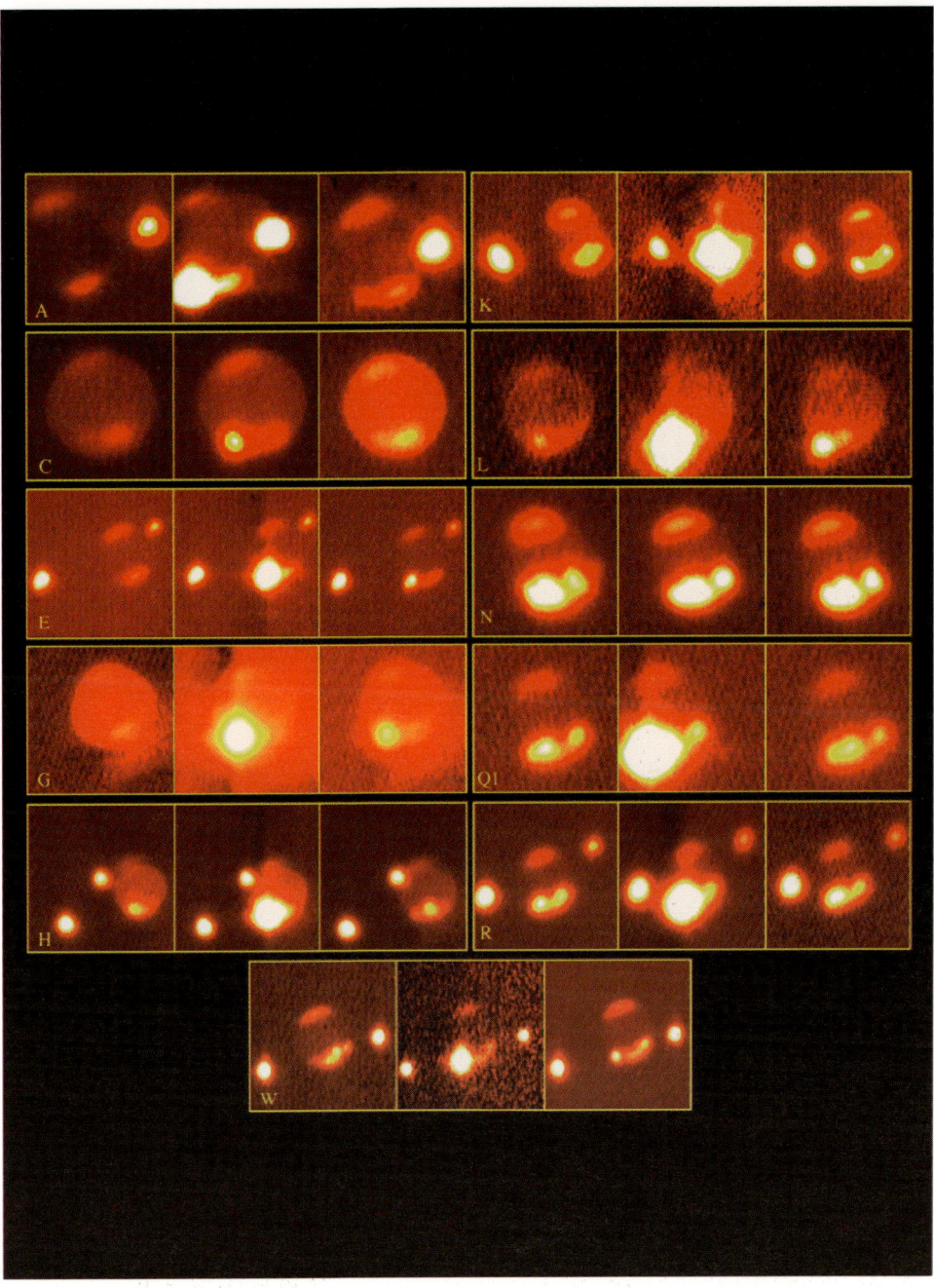

Nicht weniger als 11-Impakte konnte das SPIREX-Teleskop auf dem Südpol beobachten. Zu sehen ist jeweils Jupiter vor dem Crash, bei maximaler Plume-Helligkeit und danach (Quelle: SPIREX-Telekop, University of Chicago, Center for Astrophysical Research in Antarctica).

Hubble-Farbbild Jupiters eine Stunde und 49 Minuten nach dem G-Einschlag (Quelle: STScI).

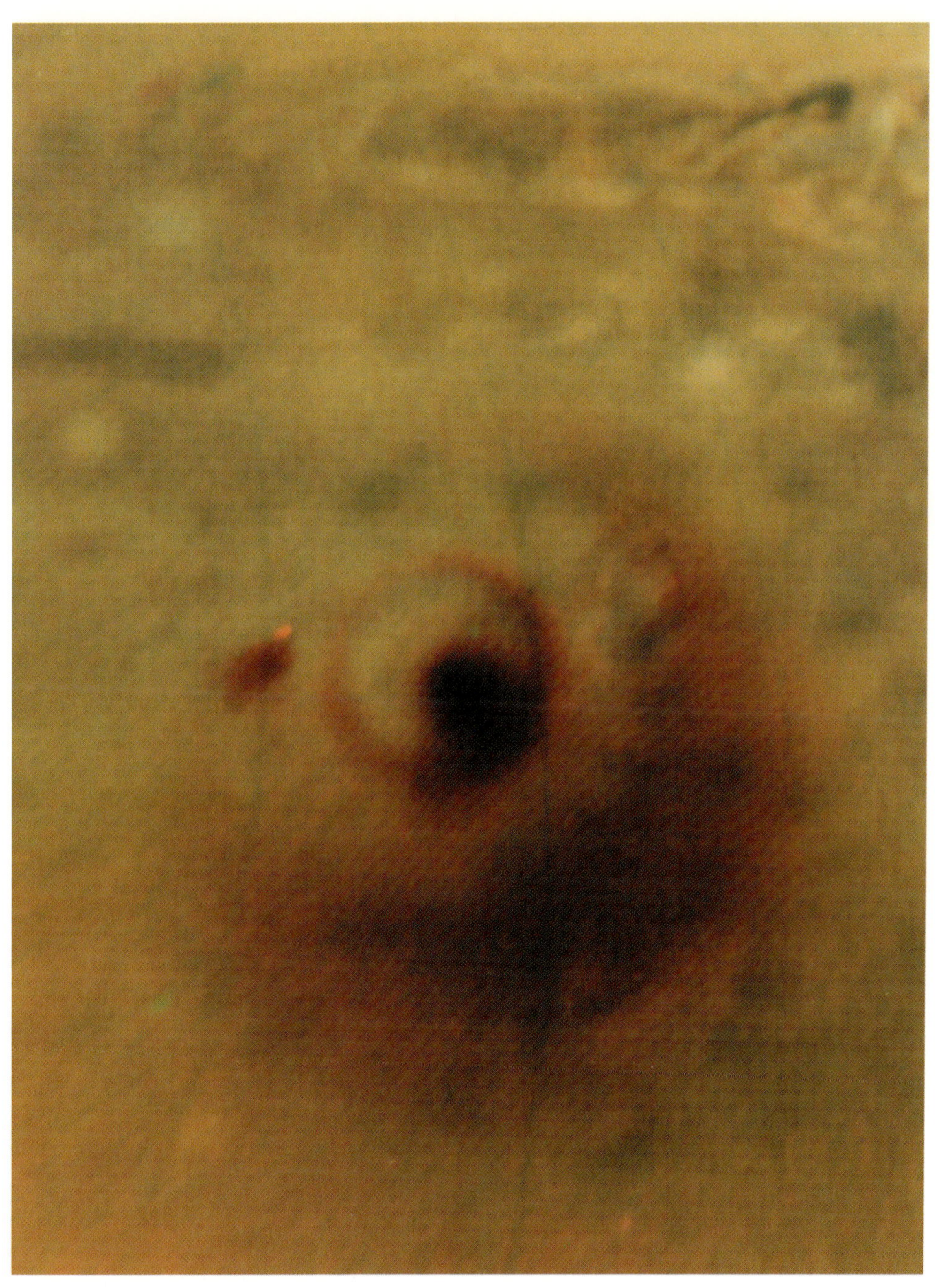

Die Einschlagsstellen von G und D (der kleine Fleck links) entzerrt, als ob der Beobachter senkrecht darüber schweben würde (Quelle: STScI).

Nicht weniger als acht Einschlagsstellen sind auf dieser Aufnahme auszumachen
(Quelle: STScI).

Jupiter im Ultravioletten am 22. Juli bei 255 nm Wellenlänge. Hier sind die dunklen Wolken noch auffälliger als im Visuellen (Quelle: STScI).

Jupiter   22 July 1994

"A" impact site
after 5.5 days

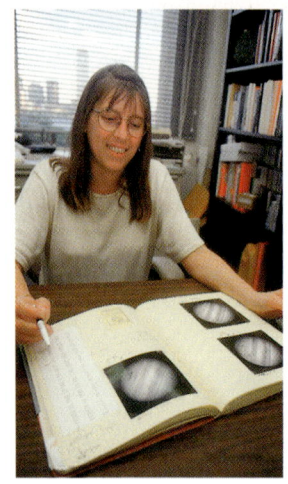

Jupiter in Farbe, aufgenommen von Hubble am 22. Juli. Links eine Ausschnitt-vergrößerung der fünfeinhalb Tage alten Einschlagsstelle A (oben). Unten die zufrie-denen Hubble-Forscher Heidi Hammel mit ihrem Beobachtungsbuch und Hal Weaver. (Quelle oberes Bild: STScI, untere Bilder: Daniel Fischer.)

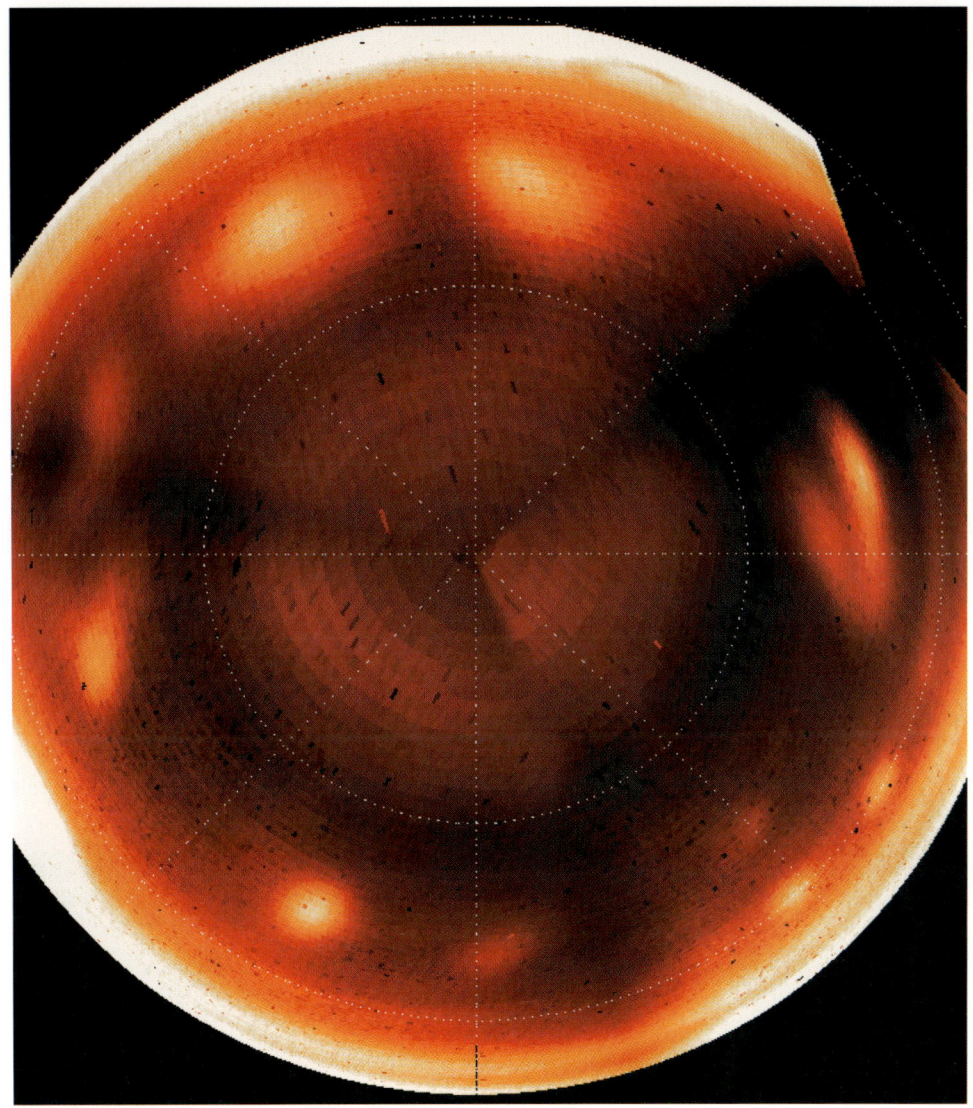

Jupiter einen Tag nach Ende der Einschläge aus ungewöhnlicher Perspektive: 3 Aufnahmen des 5-Meter-Teleskopes auf dem Palomar Mountain bei 2,0 Mikrometern wurden im Computer so kombiniert, als ob der Beobachter über dem Südpol des Planeten schwebte und den ganzen Ring der Einschlagswolken gleichzeitig sehen könnte.

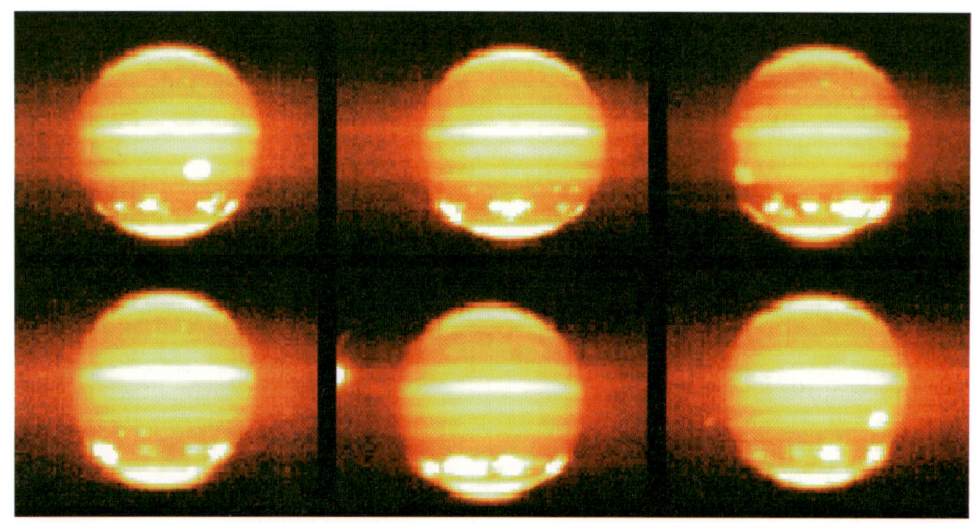

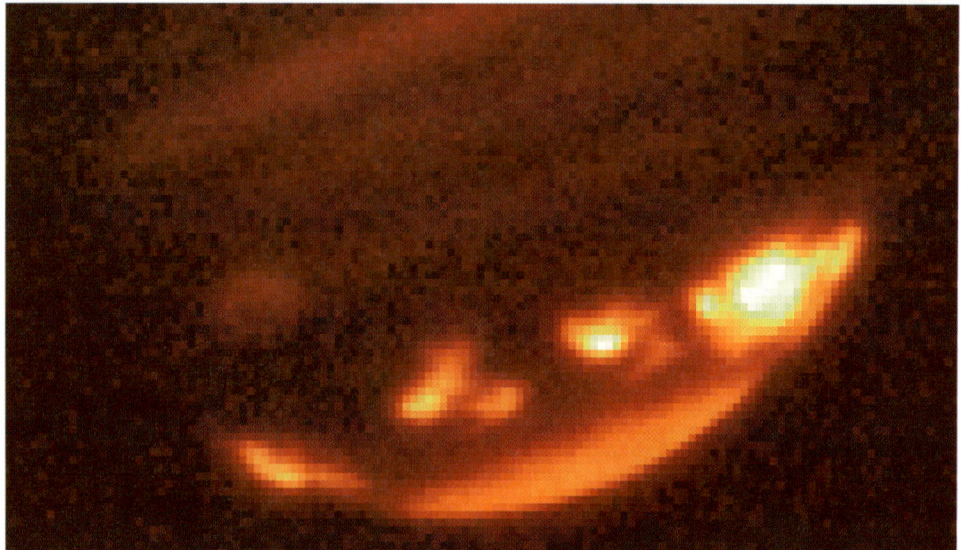

Die Woche nach den Einschlägen: Jupiters beständiges Band der Einschlagswolken,
vom 24.–29. Juni täglich dokumentiert mit dem Anglo-Australian-Telescope; unten
auf dem Calar Alto am 25. Juli (Quelle: MPIA).

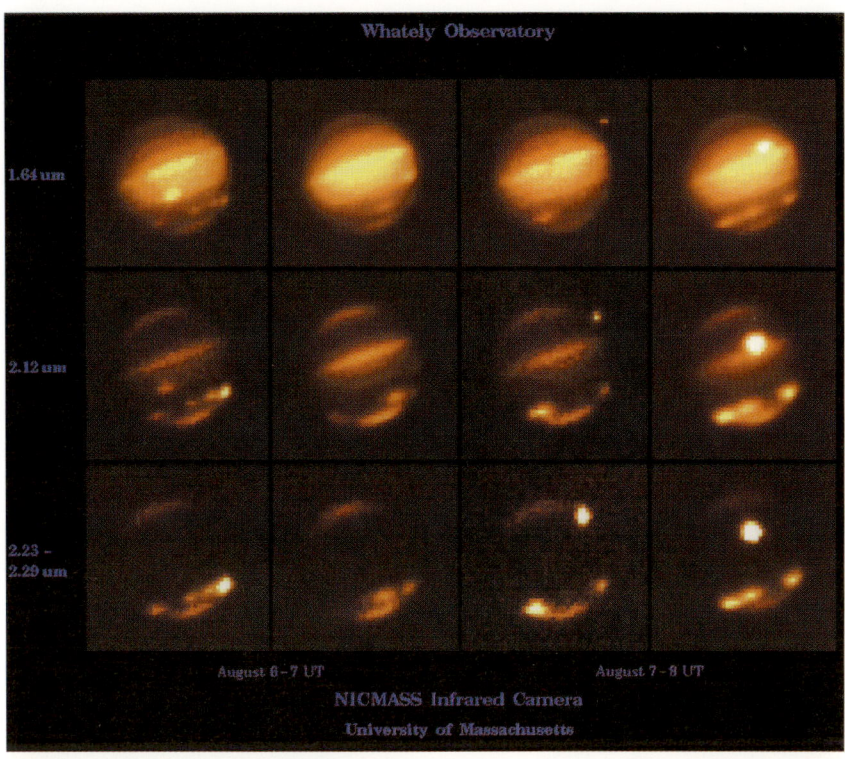

Im August behielten nur noch wenige Sternwarten Jupiter im Auge: Diese Aufnahmen des Whatley-Observatoriums Anfang und Ende des Monats (letztere direkt aus dem Institutsrechner) zeigen kaum ein Verblassen der Impaktwolken im infraroten K-Band.

Zwei Monate danach – und kein Ende abzusehen: Als John Spencer am 15. September diese Infrarot-Aufnahme auf Hawai machte, waren die Einschlagsgebiete zwar fast zu einem Band verschmolzen, aber dessen Verdichtungen wiesen immer noch auf die ursprünglichen Einschlagspunkte hin.

Quarzkörper und Klein-Tektite) plausibler denn je und wird kaum noch angezweifelt. Auch über die Deutung der Chicxulub-Struktur als großer Einschlagskrater ist sich Eugene Shoemaker (nicht nur Kometenfahnder, sondern auch *der* Impakt-Experte) zu «98 Prozent» sicher. Um allerletzte Zweifel auszuräumen, bedarf es allerdings weiterer Bohrungen im «Geisterkrater».

Auf einer internationalen Geologen-Konferenz im Spätsommer 1993 in Potsdam wurde neben der Notwendigkeit einer Tiefenbohrung im Bereich der Chicxulub-Struktur auch der aktuelle Bezug einer weiteren Erforschung des K/T-Ereignisses hervorgehoben:

Die K/T-Grenze ermöglicht eine Verbindung zwischen paläontologischen Klimastudien und den gegenwärtigen anthropogenen Veränderungen. Die Industrialisierung und Entwaldung führten zu einer beträchtlichen Umgestaltung des atmosphärischen Kohlendioxid- und Schwefeldioxid-Haushaltes. Nach Abschätzungen wird sich der Kohlendioxidanteil in der Atmosphäre bis Mitte des nächsten Jahrhunderts verdoppeln, und die fortschreitende Entwicklung gibt Anlaß zur Besorgnis über katastrophale Konsequenzen. Nach den gegenwärtigen Vorstellungen über die Größe und Art des Chicxulub-Materials dürften über 20 Billionen Tonnen Kohlendioxid (zehnmal soviel wie in der derzeitigen Erdatmosphäre vorhanden ist) und möglicherweise eine ähnliche Menge von Schwefeldioxid durch den Einschlag in die Atmosphäre geschleudert worden sein. Zum Vergleich: Bei dem Ausbruch des Vulkans El Chichon im Jahre 1983 wurden etwa drei Millionen Tonnen Schwefeldioxid in die Atmosphäre verfrachtet. Obschon Vulkanausbrüche spürbare Klimafolgen hervorrufen können, ist kein entsprechendes Ereignis bekannt, das mit einem globalen Artensterben verbunden war. Hinsichtlich des Chicxulub-Geschehens und der K/T-Artenauslöschung haben wir eine Situation, in der ein physikalisches Ereignis eine Umweltveränderung und eine katastrophale biosphärische Reaktion bewirkte. Weitere Studien zur K/T-Grenze und Untersuchungen der Sedimente im Chicxulub-Bassin sind für ein besseres Verständnis über die Art von Umweltveränderungen, die mit einem hochenergetischen, aber (auf der geologischen Zeitskala) kurzfristigen Ereignis verbunden sind, erforderlich. Diese wichtigen Informationen werden den Wissenschaftlern helfen, die zukünftigen Auswirkungen der vergangenen und heutigen menschlichen Aktivitäten einzuschätzen und vorherzusagen.

Der K/T-Impakt war vermutlich das größte terrestrische Ereignis dieser Art in den vergangenen 100 Millionen Jahren. Zwar gibt es «verschwommene» Anzeichen für zwei- bis dreimal größere Ringstrukturen auf der Erdoberfläche, aber eine sichere Interpretation ist wohl kaum möglich.

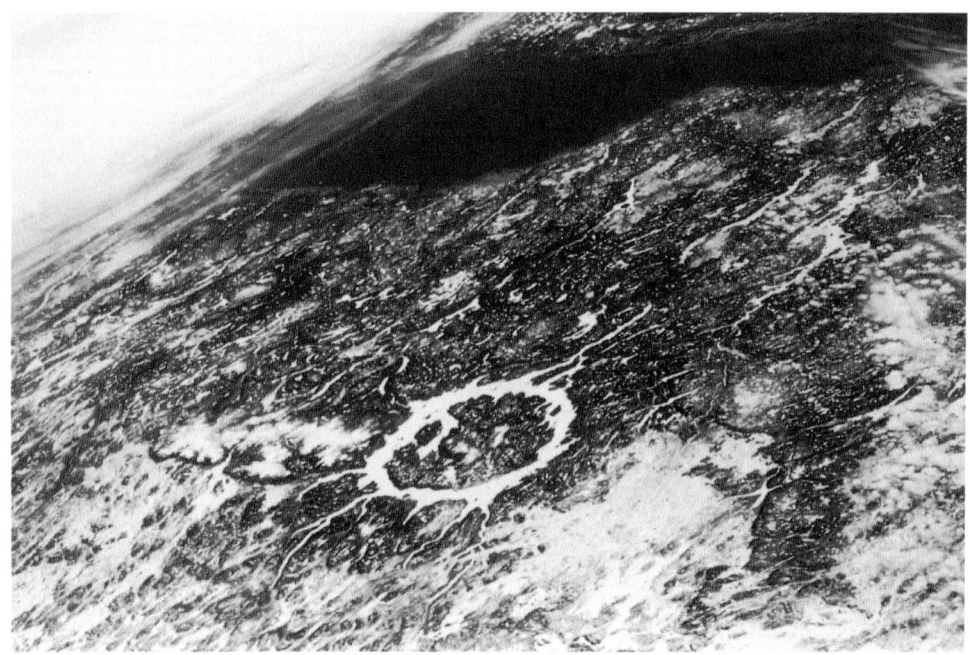

Die Manicouagan-Struktur in der Provinz Quebec (Kanada) zählt zu den größten auf der Erde noch erhaltenen Einschlagskratern. Erodiertes Auswurfmaterial bildet den Ring des im Durchmesser 70 km großen eisbedeckten Sees. Mehrere Anzeichen deuten auf eine ursprüngliche Kratergröße von rund 100 km hin. Das Krateralter beträgt ca. 210 Millionen Jahre (Quelle: NASA/Lunar and Planetary Institute, Space Shuttle-Aufnahme 51B-43-060).

Nach den gegenwärtigen Modellen sollte ein 8 bis 16 km großer Himmelskörper mit einer Geschwindigkeit von 160 000 km/h aufgeschlagen sein und dabei eine äquivalente Sprengkraft von 100 bis 300 Millionen Megatonnen TNT freigesetzt haben. Vielfach wurde in Frage gestellt, ob das K/T-Ereignis nur auf einen Einzelschlag zurückzuführen ist, oder ob die Erde nicht Zielscheibe mehrerer ungefähr zeitgleich einschlagender kosmischer Projektile war. Der als «Mitkandidat» gehandelte 32 km große Manson-Krater in Nordamerika schied inzwischen aus. Ließ das analysierte Gestein zunächst ein Alter von ebenfalls 65 Millionen Jahren vermuten, so mußte es nach neueren Messungen im Jahre 1993 auf 74 Millionen Jahre zurückdatiert werden. Ohnehin

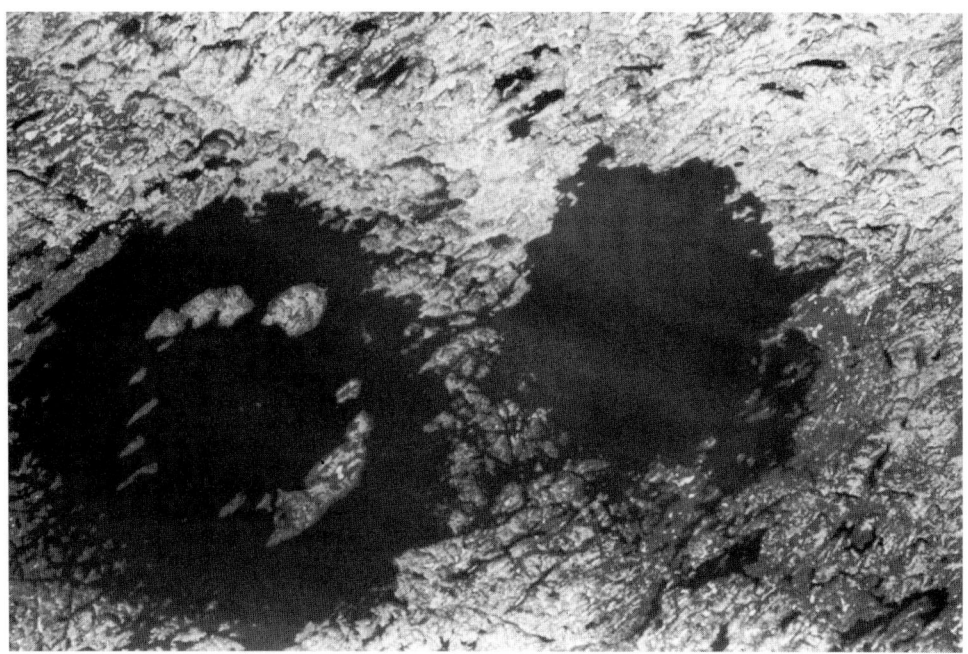

Krater-Zwillinge, die vermutlich zeitgleich durch den Einschlag von zwei getrennten Körpern gebildet wurden, sind auf der Erde selten. Die Clearwater Lakes in der Provinz Quebec (Kanada) mit einem Durchmesser von 32 und 22 km sollten Impakt-Strukturen eines Doppelschlages sein, der sich vor ca. 290 Millionen Jahren ereignete (Quelle: NASA/Lunar and Planetary Institute, Space Shuttle-Aufnahme 61A-35-86).

war die Manson-Struktur mit der Chemie der Spherulen unverträglich. Drei weitere Einschlagskrater in Rußland mit Durchmessern bis zu 60 km sowie eine 300 km große Ringstruktur im Indischen Ozean scheinen ein verdächtiges Alter von 65 Millionen Jahren auszuweisen.

Der K/T-Impakt schockte die Erde. Die Druckwelle muß sich bis in 20 km Tiefe verheerend ausgewirkt haben. Die infernalischen Erdbeben erreichten vermutlich Stärke 12 auf der nach oben offenen Richterskala. Eine kilometerhohe Flutwelle leerte möglicherweise den halben Golf von Mexiko und führte zu gewaltigen Überschwemmungen. Die immense (lokale) Hitze mit kurzfristigen Temperaturen von annähernd 10 000 Grad Celsius und hurrikanähnliche Stürme ent-

Abschied vom Treibhaus Erde?

Mit massiven Vulkanausbrüchen gestaltet die Natur ihre eigenen Klimaexperimente. Benjamin Franklin erkannte bereits 1784, daß Vulkanstaub das Sonnenlicht reflektiert und die Wärmestrahlung vermindert. Er diskutierte einen «trockenen Nebel», der in den Jahren 1783/84 nach einem Vulkanausbruch auf Island die Nordhemisphäre «verhüllte», im Zusammenhang mit einer zu dieser Zeit ungewöhnlich kalten Witterung.

Bedeutende Vulkanausbrüche im 19. Jahrhundert bestätigten Franklins Vermutung. Nach dem Ausbruch des Tambora (1815) folgte in Nordamerika «ein Jahr ohne Sommer». Der Krakatau-Ausbruch (1883) führte schließlich 1884 zu dem weltweit kältesten Jahr, das seit 1880, dem Beginn globaler Temperaturmessungen, bis zur Gegenwart verzeichnet wurde.

Doch eine Bestimmung der Größenordnung des Einflusses von Vulkanausbrüchen auf das Erdklima war bislang schwierig. Der Mangel an Daten über Zusammensetzung und Eigenschaften der in die Atmosphäre freigesetzten Aerosole sowie ohnehin vorhandene Klimaschwankungen machten die klimabeeinflussende Bedeutung der Vulkane nicht festlegbar. Erst die Ausbrüche der Vulkane Agung (1963) und El Chichon (1982) ermöglichten durch Messungen der mikrophysikalischen Eigenschaften der Aerosole und ihrer globalen Verteilung die Bereitstellung von Vulkanismuseffekte einbeziehenden Klimamodellen.

Anhand solcher Simulationen prognostizierten James Hansen und seine Mitarbeiter vom NASA Goddard Institute for Space Studies in New York (GISS) nach dem gewaltigen Ausbruch des Mount Pinatubo (Philippinen) Mitte Juni 1991 einen Rückgang der globalen Mitteltemperatur (1,5 bis 9 km Höhe) um etwa 0,6°C bis 1993.

Die Eruption des Pinatubo beförderte Asche sowie rund 20 Millionen Tonnen Schwefeldioxid bis 40 km hoch in die Stratosphäre und bewirkte die größte «klimatische Unruhe» in diesem Jahrhundert. Stratosphärische Winde verteilten über Monate hinweg das Schwefeldioxid, es wandelte sich photochemisch in Schwefelsäure um und bildete schließlich im Januar 1992 eine globale atmosphärische Schicht aus mikroskopisch kleinsten Tröpfchen. Der durch Reflexion eingetretene Wärmeverlust erreichte etwa vier Watt pro Quadratmeter.

Gegenüber der Bezugsperiode 1951–1980 lag die globale Mitteltemperatur an der *Erdoberfläche* in den Jahren 1992 und 1993 bedeutend niedriger als in den vorangegangenen fünf Jahren (1987–1991). Nach dem Pinatubo-Ausbruch nahmen die globalen Monatsmittel bis zum Frühherbst 1992 um etwa 0,7°C ab; das September-Mittel wies mit einer Abweichung von fast –0,2°C gegenüber der Bezugsperiode den tiefsten Wert seit Beginn der vergangenen Dekade auf.

In der *Troposphäre* erreichte der globale Temperaturrückgang im Frühherbst 1992 und Spätwinter 1993 etwa 0,6°C. Erst zum Jahresende 1993 stellte sich wieder der «Normalwert» (Juli 1990–Juni 1991) ein.

180

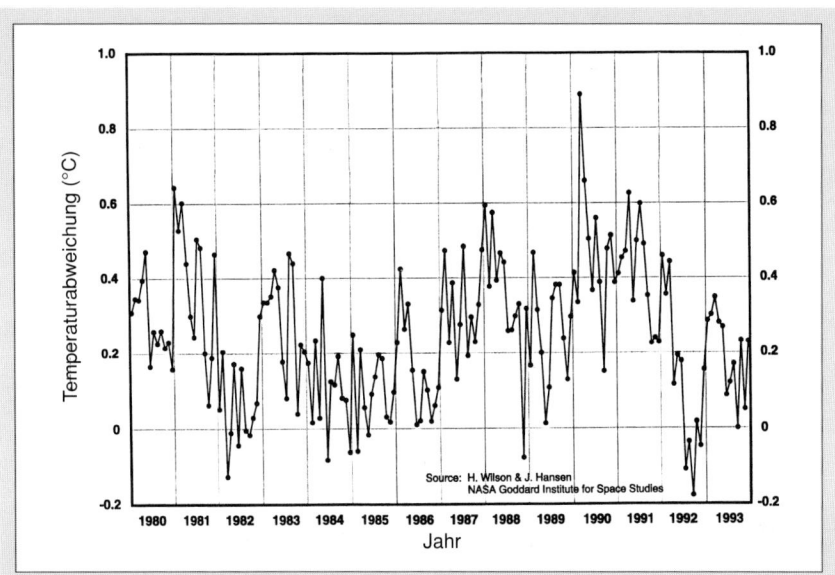

Abweichung der monatlichen globalen Mitteltemperatur an der Erdoberfläche von 1980–1993 gegenüber der Bezugsperiode 1951–1980 (Quelle: H. Wilson und J. Hansen, NASA Goddard Institute for Space Studies).

Betrachtungen des *stratosphärischen* Temperaturverhaltens beziehen sich auf einen zonalen Mittelwert (10°C) der 30-mb-Fläche für die Jahre 1978–1992. Wie erwartet stieg die Stratosphärentemperatur nach dem Pinatubo-Ausbruch zunächst rapide um etwa 3°C an. Nachfolgend ging sie bis Ende 1993 um rund 5°C zurück.

Seit 1880 stieg die globale Mitteltemperatur an der Erdoberfläche (unter Berücksichtigung eines Abzuges von 0,1°C hinsichtlich des Urbanisierungseffekts) um etwa 0,6°C. Dabei erscheint der Anstieg der Erwärmung in den letzten 30 Jahren stärker als der in jeder vorangegangenen, vergleichbaren Periode. In diesem Zusammenhang ist eine nähere Betrachtung der globalen Temperaturentwicklung im Zeitraum zwischen 1980 und 1993 von Interesse, hinterließen doch in dieser Epoche zwei massive Vulkanausbrüche ihre «Spuren».

Die Abweichung des globalen Temperaturmittels 1980–1993 gegenüber der Bezugsperiode 1951–1980 beträgt +0,26°C. Werden die im Erwärmungstrend liegenden Jahre 1980/81 als Nullpunkt gesetzt, so ging die globale Mitteltemperatur des Zeitraumes 1982–1993 gegenüber 1980/81 um 0,08°C zurück! Demnach wurde in den vergangenen zwölf Jahren die nach dem Trend zu erwartende weitere Erwärmung (möglicherweise allein?) durch Vulkanismuseffekte vollständig kompensiert.

181

Auch die Erde im Visier – kosmische Bombardements in der Vergangenheit

fachten großflächige Vegetationsbrände. Das in die Atmosphäre geschleuderte Auswurfmaterial sowie Rauch und Asche verdunkelten «lange Zeit» weltweit den Himmel. Durch das entwichene Schwefeldioxid setzte ein tödlicher saurer Regen ein, und stratosphärischer Dunst aus Schwefelsäure-Tröpfchen führte zu einem «längerfristigen» globalen Temperatursturz. Daß schon ein vergleichsweise geringer Transport von Schwefeldioxid in die Erdatmosphäre eine bemerkenswerte klimatische Unruhe bewirken kann, verdeutlichte spätestens der Ausbruch des Mount Pinatubo auf den Philippinen Mitte Juli 1991.

Für das K/T-Ereignis bleibt indes eine Unbekannte bestehen: Falls der Einschlag tatsächlich viel Kohlendioxid freisetzte, könnte dies eine (Über-)Kompensation der Abkühlung bewirkt haben. Aber sollte dieses Szenario die direkte und alleinige Ursache für das Aussterben der Dinosaurier und vieler anderer Tierarten gewesen sein? Diese Erklärung leuchtete auf Anhieb vor allem Planetenforschern wie Paul Weissman ein, der noch heute davon schwärmt, wie er bereits im Augenblick des Lesens der Alvarez-These erkannte, daß sie revolutionär war. Sie würde die Einschätzung der Gefahr für unseren eigenen Planeten radikal verändern. Die Planetologie begann damals gerade zu lernen, wie oft es im Planetensystem auch heute noch zu größeren Zusammenstößen kommt – eine Erkenntnis übrigens, die vor allem den Aufnahmen der Voyager-Sonden zu verdanken ist. Daß ein kleiner Asteroid oder Kometenkern auf die Erde fällt, schien plötzlich die natürlichste Sache der Welt!

Doch fast alle Paläontologen sahen das anders und erachteten es als geradezu verwerflich, eine kosmische Unbekannte einzuführen, um ein Rätsel aus ihrem Fachgebiet zu lösen. Auch wenn der Impakt selbst schwer wegzudiskutieren war, so argumentierten sie doch immer wieder, daß die betroffenen Tiergruppen nicht schlagartig, sondern über lange Zeiträume hinweg allmählich verschwanden – und dieses Verschwinden schon lange vor der K/T-Grenze begann, wie an Fossilienfunden abzulesen sei.

Erneuten Auftrieb erhielt jene Beurteilung durch Forschungsberichte, die im Herbst 1993 auf der Jahrestagung der Geologischen

182

Gesellschaft von Amerika in Boston zur Sprache kamen. Vier amerikanische Wissenschaftler untersuchten in Bernstein eingeschlossene fossile Luft und wollen herausgefunden haben, daß der Sauerstoffgehalt in der Atmosphäre gegen Ende des Mesozoikums (Erdmittelalter) in dem erdgeschichtlich kurzen Zeitraum von 300 000 bis 500 000 Jahren von 35 % auf 28 % abgesunken sei. Dies hätte das Überleben der Riesenechsen, die nach Ansicht der Forscher über unzureichend entwickelte Atmungsorgane verfügten, zunehmend erschwert. Zugleich habe verstärkte Vulkantätigkeit große Mengen Kohlendioxid freigesetzt. Der Geologe Gary Landis und seine Kollegen urteilen, zum Zeitpunkt des K/T-Impakts seien bereits zwei Drittel aller bekannten Saurierarten verschwunden gewesen, und das Aussterben der restlichen Arten hatte bereits begonnen.

Werden die Fossilienfunde überhaupt richtig gelesen? Denn mathematische Simulationen zeigten schon zuvor, daß der Zeitpunkt, an dem eine Art zu verschwinden *scheint*, stark von der Menge der Fossilien abhängt. So kann ein gradueller Artenschwund leicht vorgetäuscht werden, weil sich die selteneren Arten einfach früher aus dem Fossilienbestand verabschieden – obwohl sie munter weiterlebten. Also müssen einfach mehr Fossilien gefunden werden. Bei besonders systematisch vorangetriebener Suche scheint sich in der Tat zu zeigen, daß die Dinosaurier unverdrossen unmittelbar bis zu einem bestimmten Zeitpunkt gelebt haben und dann schlagartig verschwanden. Dies macht eine punktuelle Naturkatastrophe als Todesursache wahrscheinlich; für diese bietet sich der große Impakt an der K/T-Grenze wohl eher an als jedes andere Szenario.

Daß es am Ende der Kreidezeit ein plötzliches Massensterben gab, belegten Anfang 1994 die Ergebnisse einer Blindstudie, die Robert Ginsburg von der University of Maryland anregte. Unabhängig voneinander untersuchten vier Wissenschaftler die Reduzierung von Foraminiferen-Arten zur Zeit des Kreide-Tertiär-Umbruchs. Die mikroskopisch kleinen Meeresorganismen sollten verläßliche Indikatoren sein, um anzuzeigen, wie «kurz- oder langfristig» sie verschwunden sind. Frühere Untersuchungen von Foraminiferen-Arten führten zu unterschiedlichen Ergebnissen: Nach einer Analyse sollte über ein

183

Viertel bereits 300 000 Jahre vor der K/T-Grenze ausgestorben gewesen sein, nach einer anderen dagegen glaubte man, die Arten noch bis zum Ende der Kreidezeit nachgewiesen zu haben. In der Blindstudie, bei der keinem der Wissenschaftler der Entnahmeort bekannt war, konnte nun die Existenz jeder Foraminiferen-Art bis zum Ende der Kreidezeit von mindestens einem Forscher bestätigt werden! Der Leser mag selbst entscheiden, ab wann – bei diesem «Massenmord-Krimi» – eine Anhäufung von Indizien einen Beweis darstellt…

Doch nicht *alles*, was sich vor 65 Millionen Jahren auf unserem Planeten ereignet hat, läßt sich auf ein oder zwei große Einschläge zurückführen. Ein so schlagartiges Verschwinden wie das der Dinosaurier zeigen zwar auch die Ammoniten der Meere, manche Süßwassermuscheln und Landpflanzen, aber anderen Weichtieren, den sogenannten Rudisten, ging es schon Jahrmillionen vor der K/T-Grenze immer schlechter. Hier liegen langsame Umweltveränderungen als Ursache nahe, ein allmähliches Verschwinden der flachen Meere zum Beispiel.

Wie es scheint, hat die schlimmste Artenauslöschung der letzten 200 Millionen Jahre just zu einem Zeitpunkt stattgefunden, als es mit Teilen der Biosphäre ohnehin schon abwärts ging. Doch Grund zum Klagen besteht nicht: Noch nach jedem Schnitt haben geeignetere Lebensformen die Lücken schnell wieder gefüllt…

Die wissenschaftlichen Auseinandersetzungen um die Szenarios zur Zeit des K/T-Umbruchs (und die überschwappende «Dino-Welle»?) ließen eine nicht weniger dramatische Epoche in den Hintergrund geologischer Diskussionen treten. So kennzeichnet den Übergang vom Erdaltertum zum Erdmittelalter vor 250 Millionen Jahren, als der Urkontinent Pangäa aus den heutigen Erdteilen bestand, das größte aller bisher bekannter Massensterben. Die Gründe für die Auslöschung von *drei Vierteln der Tierarten* an der Perm-Trias-Grenze sind noch weitgehend unklar. Zwar ist in Brasilien das Muster einer 40 km großen und wahrscheinlich 250 Millionen Jahre alten Kraterstruktur (Araguainha Dome) zu finden, aber aufgrund ihrer geringen Dimension ist sie wohl kaum dem Geschehen zuzuordnen.

184

Das letzte Massensterben von Arten ereignete sich vor etwa elf Millionen Jahren, ohne daß ein *sichtbarer* Zusammenhang mit einem Impaktereignis herzustellen wäre.

Überlegungen, daß alle die Erde in der Vergangenheit heimgesuchten biosphärischen Desaster überwiegend auf das Konto von Einschlagsereignissen gehen könnten, erscheinen bisher nicht schlüssig. Doch die Impakt-Forschung wartet mit immer weiteren Überraschungen auf – zum Beispiel in bezug auf die Chesapeake Bay an der nordamerikanischen Ostküste:

Schon in den fünfziger Jahren kam die Atlantik-Bucht ins geologische Gerede. Einige Wissenschaftler des US Geological Survey (USGS) waren damals am Strand des Bundesstaates Virginia unterwegs, um die Grundwasservorkommen zu untersuchen. Bei ihren Bohrungen stießen sie auf eine 60 Meter dicke Schicht mit Anzeichen durchmischter Sedimentarten. Stutzig geworden über diesen seltsamen Fund, brachte das USGS Mitte der achtziger Jahre erneute Bohrungen nieder und entdeckte Geröll von Kieselstein- bis Felsblockgröße. Die im Sedimentbett enthaltenen Mikrofossilien wurden in einem Zeitraum vor 100 bis 35 Millionen Jahren abgelagert. Es hat den Anschein, als ob ein großes Gebiet des Meeresbodens wie mit einem Mixer durchgemischt wurde. Im Jahre 1991 kam der USGS-Geologe Wylie Poag dem Mechanismus auf die Schliche: Er wies im Sedimentbett Spuren von Mineralien nach, die durch extremen Druck – vermutlich infolge eines Impaktes – entstanden sind.

In der August-Ausgabe (1994) des amerikanischen Fachblatts *Geology* reicht Poag nun auch den Krater nach. Er wertete seismologische Daten aus und stieß in den Sedimenten auf Bruchzonen, die als 85 Kilometer große Ringstruktur angeordnet sind. Der Chesapeake-Krater – nunmehr der siebtgrößte der Erde – sollte demnach vor 35 Millionen Jahren durch den Einschlag eines wenige Kilometer großen Projektils entstanden sein. Tektitenfunde ähnlichen Alters im Südwesten der Vereinigten Staaten sowie im Golf von Mexiko und der Karibischen See runden das Bild. Der Entdecker kommentiert: «Der Krater hat die richtige Größe, das richtige Alter und das mit der Zusammensetzung der Tektite verträgliche Untergrundgestein.» Der Chesapeake-Impakt

185

fiel in eine Epoche ohne große Artenauslöschungen, obwohl sich zur gleichen Zeit auf anderen Kontinenten ebenfalls große Einschlagskrater bildeten. Doch einige «Opfer» gab es schon: Zu diesem Zeitpunkt starben fünf Mikroplanktonarten aus. Der Beweis für die Entstehung der Chesapeake Bay durch einen großen Einschlag wurde 1996 veröffentlicht: Seismische Profile, Bohrkerne und Schwerkraftmessungen paßten zusammen. Die 90 km große, verschüttete Struktur ist von typischer Breccie gefüllt, die die charakteristischen geschockten Mineralien enthält, wie sie nur bei einem gigantischen kosmischen Einschlag entstehen. Auch der Zusammenhang mit den nordamerikanischen Tektiten erscheint damit bewiesen: Sowohl das Alter des Kraters von 35,5 Millionen Jahren wie die Chemie des dortigen Gesteins passen zu den beim Impakt ausgeschleuderten Glasbrocken.

Eine Beurteilung, welche Impakt-Krater (insbesondere Großstrukturen) auf der Erde durch Kometen und welche durch Asteroiden beziehungsweise Meteoriten verursacht wurden, ist problematisch. Bei dem prominenten, 1219 Meter großen und 183 Meter tiefen Barringer-Krater in der Nähe von Winslow in Arizona ist die Herkunft klar: Hier schlug vor rund 50 000 Jahren ein vielleicht 60 Meter großer Nickel-Eisen-Meteorit in die Erde ein.

Ein nicht ganz unstrittiger Fall liegt quasi vor unserer Haustür: Das 24 km durchmessende Nördlinger Ries zwischen der Schwäbischen und Fränkischen Alb ist der am besten erhaltene und zugleich am gründlichsten erforschte Riesenkrater. Fast zwei Jahrhunderte lang fiel es schwer, die Entstehung des Kessels zu deuten: «Das Ries ist eine tief in Schlamm und Sand versunkene Sphynx und gibt den Forschern Rätsel auf, die nur durch langanhaltende Bemühungen und nicht in kurzem Siegeslauf zu lösen sind», urteilte Carl Deffner im Jahre 1878. Lange Zeit war eine vulkanische Erklärung vorherrschend – doch die Indizien waren mager. Erst im Jahre 1960 lösten Eugene Shoemaker und sein Kollege Edward Chao mit einer Suevitprobe aus dem Ottinger Steinbruch das Ries-Rätsel. Sie wiesen das Mineral Coesit nach, das nur unter extremen Druck- und Temperaturverhältnissen – wie bei unterirdischen Nuklearexplosionen – entsteht. Die nachfolgende Ent-

186

deckung von noch dichterem Stishovit und andere Beweise wiesen schlüssig den Weg zur Einschlagstheorie.

Der Aufprall muß sich vor 14,5 Millionen Jahren ereignet haben. Das etwa 1 km große Projektil stürzte mit einer Geschwindigkeit von 70 000 km in der Stunde auf die Erde zu, schlug mit einer Gewalt von 250 000 Hiroshima-Atombomben (18 000 Megatonnen TNT) auf und kam nach einer Zehntelsekunde in 1 km Tiefe zum Stillstand. Eine Glutwolke und 150 Kubikmeter ausgeworfenes geschmolzenes und festes Gestein sowie vor allem die Druckwelle zerstörten im Umkreis von mehreren hundert Kilometern fast alles höhere Leben. Um einen Krater von der Größe des Nördlinger Ries zu erzeugen, käme – bei gleicher Geschwindigkeit – sowohl ein Eisenmeteorit von 660, ein Steinmeteorit von 915 oder ein Kometenkern von 1485 Meter im Durchmesser in Betracht. Als Einschlagskörper wird ein Asteroid bevorzugt.

Nur 40 km südwestlich des Rieses liegt das 3,5 km große Steinheimer Becken, das ebenfalls als Einschlagskrater zu deuten ist. Aus dem komplizierten Aufbau der Nachbarsenke glauben einige Impakt-Experten, auf einen Kometenkern als Verursacher schließen zu können. Aufgrund von Fossilienfunden ist für das Steinheimer Becken ein Alter von ebenfalls 14,5 Millionen Jahren anzunehmen. Eine gemeinsame Entstehung mit dem Nördlinger Ries liegt nahe. War es ein zufälliges, zeitlich eng begrenztes Doppelereignis, ein Doppelasteroid oder ein im Schwerkraftfeld der Erde zerbrochener Asteroid, ein Asteroid mit Mond, oder waren es zwei Kometenbruchteile? Nach den Ergebnissen der jüngsten Asteroidenforschung und dem Jupiter-Crash ist alles drin.

Schwierigkeiten bereitete zunächst auch die Deutung eines Vorfalls am 30. Juni 1908 in Zentralsibirien. Urplötzlich erschien über dem Fluß Pokammenaya Tunguska ein riesiger Feuerball, größer als die Sonne, und explodierte in 8,5 km Höhe mit einer äquivalenten Sprengkraft von 15 Millionen Tonnen TNT – vergleichbar mit dem «Bravo»-Wasserstoffbomben-Test im Pazifik am 1. März 1954. Im 900 km entfernten Irkutsk bebte die Erde, und eine Luftdruckwelle, die stärker war als jede jemals zuvor bei einem Vulkanausbruch beobachtete, breitete sich rund um den Globus aus. Eine Wolke aus schwarzem

Rauch und Staub verdunkelte den Tageshimmel. Erst 19 Jahre später erreichte eine Expedition das unwirtliche Explosionsgebiet. Der Suchtrupp stieß auf eine große Senke. In einem Umkreis von 20 km waren die Bäume radial niedergeworfen worden. Zudem wurde ein schmaler, fast 250 km langer Landschaftsstreifen lokalisiert, der ungewöhnliche Mengen an kosmischem Staub enthielt. Doch Meteoriten fehlten!

So erschien ein Meteorit als Ursache ausgeschlossen. Es wäre zu erwarten gewesen, daß ein kosmischer Steinklotz bis zum Boden durchgeschlagen und einen markanten Krater, ähnlich dem Barringer-Krater, verursacht hätte. Viele Jahrzehnte waren sich alle seriösen Erforscher des Tunguska-Ereignisses einig, daß es nur ein Kometenkern gewesen sein konnte, der beim Eintritt in die tiefere Erdatmosphäre zerrissen wurde. Von dem sogenannten Airburst erreichte dann nur noch die Hitze- und Druckwelle den Erdboden.

Anfang September 1994 berichtete der russische Fernsehsender NTW über den Fund eines fünf Tonnen schweren Felsblocks, der einem Ingenieur aus Krasnojarsk gelang. Zwar zeigte der Sender, wie der Brocken von einem Kran auf einen Lastwagen gehievt wurde, doch blieb der Fundort unbekannt. Sicher sei, hieß es, daß der Findling aus dem Weltraum stamme. Nun wird spekuliert, ob es sich dabei doch um den Überrest des Tunguska-Meteoriten handeln könnte…

Doch alle diese Spekulationen sind wohl falsch. Denn das Experten-Trio C. Chyba, Paul Thomas und Kevin Zahnle konnte mit Hilfe von Modellstudien ziemlich eindeutig nachweisen, daß ein gewöhnlicher Steinmeteorit zu der Höhenexplosion führte. Sie gelangten zu dieser Erkenntnis, indem sie die Mechanik extrem schneller Körper in Atmosphären genauer erforschten, als es bislang der Fall war. Danach wäre ein Kometenkern schon in 30 bis 20 und ein kohliger Chondrit in 15 bis 10 km Höhe explodiert, während ein kleiner Eisenmeteorit direkt bis zum Boden durchgeschlagen wäre. Nur bei einem Steinasteroiden mit 30 Metern Durchmesser und einer Geschwindigkeit von 15 km/s kommt es in der tatsächlich beobachteten Höhe zum Airburst. Dies dürfte für alle Steinasteroiden im Durchmesserbereich von 10 bis 100 Metern die Norm sein.

DER JUPITER CRASH

Diese Betrachtung über kosmische Bomben, die Narben auf der Erde schlugen, ist freilich nicht vollständig. Vielmehr wurde das Augenmerk auf jene terrestrischen Impakt-Ereignisse gerichtet, die in ihren Größenordnungen in einem gewissen Bezug zur Kollision des Subkometen «Shoemaker-Levy 9» mit dem Planeten Jupiter stehen.

Es sollte möglich sein, ein der Erde bedrohlich nahekommendes Objekt, das eine potentielle Gefahr für katastrophale Veränderungen in der irdischen Umwelt bedeuten könnte, rechtzeitig zu identifizieren. Die Suche nach solchen Himmelskörpern macht Sinn. «Für die Dinosaurier ist es zu spät», resümieren die NASA und die amerikanische National Science Foundation in einem «Fact Sheet» vom 17. Juni 1994, «doch die Astronomen bemühen sich jetzt, alle größeren Objekte zu orten, von denen eine Impakt-Gefahr für die Erde zu befürchten ist».

Den kosmischen Bomben
auf der Spur

Am 23. September 1994 schlug für viele (Ohren-)Zeugen gut hörbar ein ko(s)misches Geschoß in Frankreich ein. «Meteoriten-Einschlag in Le Havre» kabelten verschiedene internationale Nachrichtenagenturen rund um die Erde. Die Medienbombe zeigte Wirkung: In Berlin zum Beispiel plazierten einige Radiosender die Meldung in ihre stündlichen Nachrichtensendungen. Die regionalen französischen Sicherheitskräfte in Gonfreville-L'Orcher – dem Einschlagsort – lösten einen Großalarm aus, informierten die Presse und setzten Polizei und Feuerwehr in Gang. Auf dem Marktplatz wurde die Truppe fündig: ein demoliertes Autowrack und erregt gestikulierende Menschen. Die angeblich verstörten Zeitgenossen, so wird heute ungern und kleinlaut zugegeben, waren eine Theatergruppe, die mit Genehmigung der Stadtverwaltung und zwei Böllerschüssen eine Inszenierung für eine Science-Fiction-Ausstellung probte, der angebliche Meteorit gehörte mithin zu den Requisiten...

Ein realer Vorfall fand hingegen am 9. Oktober 1992 vor Augenzeugen im Osten der Vereinigten Staaten statt. Über den Himmel von Westvirginia raste am frühen Abend ein Feuerball, heller als der Vollmond, und verlosch etwa eine halbe Minute später über der Grenze von Pennsylvania und New York. Etliche Videoamateure verfolgten das Spektakel und erhielten wahrscheinlich die besten jemals entstandenen Aufnahmen eines Boliden. Der zunächst noch relativ

191

Die amerikanische Feuerkugel vom 9. 10. 1992, von einem Videofilmer festgehalten: links mit Weitwinkel über einem Sportstation, rechts herangezoomt; der Zerfall in

kompakte Feuerball zerfiel explosiv in Einzelstücke, von denen am Ende mindestens 20 auf separaten Bahnen weiterflogen. Nachweislich erreichte ein Stück Restmasse den Boden: In Peekshill, einem Vorort von New York City, durchschlug ein 13 Kilogramm schwerer Chondrit ein altes Auto und formte im Asphalt darunter einen kleinen Krater. Für die Besitzerin des Wagens wurde der Meteoriten-Fall zum Glücksfall – sie verkaufte das Wrack als kosmische Attraktion über Schrottwert!

Ein ähnliches Ereignis erschütterte am 18. Juni 1994 die Umgebung der kanadischen Stadt Montreal. Mit einer Geschwindigkeit von 96 Metern in der Sekunde schlug ein zweieinhalb Kilogramm schwerer Steinmeteorit von der Größe einer Pampelmuse auf einer Kuhweide bei St. Robert (Provinz Quebec) ein. Die zwei Handvoll Urgestein aus dem All gruben ein 30 cm großes Loch in den Weidegrund.

DER JUPITER CRASH

zahlreiche leuchtende Bruchstücke wurde noch nie so gut festgehalten (Quelle: CNN Science & Technology Week; Bildverarbeitung: Daniel Fischer).

Dies sind nur zwei dokumentierte Einzelfälle aus jüngster Zeit, doch dürfte etwa eine solche kosmische Attacke – vielfach unbemerkt – monatlich die Regel sein. Drei Wissenschaftler des kalifornischen Jet Propulsion Laboratory (JPL), Kevin Yau, Paul Weissman und Donald Yeomans, blätterten chinesische Chroniken durch und berichten in einem im Juli 1994 vorgelegten Report, daß im weltweiten Jahresdurchschnitt (unter Einbeziehung der Ozeane) 15 Meteoriten-Ankömmlinge wahrscheinlich sind. Im Vergleich dazu registrierten Frühwarnsatelliten des US Space Command als zufälliges Abfallprodukt ihrer militärischen Aufgaben zwischen 1975 und 1993 etwa 150 Airbursts in der Atmosphäre, wobei jedoch unklar blieb, ob Restfragmente die Erdoberfläche erreichten.

Den kosmischen Bomben auf der Spur

Die von sterndeutenden Gauklern just zum Jupiter-Crash durch «ungünstige Prognosen» erneut heraufbeschworene Kometenangst veranlaßte die NASA und die amerikanische National Science Foundation (NSF) im Juni 1994 zu der Feststellung, daß «in moderner Zeit kein einziger Todesfall infolge eines Meteoritenfalls» bekannt geworden sei. Doch wann fängt die «Moderne» an? Nach Recherchen des JPL-Teams erschlug am 5. September 1907 ein himmlischer Steinschlag in Hsin-p'ai Wei/Weng-li die Familie Wan Teng-kuei. Am 30. Juni 1874 tötete ein Steinmeteorit in Chin-kuei Shan/Ming-tung Li ein Kind. Die Liste der Meteoritenopfer läßt sich bis zum 14. Januar 616 zurückverfolgen: An jenem Tag fiel ein Meteoritenregen in das Camp des Rebellen Lu Ming-yueh, zerstörte den Turm am Schutzwall und tötete mehr als zehn seiner Mitstreiter.

Ebenso sind Meteoriten-Tote aus anderen Teilen der Welt verzeichnet. Nach statistischen Analysen – hochgerechnet auf die gesamte Erdbevölkerung und unter Berücksichtigung der Besiedlungsdichte – müßte im weltweiten Durchschnitt alle dreieinhalb Jahre der Tod eines Menschen durch einen Meteoriten-Treffer zu erwarten sein – ein krasser Widerspruch zu den zitierten lapidaren Behauptungen der beiden US-Denkfabriken. Die beiden renommierten amerikanischen Planetologen Clark R. Chapman (Planetary Science Institute, Tucson) und David Morrison (Ames Research Center, Moffett Field) beurteilen die Wahrscheinlichkeit, in den USA durch den Impakt eines kleineren Asteroiden ums Leben zu kommen, mit 1:3000. Demgegenüber liegt die Wahrscheinlichkeit, durch ein Flugzeugunglück den Tod zu finden, bei 1:20000.

Jährlich erreichen etwa 200000 Tonnen interplanetare Materie die Erde. Rund die Hälfte dieses neuen Erdmaterials wird durch die Kollision mit 10 bis 100 Meter großen Asteroiden erzeugt. Bis zu einigen Dekametern große Objekte aus Stein verglühen als Meteore oder explodieren am Ende der Bolidenphase in der Atmosphäre, wobei die kinetische Energie dem Fünffachen der Energie jener Atombombe entsprechen kann, die auf Hiroshima fiel. Ein zehn Meter großer Eisenmeteorit kann – in viele Fragmente zerlegt – als Geschoß-hagel den Erdboden erreichen und ein Flächenbombardement bewir-

194

ken. Als ein solcher Eindringling am 12. Februar 1947 bei der Explosion über dem Bergmassiv von Sikhote-Alin in Ostsibirien in Hunderte von Bruchstücken zersplitterte, hinterließ der Schotter auf zwei Quadratkilometern einen regelrechten Teppich von über 200 bis zu 26,5 Metern großen Einschlagskratern.

Der zentrale Mechanismus, der Brocken jeder Größe auch auf erdbedrohliche Abwege bringen kann, ist das Chaos in der «Enge» des Asteroidengürtels zwischen der Mars- und der Jupiterbahn. Hier tummeln sich schätzungsweise 100 000 sogenannte Planetoiden – von Winzlingen, die weniger als 1 km groß sind bis zu «Miniplaneten» von 930 Kilometern (Ceres). Einige Irrläufer bewegen sich auf stark exzentrischen Bahnen und kreuzen die Mars-, Erd- oder sogar die Merkurbahn (Aten-, Apollo- und Amor-Asteroiden). Die Zusammensetzung der meisten Asteroiden hat sich seit ihrer Geburt vor 4,6 Milliarden Jahren nur wenig verändert.

Bis zum Beginn dieses Jahrhunderts führten die Asteroiden ein Schattendasein am Rande der Astronomie. Beobachtungen von der Erde aus führten kaum zu Kenntnissen über ihre Oberflächenbeschaffenheit, allenfalls ließen sich einige Hinweise auf ihre Größe und auf unregelmäßige Formen finden. Erst die Raumsonde Galileo, die auf ihrem (Um-)Weg zum Jupiter die beiden Asteroiden Gaspra und Ida im Hauptgürtel passierte, sowie radarastrometrische Beobachtungen der Ausreißer Toutatis und Castalia haben die Kleinen Planeten inzwischen zu eigenen Welten werden lassen.

Der Späher Galileo kam Gaspra am 29. Oktober 1991 bis auf 1600 km nahe. Während der Anflugphase und aus geringster Nähe «sah» er einen irregulär geformten Körper mit einer verkraterten Oberfläche, der sich in 7,04 Stunden einmal um seine Achse dreht. Seine Ausmaße von 18,2 · 10,5 · 8,9 km (mittlerer Durchmesser: 12,2 km) entsprechen in etwa denen des Marsmondes Deimos, der wahrscheinlich selbst einmal ein Kleinplanet war. «Kraterzähler» – inzwischen ein beliebter Job unter Planetologen – sichteten auf einem hochauflösenden Bild von Gaspra, das ein Areal von 90 Quadratkilometern erfaßt, 595 Impaktmuster mit Durchmessern ab 96 Meter (Grenze des Auflösungsvermögens). Daraus erstellte Kraterkurven (Anzahl/Durchmes-

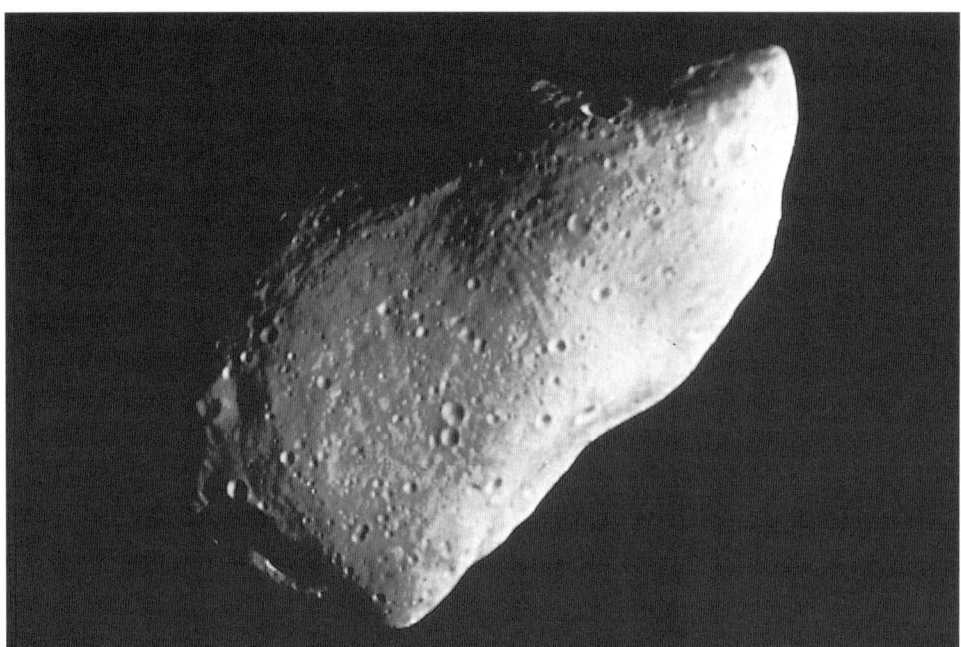

Der Raumsonde Galileo gelangen auf ihrem Flug zum Jupiter erste Nahaufnahmen von einem Asteroiden. Der Späher näherte sich am 29. Oktober 1991 bis auf 1 600 km Entfernung dem Kleinplaneten Gaspra. Dieses Bild entstand aus einem Abstand von 5 300 km. Die von Einschlägen zerklüftete Oberfläche Gaspras bestätigte theoretische Vorstellungen über die Kollisions-Geschichte der Kleinplaneten (Quelle: NASA/DRL-RPIF).

ser) liefern einerseits ein erstes unverfälschtes Spiegelbild der Verteilung von 10 bis 100 Meter großen Asteroiden im Hauptgürtel, die Gaspra getroffen haben, zum anderen geben sie Auskunft über das Alter des Asteroiden in seinem jetzigen Zustand. Wäre Gaspra so alt wie der Mond, dann sollte er pro Flächeneinheit 50mal so viele Krater wie die Maria des Erdtrabanten aufweisen. Jedoch zeigen sich auf ihm nur drei- bis viermal so viele Krater, woraus auf ein Alter von nur 200 Millionen Jahren zu schließen ist. Mithin hätte Gaspra bereits 40 % seiner Lebenserwartung hinter sich, denn ein Objekt von seiner Größe müßte im Mittel alle 500 Millionen Jahre durch die Kollision mit einem anderen Asteroiden zerstört werden. Mysteriöse Rillen auf Gaspras

DER JUPITER CRASH

Oberfläche, einige Kilometer lang, bis zu 200 Meter breit und 200 Meter tief, die von einer undeutlichen Vertiefung ausgehen, geben offenbar Kunde, daß er bereits Zielscheibe für ein größeres Projektil war.

Die Geburt und der abschätzbare Tod des Kleinplaneten stehen in einem engen Zusammenhang mit dem Chaos im Asteroidengürtel. Für Clark R. Chapman spricht vieles dafür, daß seine Existenz auf das Zerbrechen eines wesentlich größeren Körpers nach einem schweren Treffer zurückgeht. Bei der Kollision seien die Bruchstücke aber nicht in alle Richtungen davongeflogen, vielmehr hätten sich einige große Brocken wieder zusammengefunden – und heraus kam Gaspra. Die Gestalt des gesamten Körpers entspricht durchaus diesen Vorstellungen. Der Verdacht erhärtet sich, daß Gaspra aus zwei oder mehreren großen Brocken bestehen könnte, die von ihrer eigenen Schwerkraft zusammengehalten werden. «Aus jeder Richtung», urteilt Chapman, «sieht er klumpig aus, als habe man zwei Tonklumpen zu einer Erdnußform zusammengefügt».

Die vielleicht größte Überraschung lieferte das Magnetometer an Bord von Galileo. Gaspra scheint ein Signal hinterlassen zu haben, wonach er der erste bekannte kleine Körper im Sonnensystem ist, der ein Magnetfeld aufweist. Die Daten lassen zwar auf nur ein Hundertmillionstel der irdischen Feldstärke schließen, aber relativ zu dem kleinen Asteroiden wäre das gewaltig. Der Ursprung des Magnetfeldes ist ein Rätsel: Einen geschmolzenen Kern hat Gaspra sicher nicht, aber vielleicht mehr Eisen unter der felsigen Hülle als auf Anhieb zu sehen ist. Möglicherweise hatte der Ursprungskörper des Asteroiden auch ein starkes Feld, und Gaspra hielt etwas «permanenten» Magnetismus zurück.

Als der unermüdliche Späher am 28. August 1993 den Kleinplaneten Ida erreichte, fanden die Planetologen aus nur 2400 km Entfernung zwar kein Neuland mehr, aber die «Kraterzähler» kamen vollends auf ihre Kosten: Die Verkraterung auf Ida ist bei weitem größer als auf seinem Artgenossen und verweist auf ein «Alter» von etwa einer Milliarde Jahren – dies zerstörte zunächst die Entstehungstheorie.

Mit Ausmaßen von 58 · 23 km ist Ida wesentlich größer als Gaspra und auch kein «Einzelgänger». Er gehört zur sogenannten Koronis-Fa-

Der Asteroid Ida mit seinem winzigen Mond Dactyl. Die Galileo-Aufnahme entstand am 28. August 1993, 14 Minuten vor der größten Annäherung der Raumsonde an den Asteroiden, aus einer Entfernung von 10870 km. Der Abstand zwischen Mond und Asteroid beträgt nur etwa 90 km (Quelle: NASA/JPL).

milie, einer Gruppe von Asteroiden mit ähnlichen Größen und Bahnelementen. Wahrscheinlich gehörten alle Mitglieder zu einem einzigen Körper, der durch die Kollision mit einem anderen Objekt zertrümmert wurde. Wird die «himmlische Vermehrung» aus bahnmechanischer Sicht zurückberechnet, dürfte ihr Ursprung nur wenige hundert Millionen Jahre zurückliegen! Doch die große Kraterdichte auf Ida könnte als Wegweiser für seine Altersbestimmung mißverstanden werden. Denkbar wäre nämlich, daß sie auf ein Bombardement von Restfragmenten, die bei dem Crash entstanden sind und wiederum mit dem «frischen» Ida kollidierten, zurückzuführen ist.

Im März 1994 trauten die Mitarbeiter des Galileo-Projekts ihren Augen nicht, als sich auf einem verzögert übertragenen Ida-Bild ein winziger Mond markierte. Zur Aufnahmezeit war «Klein-Ida» nur 90 km vom Mutter-Asteroiden entfernt. Die Oberfläche des etwa 1,5 km großen, leicht eiförmigen Begleiters (1,2 · 1,4 · 1,6 km), der

198

Porträt von Idas Mond Dactyl. Auch der Winzling ist mit Kratern übersät. Die Verteilungsdichte entspricht etwa der auf Ida. Der Mond ist der erste entdeckte Begleiter eines Asteroiden (Quelle: NASA/DLR-RPIF).

inzwischen Dactyl getauft wurde, ist ebenfalls von Kratern übersät. Mehr als ein Dutzend Krater weisen Durchmesser von mehr als 80 Metern auf – der größte mißt 300 Meter. Die Verteilungsdichte entspricht etwa der von Ida. Grundsätzlich scheint der Felstyp beider Körper identisch zu sein. Der Winzling umrundet Ida in seiner Äquatorialebene einmal pro Tag. Peter Thomas, Planetologe an der Cornell University in Ithaca/New York kommentiert den Fund: «Dieser Mond ist eine Sache, die jeden aufregt. Über dieses Phänomen wurde zuvor schon spekuliert, und es gab dafür auch einige Hinweise. Jetzt haben wir uns mit mehreren Modellen auseinanderzusetzen, um herauszufinden, wie das Ding entstand.»

Schon sind zwei Thesen im Gespräch: Eine Theorie bietet als Ursache der Geburt einen Impakt an, bei dem ein Felsklotz aus Ida herausgeschlagen und zu «Klein-Ida» wurde. Mit diesem Vorfall wäre eventuell auch Idas schnelle Rotation von nur 4,63 Stunden zu erklä-

Den kosmischen Bomben auf der Spur

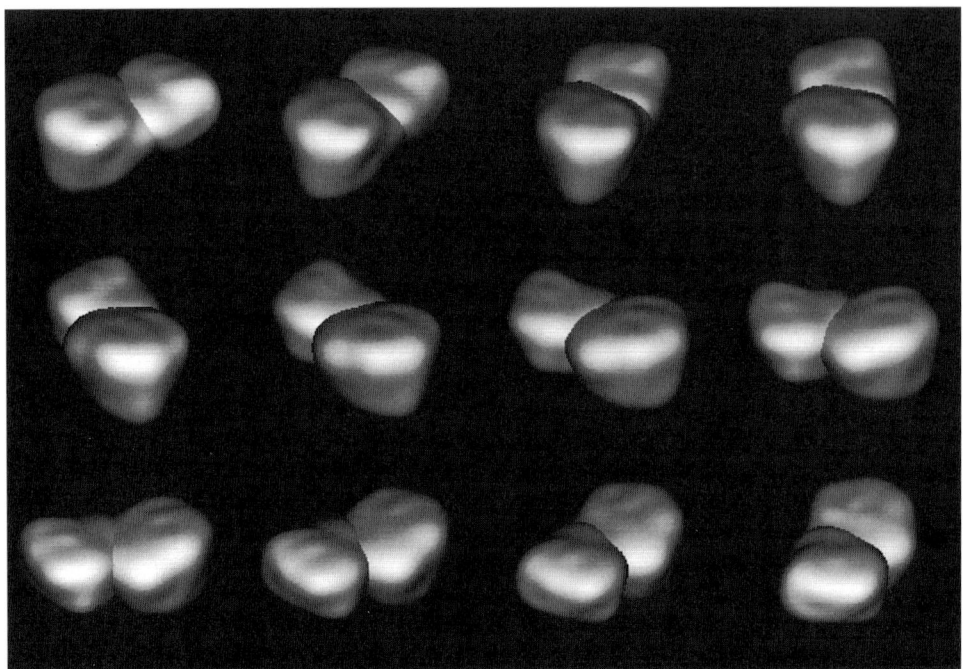

Nach Radarmessungen angefertigte Computerbilder vom Asteroiden Castalia. Er hat eine 100 bis 150 Meter tiefe Taille und besteht wahrscheinlich auch aus zwei nahezu gleich großen Teilen (Quelle: JPL/R.S. Hudson, S.J. Ostro).

ren. Zudem existiert auf dem Asteroiden eine tiefe Kerbe. Entstand Ida vielleicht selbst durch die sanfte Kollision zweier großer Objekte, die dann aneinander kleben blieben? Nach Chapmans Vorstellungen indes war «Klein-Ida» seit Anbeginn ein Mitglied der Koronis-Familie, also ein Produkt der Kollision, das durch die Schwerkraft von Ida eingefangen wurde.

Das von Galileo erhaltene Bild- und Datenmaterial von den Kleinplaneten Gaspra und Ida samt Mond im Asteroidengürtel wird ergänzt durch radarastrometrische Beobachtungen von Objekten, die sich auf stark exzentrischen Bahnen bewegen und die Erdbahn erreichen oder kreuzen können. Der auf diesem Gebiet führende amerikanische Radarastronom Steven Ostro vom JPL legte inzwischen erste Radar- und Computerbilder von den «Near Earth Asteroids» (NEAs) Toutatis

200

und Castalia vor. Die zur Erarbeitung der Bilder erforderlichen Radarechos wurden mit Hilfe der 70- und 34-Meter-Antennen des Deep Space Network in Goldstone/Kalifornien empfangen.

Der NEA Toutatis, der alle vier Jahre in Erdnähe kommt (im Jahre 2004 sogar bis auf 1,6 Millionen Kilometer), erweist sich als «das irregulärste bisher entdeckte Objekt im Sonnensystem» (Ostro). Er besteht im wesentlichen aus zwei Körpern mit im Mittel 2,5 und 4 km Durchmesser, bei denen es sich nicht sagen läßt, ob sie überhaupt verbunden sind oder sich nur berühren. Auch Castalia erscheint in seiner Größe von 1,6 · 1,0 · 0,7 km zweigeteilt, seine konvexe Hülle hat eine markante Taille von 100 bis 150 Metern Tiefe. Über die Entstehung beider Objekte theoretisiert Ostro: «Ich glaube, daß der Ursprung auf einen katastrophalen Zusammenstoß von zwei sehr großen Asteroiden, von mehreren zehn oder Hunderten von Kilometern Größe, vielleicht etwa von der Größe Idas, zurückzuführen ist. Jeder von ihnen zerbrach, wobei je ein Trümmerstrahl herausschoß. Beide Jets blieben dicht beisam-

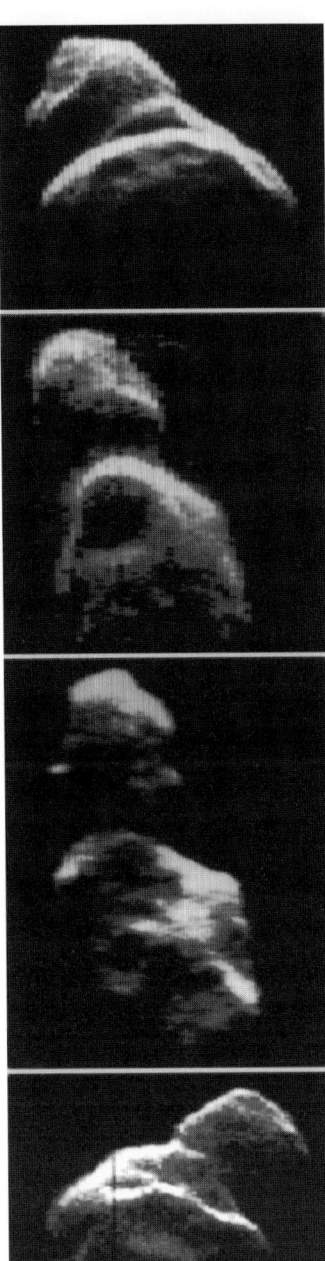

Radarbilder des aus zwei Körpern bestehenden Asteroiden Toutatis. Noch ist unklar, ob die Körper miteinander verbunden sind oder sich nur berühren. Das irreguläre Objekt kommt alle vier Jahre in Erdnähe (Quelle: JPL/NASA).

201

Den kosmischen Bomben auf der Spur

men und bildeten ein miteinander in Kontakt stehendes binäres System.»

Die Forschungsergebnisse über Asteroiden des Hauptgürtels und die NEAs weisen mithin auf verwickelte und interessante Konfigurationen hin. So werden theoretische Vorstellungen bestätigt, nach denen die Kollisions-Geschichte der Kleinplaneten komplex ist und zu außergewöhnlichen Formen der Objekte führte: mehrfache, miteinander in Kontakt stehende und doppelte Körper, Satellitensysteme sowie auch zusammengescharrte Haufen. Mehrere dieser Voraussagen stützten sich auf Einschlagsstrukturen auf dem Mond und anderen Körpern im Sonnensystem, besonders auf Doppelkrater und Kraterketten. Wahrscheinlich sind auch Aufschläge von durch Gezeitenkräfte zerbrochenen Kometen für einige dieser interessanten Kratermuster verantwortlich. Zugleich ist anzunehmen, daß mehr als zehn Prozent der NEAs binäre Systeme sind. «Ich denke, die Wissenschaft beginnt erst, die kleinen Körper zu verstehen, deren Formen, Zusammensetzungen, Rotationen und Umlaufbahnen eine Art interplanetaren Zoo darstellen», urteilt Ostro und blickt in die Zukunft: «Glücklicherweise zählen viele die NEAs zu den am leichtesten erreichbaren Objekten im Sonnensystem. Hinsichtlich der Energiekosten für Hinflug, Landung und Rückkehr ist es einfacher, zu ihnen zu reisen als zum Mond. Wenn die Menschheit sich entscheidet, über das Erde-Mond-System hinaus zu fliegen, sollten allein aus ökonomischen Gründen die erdbahnkreuzenden Asteroiden das erste Reiseziel sein. Es steht außer Frage, daß wir dort die außergewöhnlichsten Welten in unserem Hinterhof finden werden.»

Steven Ostros abenteuerliche Vision bietet Stoff für Science-Fiction-Autoren. Vielleicht reisen Astronauten eines Tages per Huckepack mit einem Asteroiden, dessen Bahn zufällig instabil wird, durch das innere Sonnensystem, und die Crew wird möglicherweise sozusagen gratis dorthin zurückbefördert, woher sie mit großem Energieaufwand gekommen ist...

Es ist nicht bekannt, ob und wann der Vortrag des kalifornischen Radarastronomen Gehör bei der NASA fand. Jedenfalls ist ein Raumvehikel für eine Mission zum Asteroiden Eros konstruiert worden, das im Februar 1996 die Reise angetreten hat: NEAR – das Near Earth

202

Asteroid Rendezvous. Nach etwa dreijährigem Flug soll die NEAR-Sonde in eine Umlaufbahn um Eros einschwenken, Nahaufnahmen liefern, die Zusammensetzung der Oberfläche untersuchen, nach Satelliten Ausschau halten und ein eventuell vorhandenes magnetisches Feld aufspüren.

Etwa 2000 Asteroiden mit mehr als 1 km Durchmesser bewegen sich im erdnahen Raum, von denen allerdings bisher erst rund 300 entdeckt wurden. Im statistischen Mittel durchläuft alle paar Jahrzehnte ein kilometergroßes Objekt das Erde-Mond-System. Die Anzahl der NEAs mit Durchmessern zwischen 100 Metern und 1 km wird auf rund 300000 geschätzt – jährlich kommt es zu mehreren Passagen zwischen Erde und Mond. Für noch kleinere NEAs ist ein Überblick nicht zu leisten, doch nach Beobachtungen mit dem automatischen Spacewatch Telescope auf dem Kitt Peak in Arizona dürften jeden Tag – hochgerechnet – bis zu 50 Brocken der Zehn-Meter-Klasse in weniger als einer Mondentfernung an der Erde vorbeiziehen.

Eine unheimliche Begegnung solcher Art schreckte am 31. Mai 1989: Der Asteroid 1989 FC, mit einem Durchmesser von vielleicht einem halben Kilometer, kreuzte die Erdbahn und verfehlte unseren Planeten um etwa 700000 km. John C. Bandt und Robert D. Chapman urteilen in ihrem Buch *Rendezvous im Weltraum* (Birkhäuser Verlag, 1994): «Diese Entfernung, fast der doppelte Abstand zwischen Erde und Mond, mag einem als sicher genug erscheinen – bis man erkennt, daß die Erde diese Strecke auf ihrer Umlaufbahn in nur sechs Stunden zurücklegt! Wäre die Ankunft des Asteroiden um sechs Stunden verschoben gewesen, hätte es zu einer Naturkatastrophe immensen Ausmaßes kommen können.»

Bis vor wenigen Jahren wurde noch spekuliert, ob es sich bei den NEAs und den Asteroiden im Hauptgürtel überhaupt um dieselbe Art von Objekten handelt. Ihre exzentrischen Bahnen könnten nämlich den Verdacht nahelegen, daß sie viel eher ausgebrannte oder verkrustete Kerne kurzperiodischer Kometen sind. Da NEAs auf Zeitskalen von zehn bis 100 Millionen Jahren entweder durch planetare Schwerefelder aus dem Sonnensystem herausgeworfen werden oder aber auf

203

Sie kamen von Vesta

Der Asteroid Vesta im Hauptgürtel wurde in der Vergangenheit das Opfer einer schweren Kollision. Seitdem erfreut er sich einer Familie von mindestens acht kleineren Asteroiden mit sehr ähnlichen Bahnen und Spektren. Seine Oberfläche ist basaltisch. Sechs Prozent aller auf der Erde gefundenen Meteorite sind basaltische Achondrite! Da Vesta aber zu weit von chaotischen Zonen entfernt ist, wurde er bislang nicht als Mutterkörper der seltenen Meteoriten akzeptiert. Wenn jedoch die Fluchtgeschwindigkeit von Vestas Oberfläche mit den Bahngeschwindigkeiten der Absprengsel verrechnet wird, dann wurden sie mit 500 Metern in der Sekunde herausgeschleudert – Brocken von 4 bis 7 km im Durchmesser. Dies wiederum bedeutet, daß bei der Kollision gewiß auch kleinere Fragmente mit 1 km/s und mehr gestartet wurden. Sie könnten leicht die beiden instabilen Gebiete erreicht haben, die für den Meteoriten-Transport zur Erde sorgen. Demnach wäre Vesta sehr wohl die wahrscheinliche Quelle der basaltischen Achondrite. Neben den acht Asteroiden bei Vesta wurden inzwischen noch zwei Kandidaten nahe einer der chaotischen Zonen entdeckt. Ihre Spektren ähneln Vesta, auch wenn es keinen direkten orbitalen Zusammenhang gibt. Überdies zeichnen sich die beiden Körper sowie zwei der Vesta-Familie durch spektrale Besonderheiten aus, die sie als Diogenite klassifizieren könnten, Material, das unterhalb der Oberfläche Vestas vermutet wird. Es sind die ersten Asteroiden mit dieser Signatur, und sie belegen, daß der Impakt, der die Vesta-Familie schuf, gewaltig war und ziemlich tief gegangen sein muß.

einem terrestrischen Planeten «verenden», muß ständig für Nachschub gesorgt werden. Der Vergleich von Rotationsperioden und Helligkeitsamplituden (ein Maß für die Länglichkeit eines Körpers) der bekannten NEAs mit denen von kleinen Hauptgürtel-Asteroiden und Kometen legt aber nahe, daß die meisten, 60 % bis 100 %, aus dem Asteroidengürtel stammen und nur eine Minderheit Kometenkerne sein dürften. Die Mitreise von möglicherweise «blinden Passagieren» lassen sowohl Vergleiche der morphologischen Eigenschaften von Kometen und Asteroiden als auch Untersuchungen der Bahnentwicklung vermuten. – Aber wieso ist der Großteil der NEAs nicht im Asteroidengürtel geblieben?

Störungen vor allem durch den Riesenplaneten Jupiter erzeugen im Asteroidengürtel instabile Bereiche. Gerät ein Körper dort hinein, dann kann sich seine Bahnexzentrizität so verändern, daß sie ihn bis

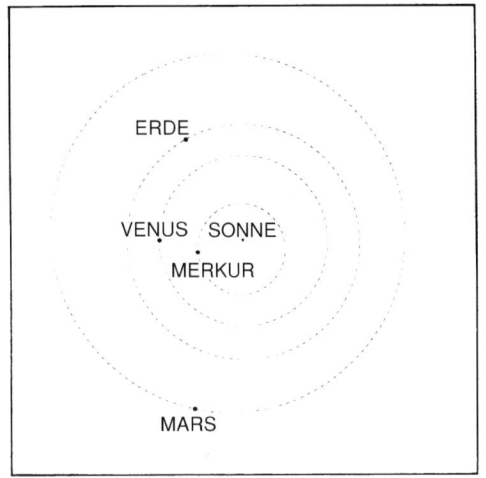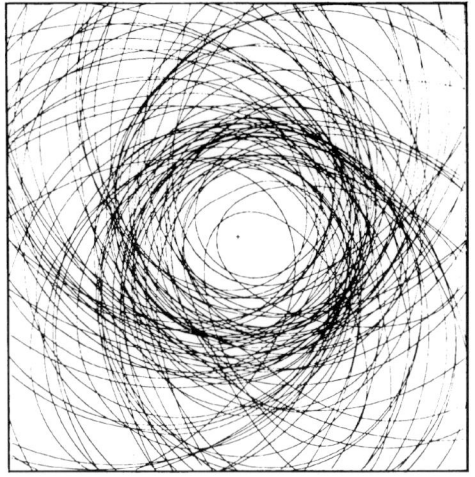

Ein Schwarm von Asteroiden bewegt sich im erdnahen Raum. Links: die Bahnen der inneren Planeten um die Sonne; rechts: die Umlaufbahnen der 100 größten erdnahen Asteroiden (Quelle: NASA International Near-Earth-Object Detection Workshop, 1992).

innerhalb der Mars- und der Erdbahn wandern läßt. Diese Prozesse wurden in den vergangenen Jahren mit Hilfe von Computersimulationen untersucht, und man stieß auf zwei bedeutende chaotische Zonen. Kollidieren in ihrer Nähe Asteroiden, und geraten bei diesen Kollisionen Trümmer in die instabilen Gebiete hinein, wären sie der ideale Lieferant für NEAs. Eine französisch-italienische Forschergruppe simulierte diesen Vorgang im Rechner und konnte dabei auch die besten Kandidaten, die als NEA-Spender in Frage kommen, ausfindig machen. Sie ließen zunächst von 2355 katalogisierten Hauptgürtel-Asteroiden mehrere Millionen Fragmente absplittern, mit Bahnen, die sie bei Laborversuchen mit Hochgeschwindigkeits-Kollisionen beobachtet hatten. Dann wurde für jeden Asteroiden der Fluß von Fragmenten in die chaotischen Zonen abgeschätzt. Schließlich erwies sich als einer der Hauptkandidaten für die Produktion von NEAs der 200 Kilometer große Asteroid Hebe, der sehr dicht an einer der Resonanzzonen liegt.

Nun wurden die Bahnen von 18 fiktiven Bruchstücken, die sich mit einigen 100 Metern in der Sekunde von Hebe lösen, numerisch

205

über zwei Millionen Jahre integriert. Jedes dritte Fragment gelangte auf eine stark chaotische Bahn mit vielen Mars- und Erdbegegnungen. Hochgerechnet *muß* die Erde in ihrem Leben mehrfach von Hebe-Trümmern getroffen worden sein – und es gibt einen Kandidaten: der Meteorit von Pribam! Er fiel 1959 in die damalige CSSR und ist einer von nur drei oder vier Meteoritenfällen, bei denen die Bahn der dazugehörigen Feuerkugel fotografisch präzise bestimmt werden konnte. Pribams Bahn harmonisiert mit denen mehrerer der im Rechner simulierten Hebe-Fragmente. Die Wissenschaftler vermuten, daß Hebe, der größte Asteroid nahe einer Chaos-Zone, für 15 % aller eintreffenden Masse aus dem All verantwortlich sein könnte. Er dürfte im Mittel alle 20 Millionen Jahre einmal von einem 1 km großen Asteroiden getroffen werden, der einen 100 km großen Krater schlägt, und 10^{18} Gramm Trümmermaterial ins All befördert, wovon eine Milliarde Tonnen den Weg zur Erde findet.

Der japanische Astronom M. Yoshikawa ging schließlich der Frage nach, wie häufig Asteroiden-Kollisionen im Hauptgürtel eigentlich sind. Mit einem Hochleistungs-Computer verfolgte er präzise die Bahnen von 4506 numerierten Asteroiden, einschließlich der gegenseitigen Störungen. In den kommenden 100 Jahren wird es demnach alle vier Tage Begegnungen von Asteroiden untereinander mit weniger als 0,01 AU und einmal pro Jahr mit weniger als 0,001 AU geben. Die engste Begegnung werden die Asteroiden Nr. 445 und 1764 mit 0,0001 AU (15 000 km) erleben. In den nächsten 100 Jahren sind allerdings Kollisionen bekannter Asteroiden nicht zu erwarten. Werden 10 km als ein typischer Durchmesser angenommen, dann muß es im Durchschnitt alle 100 Millionen Jahre zu einer Kollision im Asteroidengürtel allein zwischen den 4500 gut bekannten Planetoiden kommen.

Zurück zur Erde und zur jenen kosmischen Bomben, mit deren Treiben in der Nähe unseres Planeten eine potentielle Kollisionsgefahr verbunden ist. Zur Entdeckung und Verfolgung der NEAs ist das Spacewatch Telescope bisher weitgehend auf sich allein gestellt. Zwei von drei Entdeckungen gehen auf sein Konto. Sein Gesichtsfeld am Himmel ist zwar klein, aber der 91-cm-Spiegel reicht zusammen mit einer modernen CCD-Kamera bis zur 21. Größe. Für den großen Erfolg des Instruments sorgt aber auch ein cleveres Computerprogramm, das auf drei aufeinanderfolgenden Bildern desselben Himmelsausschnitts alle Objekte lokalisiert, die sich bewegen, und gegebenenfalls Alarm schlägt. Zusätzlich hält aber auch ein Astronom den Live-Monitor im Auge und erkennt vor allem Asteroiden, die wegen besonderer Erdnähe so schnell sind, daß sie kleine – oder große – Strichspuren ziehen. Über 100 solcher Objekte sind seit 1990 bereits vom Spacewatch-Instrument gefunden worden, das damit zum Vorbild mehrerer anderer Suchprogramme geworden ist.

Ein «alltägliches» Ereignis am Rande weist auf die Schwierigkeiten hin, die mit der Entdeckung und Verfolgung von NEAs verbunden sind: Am 1. März 1994 passierte ein etwa zehn Meter großes Objekt – mit der nachträglichen Bezeichnung 1994 EF 1 – in 160000 km Abstand die Erde. Der Asteroid wurde einen Tag zuvor beim Anflug in 2,2 Millionen Kilometer Entfernung gesichtet. Sofort alarmierte Sternwarten in Japan, Australien und Neuseeland waren jedoch nicht in der Lage, schnell genug zu reagieren, um die Nahbegegnung weiterzuverfolgen.

Die Anzahl der in den letzten Jahren entdeckten NEAs stieg nahezu inflationär an – freilich nur «ein Tropfen auf den heißen Stein», im Vergleich zur geschätzten Unmenge der Objekte. Aber entscheidend ist, daß es überhaupt so viele sind, die bisher geortet wurden. So ist heute davon auszugehen, daß es etwa zehnmal mehr NEAs der 50-Meter-Klasse (etwa so groß wie das Objekt von Tunguska) gibt, als zuvor vermutet wurde.

Im Rahmen eines zügig ins Leben gerufenen «Near-Earth-Object (NEO) Detection Workshop» kamen zunächst die NEO-Fahnder in einem 1992 vorgelegten «Spaceguard Survey Report» zu dem Schluß, daß nur erdbahnkreuzende Asteroiden («Earth Crosser») mit einem Durchmesser größer als 1 km eine wirkliche Bedrohung sind. Sie haben Massen von einigen zehn Milliarden Tonnen und entfalten beim Aufprall eine äquivalente Sprengkraft von über 100000 Millionen Tonnen TNT – um ein Vielfaches mehr als die nuklearen Sprengkörper auf dem Höhepunkt des Kalten Krieges! Die Verwüstungen lägen weit

207

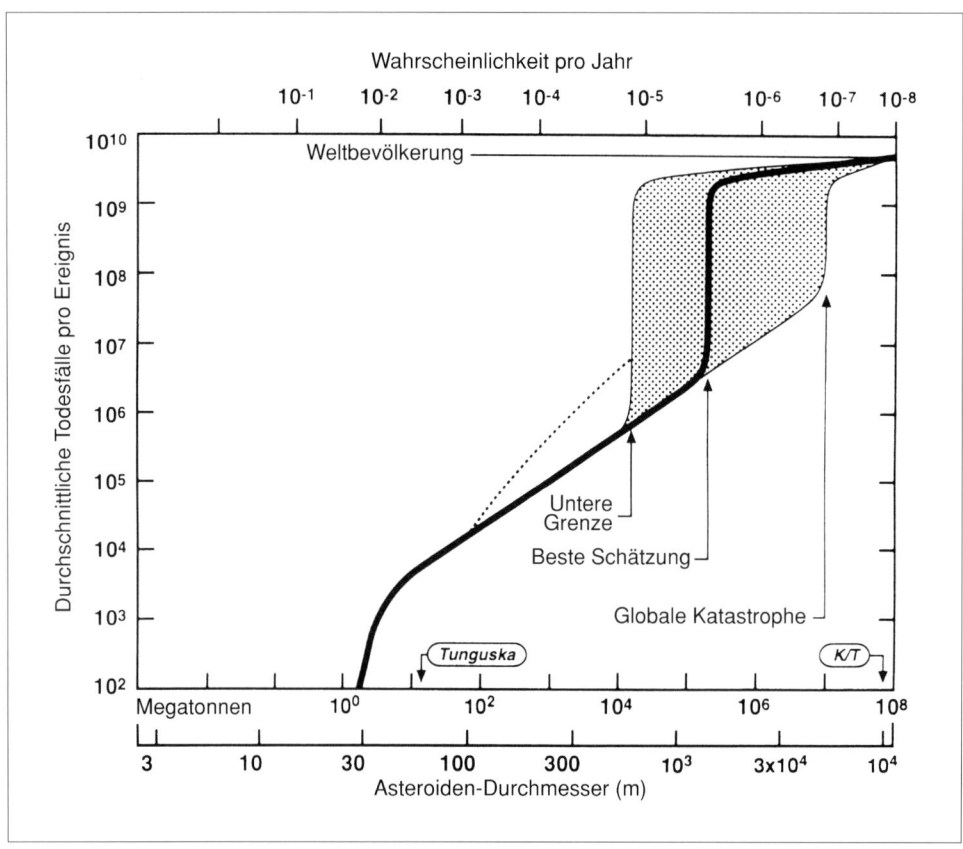

Häufigkeit und Vernichtungspotential für Kollisionen größerer Himmelskörper mit der Erde. Der schattierte Bereich weist auf die Unsicherheit zur Einschätzung einer globalen Katastrophe hin (Quelle: NASA International Near-Earth-Object Detection Workshop, 1992).

über denen der Weltkriege, blieben aber noch hinter den Auswirkungen des K/T-Ereignisses zurück. Zwar wäre nicht das Überleben der Menschheit insgesamt bedroht, aber es käme zu erheblichen Einschnitten in die Zivilisation, beispielsweise durch weltweite Ernteausfälle. Doch gegenwärtig ist kein NEO in Sicht, der in den nächsten Jahrhunderten mit der Erde kollidieren könnte. Freilich wäre es sicher noch beruhigender, wenn man wüßte, daß es auch unter den noch unbekannten Objekten derzeit kein NEO mit Erdkurs gibt.

DER JUPITER CRASH

Im vieldiskutierten «Spaceguard Survey Report» wird daher vorgeschlagen, die bewährte Spacewatch auf dem Kitt Peak mit sechs weltweit verteilten Ein- bis Zwei-Meter-Teleskopen zu erweitern. Ausgerüstet mit CCDs könnten sie jeden Monat 6000 Quadratgrad des Himmels nach selbständig beweglichen Objekten bis hinab zu 22^m (vergleichbar mit einem 1 km großen Asteroiden in 200 Millionen Kilometer Entfernung) absuchen und deren Bahnen zusammen mit Radaranlagen verfolgen. Binnen 25 Jahren, so wird geschätzt, wären somit 90 % aller über 1 km großen Asteroiden und 10 % der rund 300000 Objekte mit Größen zwischen 100 Metern und 1 km zu finden. Als Kosten würden 50 Millionen Dollar für den Bau der sechs Sternwarten und 10 bis 15 Millionen Dollar pro Jahr für den Betrieb zu Buche schlagen.

Der Geldsegen blieb bislang aus – die Teleskope werden in dieser Form nie gebaut. Doch nach dem Jupiter-Crash stellte der US-Kongress Anfang August 1994 zumindest einen Sonderposten im NASA-Etat bereit: Unter Leitung von Eugen Shoemaker sollten sieben weitere prominente Planetenforscher bis zum 1. Februar 1995 herausfinden, wie innerhalb von zehn Jahren möglichst viele der NEOs und Kometen mit mehr als 1 km Durchmesser aufzufinden und zu katalogisieren sind. Im Sommer 1995 lag der Bericht dann vor: Fortschritte in der Instrumententechnik und eine noch bessere Suchstrategie, so besagte der Report, würden es für weniger Kosten als bei der Spaceguard gleichwohl ermöglichen, schneller zum Ziel zu kommen. Für nur rund 40 Millionen Dollar könnte man mit zwei Teleskopen der 2-m-Klasse binnen 10 Jahren 60–70 Prozent aller kurzperiodischen NEAs mit mehr als 1 km Durchmesser aufspüren. Jeden Monat einmal sollte der ganze Himmel abgesucht werden, wenn auch nicht so «tief» wie bei Spacewatch. Auch dieses Programm erschien aber der US-Regierung noch zu teuer, und so bleibt die Asteroidenjagd weiterhin der – wachsenden – Initiative einzelner Astronomen überlassen. Die demnächst auf ein 1,8-m-Teleskop aufrüstende Spacewatch erhält unter anderem Gesellschaft durch ein umgebautes Teleskop, ein experimentelles Suchprogramm der US Air Force und ein umfunktioniertes Weitwinkelteleskop in Südfrankreich.

209

Für Aussagen, in welchen Zeiträumen und mit welcher Größe Impaktoren die Erde heimsuchen, lassen sich die Kraterverteilung auf dem Mond, die Muster irdischer Einschlagskrater sowie Mengen- und Größeneinschätzungen über die sich erdnah bewegenden Objekte heranziehen:

- Ein Tunguska-ähnliches Ereignis dürfte im Mittel etwa alle 250 Jahre zu erwarten sein. Würde sich ein solcher Vorfall über einem urbanisierten Gebiet mit wenig stabiler Bauweise ereignen, so müßte auf einer Fläche von über 1000 Quadratkilometern mit der Zerstörung nahezu aller Häuser und einer entsprechenden Anzahl von Toten gerechnet werden. Die Wahrscheinlichkeit eines «Stadt-treffers» liegt bei einem Ereignis in 100 000 Jahren.
- Der Einschlag eines 250 Meter großen Stein- oder Eisenprojektils führt zu schweren lokalen Verwüstungen. Die äquivalente Spreng-kraft beträgt 1000 Millionen Tonnen TNT und verursacht bei einem Impakt auf Land einen etwa 5 km großen Krater. Ein Kometenkern ähnlicher Größe würde vermutlich noch vor dem Erreichen des Erdbodens auseinanderbrechen – der Airburst hätte gleichfalls zerstörerische Auswirkungen. Das vernichtete Landgebiet umfaßte 10 000 Quadratkilometer oder 0,002 % der Erdoberfläche. Erfolgte der Einschlag im Meer, wären durch Flutwellen regionale Küsten-streifen betroffen. Ein 1000-Millionen-Tonnen-Impakt ereignet sich durchschnittlich einmal in 10 000 Jahren, bliebe aber für den Großteil der Menschheit ohne Folgen.
- Die sogenannte «Threshold», die Untergrenze für eine globale Kata-strophe liegt zwischen 0,5 und 5 km Objektdurchmesser; Chapman und Morrison nehmen als nominelle Grenze 1,5 km an (200 000 Millionen Tonnen TNT): «Wir glauben, daß so ein Aufschlag, der Geröll in die Atmosphäre schleudert, das Sonnenlicht verdunkelt und die Ernte um die ganze Welt herum ruiniert, nur alle paar Jahr-hunderttausende auftritt.» Ein Impakt dieser Art würde auf der heuti-gen Erde anderthalb Milliarden Menschen das Leben kosten.
- Ein erneutes K/T-Ereignis wäre das Ende der Welt, wie wir sie kennen. Chapman urteilt: «Gott sei Dank sind Aufschläge mit einer Energie

von mehr als 100 Millionen Millionen Tonnen TNT, was etwa einem 10 km großen Objekt entspricht, so selten, daß sie im Durchschnitt nur etwa alle 100 Millionen Jahre erfolgen. Natürlich kann es auch früher zum Einschlag kommen – nur die Wahrscheinlichkeit, daß dies in nächster Zeit geschieht, ist äußerst gering. Es handelt sich wirklich nicht um eine Gefahr, vor der man warnen müßte.»

Zu heftigen Diskussionen führten Vorschläge und Denkansätze über mögliche Maßnahmen zur Verhinderung eines Impakts auf der Erde, die anläßlich des «NEO Intercept Workshop» im Januar 1992 zur Sprache kamen. Die Palette an Ideen reichte vom Anbringen von Sonnensegeln oder Raketenmotoren am Objekt über «sanfte» nukleare Methoden bis zur vollständigen Pulverisierung des möglichen Impaktors. Die Arbeitsgruppe entartete zeitweilig zur Spielwiese für die ihres Feindbildes beraubten Kalten (Techno-) Krieger. So schlug ein Teilnehmer beispielsweise vor, 1200 Raketen mit dem gesamten Nukleararsenal der Erde startklar zu machen. Edward Teller, der während des Workshop 84 Jahre alt wurde und einen Asteroiden mit seinem Namen geschenkt bekam, forderte ernsthaft die Entwicklung einer Superbombe, 10000mal stärker als jede je bisher gebaute. Einer seiner Schüler, so ein Ohrenzeuge, rief denn auch in den Hörsaal: «Nukes forever!» Die Kontroverse wurde zudem durch die Frage geschürt, welche Objekte gegebenenfalls überhaupt «behandelt» werden sollten: die kleineren NEOs mit kurzer Vorwarnzeit, zwar mit höherer Erscheinungsfrequenz, aber lediglich von lokaler (regionaler) Impaktbedeutung, oder die über 1 km großen Objekte mit langer Vorwarnzeit und nur auf einer großen Zeitskala von globaler Relevanz. Schließlich wurde den Mini-NEOs doch eine größere Bedeutung beigemessen. Und Teller wußte sofort Rat: «Zunächst probeweise Angriffe auf harmlose NEOs mit Kernwaffen, dann hätten wir schon geübt, wenn eine wirkliche Gefahr auftreten sollte.» Die Entwicklung des Workshops erzürnte Chapman: Man habe die Gefahr durch kleine NEOs maßgeblich aufgebauscht und die wirklich gefährlichen großen Objekte ignoriert. Dabei seien die kleinen NEOs vollkommen unbedeutend, würden sie doch durch die Erdatmosphäre weitgehend abgeschirmt. Mit-

211

hin sei es Unsinn, so Chapman, Nuklearraketen für die Abwehr kleiner NEOs ohne lange Vorwarnzeit zu entwickeln und nicht zu empfehlen, eine Armada solcher Raketen mit Multi-Megatonnen-Sprengköpfen ständig bereitzuhalten.

Gibt es überhaupt realistisch erscheinende Möglichkeiten zur Asteroiden-Abwehr? Für Körper bis 100 Meter Durchmesser würde bereits ein Beschuß mit einem Klotz von 100 bis 1000 Kilogramm Masse ausreichen, um mit den aus dem Krater ausgeworfenen Ejekta eine Bahnstörung zu bewirken. Bei größeren Objekten empfiehlt sich eine Nuklearexplosion in einigem Abstand (stand-off). Die Neutronen-strahlung würde die Oberfläche des Körpers treffen und zur Ablösung von Materie führen, die wiederum den gewünschten Rückstoß ausübt. Dieses Verfahren wäre einfach und risikoarm. Als Alternativen blieben noch das komplizierte Anbringen eines Geräts, das den Körper angräbt und das Material abstößt («Mass Driver»), oder die Zündung einer Kernwaffe auf oder in seiner Oberfläche. Die ablenkende Wirkung wäre dann auch nicht größer, wohl aber das Risiko, daß das Objekt in mehrere immer noch gefährliche Teile zerbricht. Eine vollständige Sprengung indes, bei der alle Teile im Raum verstreut würden, würde ein präzises Vergraben des Sprengsatzes fast im Zentrum des Körpers erfordern. Tests an echten Objekten wären sicherlich politisch heikel, da eine Kernwaffe in den Weltraum gebracht werden müßte…

Auf der Overhead-Folie eines Konferenzteilnehmers zur «NEO Interception» war zu lesen: «In den letzten vier Dekaden hat die Erde den Aufstieg ihrer ersten raumfahrenden und nuklearsprengfähigen Tierart erlebt. Das irdische Leben hat *jetzt* einen Repräsentanten bekommen, der es aktiv gegen das (kosmische) Bombardement vertei-digen kann – nach vier Milliarden Jahren der Passivität.»

Wirklich?

David Morrison sagt zum gegenwärtigen Stand der Kenntnisse: «Der einzige Schutz besteht noch immer darin festzustellen, was da draußen – im All – eigentlich passiert.» Zur Beantwortung dieser Frage hat uns das dramatische Ende des Subkometen Shoemaker-Levy 9 eine Fülle neuer Erkenntnisse geliefert.

212

Epilog
Komet Shoemaker-Levy 9:
Was er uns angeht

Das Spektakel des auf Jupiter einhämmernden Kometen Shoemaker-Levy 9 war das große Nachrichtenereignis vom 17.–22.Juli. Wissenschaftler konnten ihre Begeisterung kaum bändigen, als sie dieses beispiellose Ereignis einer begierigen Welt beschrieben. Aber in der Aufregung des Augenblicks gingen einige sehr wichtige Punkte verloren. Die Hunderte von Frauen und Männern, die an Teleskopen rund um die Welt arbeiteten, betrachteten die Kometeneinschläge aus Gründen jenseits reiner Neugier. Jetzt, wo sich der Rauch von den Impakten selbst verzieht, beginnt die eigentliche wissenschaftliche Arbeit. Die Ergebnisse dieser Arbeit werden uns die Geburt und die Evolution von Planeten und die Wettermuster auf Jupiter besser zu verstehen helfen. Das scheint von wenig direktem Nutzen für uns zu sein, aber dieses Wissen mag sich einmal als wertvoll erweisen.

Die NASA hat unter anderem den Auftrag, das Sonnensystem zu erforschen. Seit 1958 hat eine ganze Generation von Wissenschaftlern genau dies getan, und die grundlegendste aller Fragen, die unsere Untersuchungen antreibt, ist: Wie ist es entstanden? Diese Frage wird gestellt, seit Kopernikus die Welt überzeugt hat, daß die Planeten die Sonne umkreisen und um eigene Achsen rotieren und daß die Dimensionen des Sonnensystems klein gegenüber den Distanzen zu den Sternen und dem Rest des Universums sind.

213

Von den Apollo-Mondmissionen haben wir gelernt, daß die Krater, die die Oberfläche des Mondes zernarben, von zahllosen Einschlägen über Milliarden von Jahren hinweg herrühren. Die Hauptquellen der kleinen Projektile sind Asteroiden, die in einem Schwarm zwischen Mars und Jupiter hausen, und Kometen, Überreste der frühen Bildung des Sonnensystems, die in der Kälte fern der Sonne gelagert werden. Seit den Apollomissionen wird über eine bedeutende Rolle der Kometen und Asteroiden bei der Zusammenballung der Planeten und der Entwicklung von Atmosphären nachgedacht . Wissenschaftler und die Öffentlichkeit der ganzen Welt hatten nun die Möglichkeit, diesen Prozeß der Planetenbildung direkt zu beobachten! Wir waren bereit, das Ereignis aufzuzeichnen, um besser zu verstehen, wie dieser Prozeß funktioniert. Wir werden die nächsten paar Monate damit zubringen, unsere Daten zu kalibrieren. Dann werden wir die ersten Resultate vorstellen – die im Kontext der physikalischen Gesetze gesehen werden müssen. Wenn unsere wissenschaftlichen Beobachtungen nicht mit unseren Voraussagen übereinstimmen, dann verstehen wir die dahinterstehende Physik nicht. Wir müßten dann unser Modell erneut modifizieren.

Warum? Wen stört's, wenn wir die atmosphärische Zirkulation, das Wetter, auf Jupiter nicht verstehen? Was schadet's, wenn wir nicht verstehen, wie energiereiche Teilchen von der Sonne mit der Hochatmosphäre des Jupiter wechselwirken und elektrische Stürme auslösen? Inwiefern betrifft uns das? Es betrifft uns nicht unmittelbar, aber eines Tages vielleicht doch. Die Gesetze der Physik, die die Atmosphäre des Jupiter antreiben und elektrische Stürme und die Aurora erzeugen, sind dieselben, die das Wetter auf der Erde steuern. Wenn wir verstehen, wie diese Systeme auf anderen Planeten funktionieren, dann können wir unser Verständnis der physikalischen Prozesse einsetzen, um Phänomene vorauszusagen, die uns auf der Erde angehen. Die Voraussage eines starken Sturms kann Menschenleben retten und den finanziellen Schaden von zerstörtem Eigentum verringern.

Wissenschaftler werden oft aufgefordert, ihre Forschung auf Gebiete zu lenken, die die Lebensqualität für uns hier auf der Erde verbessern. Doch die Grundlagenforschung, die oft die Natur als

Experimentallabor benutzt, ist ein lebenswichtiges Element in demselben Prozeß, an dessen Ende angewandte Forschung das Leben auf der Erde bereichert. Die Erforschung des Sonnensystems bietet eine Methode, um die wissenschaftliche Korrektheit von Modellen der Systeme der Erde zu testen, die lebenswichtig für unser Überleben und den Erhalt eines bewohnbaren Planeten sind.

Schließlich können uns die Kometenkollisionen helfen, einige astronomische Tatsachen besser zu verstehen. Kürzlich haben z.B. Studien die Größe der Gefahr für die Erde durch kosmische Projektile untersucht. Zeuge der Kollision von Shoemaker-Levy 9 mit Jupiter zu sein, hilft uns, die Realität einer solchen Gefahr zu begreifen. Diejenigen von uns, die Jupiter gesehen haben, waren voller Ehrfurcht, als sich das Gesicht des größten Planeten des Sonnensystems vor unseren Augen veränderte. Obwohl die Energie der Kometeneinschläge beeindruckend war – man schätzte 100 Millionen Megatonnen –, im Maßstab des ganzen Universums war sie dürftig. Jede Sekunde setzt die Sonne 3800mal die Energie der Kollisionen frei! Und die Energie einer Supernovaexplosion übertrifft die Kollisionen um 20 Größenordnungen. Es gibt am Himmel eine Menge zu erforschen, und wir können viel von den Kometeneinschlägen lernen. Ich hoffe, daß der Leser dieselbe Ehrfurcht vor den Vorgängen im Universum wie die beobachtenden Wissenschaftler empfunden hat.

Lucy McFadden
Koordinatorin der Beobachtungskampagne
von Shoemaker-Levy 9

Anhang 1
Eine kurze Geschichte
der Beobachtung Jupiters

Schon lange vor der schicksalhaften Begegnung des Kometen Shoe-maker-Levy 9 mit Jupiter war diese gigantische Welt ein Favorit für Teleskopbeobachter, nur zwei Planeten entfernt. Jupiter ist hell. Zudem erscheint er durch das Okular des Teleskops heller als irgend etwas sonst im Sonnensystem, abgesehen von Sonne, Mond und Venus. Ferner ist, außer wenn der Gigant gerade von der Sonne bedeckt wird, stets seine ganze Scheibe sichtbar, voll von der Sonne beschienen.

Aber zu Jupiters Popularität trägt mehr als die Leichtigkeit bei, mit der er beobachtet werden kann. Ein geduldiger Beobachter hat die Strukturen, die auf einer toten und unveränderlichen Welt wie dem Mond zu erkennen sind, schnell kennengelernt, und Langeweile macht sich breit. Die anderen Planeten bieten nur frustrierend vage Details oder – im Fall der Venus – nichts als eine strukturlose Scheibe. Im Vergleich dazu ist Jupiter mit Details übersät! Sowohl in Sachen Farbigkeit als auch Kontrast übertrifft der Planet jede andere teleskopisch wahrnehmbare Welt.

Dazu kommt, daß sich Jupiters Anblick ständig verändert. Ein Beobachter kann wieder und wieder zu seiner Scheibe zurückkehren und immer wieder etwas Neues entdecken. So überrascht es nicht, daß Astronomen und Teleskopbauer Jupiter benutzt haben, um ihre neuen

Instrumente zu testen, seit es Fernrohre gibt. Mehr als drei Jahrhunderte lang hat Jupiters wechselhaftes Gesicht Astronomen erstaunt, verwirrt und herausgefordert.

Dank der Anstrengungen von Jupiterfans, vor allem in Europa, besitzen wir eine fast lückenlose Aufzeichnung der Flecken und anderer Gebilde, die auf der Planetenscheibe zwischen dem 17. Jahrhundert und jetzt erschienen sind. Die meisten dieser Aufzeichungen sind älter als die Photographie. Sie stammen durchweg von Amateurastronomen, die endlose Stunden der Müdigkeit, Kälte und bewegungsloser Unbequemlichkeit am Okular zugebracht haben. Dabei hofften sie auf jene vergänglichen Augenblicke guter Sichtbedingungen, wenn die Erdatmosphäre für einen Moment stabil wird und plötzlich feines Planetendetail enthüllt. Und sie sahen es als ihre Aufgabe, Beschreibungen und Zeichnungen (meist mit verkrampften, kalten und steifen Fingern zu Papier gebracht) zu hinterlassen, die bis heute erhalten worden sind. Das Ergebnis ist der historische Kontext des Bildes, das uns Jupiter während der Shoemaker-Levy 9-Einschläge bot.

Wer weiß schon genau, wann ein Teleskop zum ersten Mal auf Jupiter gerichtet wurde. Nachdem er es mit erfunden hatte, konnte es Galileo Galilei (1564–1642) offenbar nicht abwarten, das neue Gerät auf den großen «Wandelstern» am Himmel, auf Jupiter, zu richten. In *Siderius Nuncius* schrieb er: «Am 7. Tag des Januars in diesem Jahr 1610, in der ersten Stunde der Nacht, als ich die himmlischen Körper mit einem Teleskop betrachtete, präsentierte sich mir Jupiter selbst...» Doch dann fesselt ihn die Entdeckung der vier *Monde* von Jupiter so, daß er den *Planeten* selbst nicht mehr erwähnt.

Francesco Fontana (1602–1656) betrachtete Jupiters Scheibe selbst, mit Unterbrechungen, von Neapel aus zwischen 1630 und 1646. Er war der führende Teleskophersteller in Italien, jedenfalls bis in die 1640er Jahre, als ihn Galileos Protegé Evangelista Torricelli (1608–1647) überholte. Verschiedene Quellen schreiben Fontana, Toricelli oder dem jesuitischen Theologen Zucchi das erste Aufspüren von Jupiters dunklen Bändern in den 1630er Jahren zu. Ein anderer Geistlicher, Francesco Grimaldi (1618–1663) zeigte 1648, daß die beiden Bänder parallel zueinander waren. Sie sind auch auf der ersten

218

je veröffentlichten Jupiterzeichnung zu sehen: Das große Nordäquatorband (NEB) erscheint in Christiaan Huygens' (1629–1695) *Systema Saturnium* von 1659. Dieses Buch ist freilich berühmter dafür, daß es eine akkurate Beschreibung der Saturnringe enthielt.

Der erste, der tatsächlich Bewegungen auf Jupiter sah, war vermutlich Grimaldis Mentor, Giambattista Riccioli (1598–1671). Riccioli untersuchte Sonnenflecken, Doppelsterne und die Planeten. Als Jesuit war er gegen Galileo, der das Weltmodell Kopernikus' (1473–1543) mit der Sonne im Mittelpunkt unterstützte. In dem auch heute noch gebräuchlichen System zur Nomenklatur des Mondes, das Ricchioli und Grimaldi einführten, wurde ein besonders kleiner und unscheinbarer Krater nach Galileo benannt. Ricchioli wollte unbedingt Galileos Theorie, daß die Galileischen Monde um Jupiter kreisten, widerlegen. Wenn sie etwas anderes als die Erde umkreisen würden, dann widerspräche das dem geozentrischen Universum, das seine Kirche vorschrieb. Doch am Ende stieß Ricchioli sogar auf einen weiteren Beleg für die Richtigkeit von Galileos Deutung der Lichtpunkte bei Jupiter: die Schatten, die sie auf den Planeten werfen, wenn sie vor ihm vorbeiziehen.

Giovanni Cassini (1625–1712) war der erste, der die Scheibe Jupiters korrekt beschrieb. Cassini war Schüler von Ricchioli. Man nennt ihn manchmal Cassini I, um ihn von den anderen Mitgliedern der patrilinearen Dynastie zu unterscheiden, die er an der Sternwarte Paris begründete. Cassinis erste Beschäftigung war die Ephemeridenberechnung für einen Astrologen, aber schon früh in seiner Karriere entwickelte er ein besonderes Interesse für die Beobachtung der Planeten Jupiter und Saturn. Cassini entdeckte schließlich vier Saturnmonde und eine große Teilung in den Ringen des Planeten – eine derzeit von NASA und ESA gebaute Saturnsonde ist Cassini getauft worden.

Cassini fiel als erstem auf, daß Jupiter nicht kugelrund war. Nach seinen Messungen war Jupiter an seinem Äquator breiter als von Pol zu Pol. Diese Messung bestätigte eine Voraussage, die Isaac Newton (1642–1727) gemacht hatte, als er über das Schicksal eines hypothetischen Planeten aus flüssigem Wasser nachdachte, der schell um seine Achse rotierte.

219

Das Verdienst der ersten Beobachtung eines zu Jupiter selbst gehörenden Flecks gebührt entweder Cassini oder Robert Hooke (1635–1702). Die erste richtige wissenschaftliche Zeitschrift der Welt, die *Philosophical Transactions Of The Royal Society*, wurde just zur rechten Zeit gegründet, um diese Kontroverse in ihrem ersten Band zu dokumentieren. Sie ergriff nachdrücklich für Hooke Partei, einer Art britischem Helden, der zusammen mit Christopher Wren London wiederaufbaute. Zu einer Zeit, als Fairness in der Presse noch ein Fremdwort war, wurde Cassinis Werk abfällig dargestellt.

Hooke fand «am neunten Mai 1664 ... einen kleinen Fleck im größten der drei obskureren Bänder Jupiters». Er sah «zwei Stunden später, daß sich besagter Fleck von Osten nach Westen bewegt hatte, ungefähr einen halben Jupiterdurchmesser».

In Wirklichkeit hatte Hooke nur behauptet, zwei Flecken – die Mondschatten waren – am 30. Juli 1664 gesehen zu haben, und er hatte vorgeschlagen, daß auch andere Astronomen nach ihnen Ausschau halten sollten.

Auf jeden Fall war Cassinis Sichtung eines «permanenten Flecks» im Jahre 1665 die bedeutendere Beobachtung. Seine wiederkehrende Passage, Transit genannt, über die Scheibe bewies nicht nur, daß Jupiter rotierte, sie erlaubte Cassini auch, die erste zuverlässige Rotationsperiode des Planeten zu bestimmen, mit der Zeit von einem Transit zum nächsten als einem Jupitertag.

Weitere ausführliche Beobachtungen erlauben Cassini die verbesserte Bestimmung von Jupiters Rotationsperiode. Schließlich glaubte er, so präzise geworden zu sein, daß er die Flecken Jupiters als Uhren vorschlug, mit deren Hilfe Navigatoren die Länge auf der Erde feststellen könnten. Das wäre allerdings keine gute Idee gewesen, denn Cassini glaubte nicht an die Endlichkeit der Lichtgeschwindigkeit. Die Zeitnahme des Navigators von einem Fleckentransit wäre von Cassinis Voraussage abgewichen, je nachdem wie weit Jupiter von der Erde entfernt war.

Gegen Ende seiner Laufbahn hatte Cassini viele Flecken und bis zu sechs Bänder auf Jupiter gesichtet. Doch die Bänder schienen in beliebiger Weise zu kommen und zu verschwinden. Manchmal waren sie in den hohen Breiten nur noch teilweise zu sehen. Nur das Nordäquatorband blieb mehr oder weniger konstant. Cassini schlug vor, daß es sich um eine ortsfeste Wolkenschicht handelte, die über einem See auf Jupiter kondensiert war.

Giovanni Cassini begründete die lange Tradition, die Bewegung der Flecken über den Riesenplaneten zu verfolgen. Bis ins 20. Jahrhundert blieben die Flecken die wichtigsten Indikatoren für Jupiters Rotationsperiode. Man prägte sich ihr Aussehen ein, um sie immer wieder zu finden und die Rotationsperiode noch genauer zu messen. Diese Vorgehensweise beleuchtet, wie man sich die physische Natur Jupiters damals vorstellte: Weil man annahm, daß der Planet, wie die anderen gut beobachteten Planeten des Sonnensystems (d.h. die Erde und der Mond), eine *feste* Oberfläche hatte, mußte es auch *eine* Rotationsperiode geben. So war es befremdlich, daß verschiedene Beobachter, die zu verschiedenen Zeiten verschiedene Flecken beobachteten, zu unterschiedlichen Rotationsperioden gelangten! Man pflegte die Widersprüche aber einfach unter den Teppich zu kehren und als Meßfehler abzutun.

Im 18. Jahrhundert wurde dann erkannt, daß sich gewisse Flecken wie Phänomene der Erdatmosphäre verhielten – wieder eine Erd-Analogie – und in globalen Wolkenmustern, in Zonen eingebettet waren. Mit anderen Worten: Sie entsprachen Stürmen. Obwohl die permanenten Wolkenmuster den Blick auf wirklich an einer angenommenen Oberfläche verankerte Strukturen verwehren mochten, gaben die Jupiterbeobachter die Hoffnung nicht auf, Löcher in der Wolkendecke zu erspähen, die einen Blick auf die Oberfläche ermöglichten.

Den dunklen Bändern Jupiters schenkte man besondere Beachtung. Man nahm an, daß es sich bei ihnen um Lücken in einer hohen, weißen Wolkendecke und damit um «Fenster» in die Tiefe handelte. Die Beobachter des 18. Jahrhunderts konnten nicht ahnen, daß dies tatsächlich der Fall war, doch die Bänder erlauben nicht etwa den Blick auf eine feste Oberfläche, sondern einfach auf tiefere, dunklere Wolken.

Vor 200 Jahren glaubten die Jupiterbeobachter, daß dunkle Flecken bedeutender waren als helle (und die Shoemaker-Levy-Flecken hätte man fraglos als Löcher interpretiert, die die Kometen in die Planetenatmosphäre geschlagen haben). Helle Flecken interessierten nur für die Rotationsmessung. Man maß dabei großen, wohldefinierten Gebilden in der Nähe des Äquators mit Abstand die meiste Bedeutung bei. Strukturen, die diffuser waren oder geringeren Kontrast hatten und in den mittleren Breiten zu finden waren, pflegte man wegen instrumenteller Beschränkungen überhaupt nicht wahrzunehmen oder einfach zu ignorieren.

Die meisten der frühen veröffentlichten Beobachtungen des Riesenplaneten, die nicht direkt mit der Rotationsmessung zusammenhingen, waren einfach Routineeinträge in Beobachtungsbüchern. Charles Messier (1730–1817) zum Beispiel, der berühmte Kometenjäger, unterbrach seine Durchmusterungen des Himmels zuweilen, um einen Blick auf Jupiter zu werfen und Mondtransits, Schattendurchgänge und den Anblick des «oberen Bandes» und des «mittleren Bandes» aufzuzeichnen.

Der führende englische Astronom des 18. Jahrhunderts war ein fleißiger Autor, aber William Herschel (1758–1822) schrieb – 1781 – nur eine einzige Arbeit über Jupiter, und selbst dabei ging es überwiegend um astronomische Zeitmessung. Herschel stellte sich die Frage, ob die Rotation der Erde und damit die Länge des Tages – Grundlage aller Zeitbestimmung – eigentlich konstant war. Er machte sich Sorgen, daß geringe Schwankungen der Erddrehung übersehen werden könnten: Was wäre zum Beispiel, wenn sich ein anderer Himmelskörper scheinbar im Weltraum verlangsamte? War das der Widerstand des damals weithin angenommenen interplanetaren Äthers, der den Körper abbremste, oder täuschte eine Störung der Erdrotation und mithin eine Schwankung der wahren Längen von Stunden, Minuten und Sekunden die Verlangsamung nur vor? Angenommen, die Erde habe nun eine nur angenähert konstante Umdrehungsperiode, dann sollte dasselbe auch für die anderen Planeten gelten. Um zu einer wirklich objektiven Zeit zu kommen, schlug Herschel vor, daß man die Rotationsperioden der Planeten beobachten und gegeneinander vergleichen sollte.

Herschel betrachtete zunächst die schon getane Arbeit in Sachen Planetenrotation (er selbst war es gewesen, der erstmals die Periode

222

des Saturn abgeschätzt hatte). Cassinis Jupitertag befand er als nicht genau genug, und er führte dies auf die Tatsache zurück, daß Jupiters Flecken ihr Aussehen zu oft änderten. So klagte er 1781: «Nicht nur die dunklen Flecken, die man für große Anhäufungen von Dämpfen und Wolken in der Jupiteratmosphäre hält, ändern ihre Orte, sondern auch die hellen, die vielleicht fest mit dem Körper Jupiters zusammenhängen, verändern sich, indem sie mal auf der einen, dann der anderen Seite von Veränderungen in den Bändern abgedeckt werden.» Offenkundig gab es Erschwernisse bei der Untersuchung der Gebilde auf Jupiter, an die man noch nicht gedacht hatte.

Herschel selbst experimentierte mit dem Timing von hellen und dunklen Flecken auf Jupiter und kam auf unterschiedliche Perioden. Er erwog die Möglichkeit, daß äquatoriale Winde auf Jupiter denen auf der Erde entsprächen und verschiedenen atmosphärischen Strukturen verschiedene Geschwindigkeiten verleihen könnten. Herschel glaubte, daß die Winde auf dem Giganten Jupiter mit enormen Geschwindigkeiten wehen müßten, verglichen mit ihren irdischen Gegenstücken. Am Ende schloß er, daß *kein* Flecken-Transitintervall (Rotation plus lokale Windgeschwindigkeit) die Bewegung der darunter versteckten «Oberfläche» repräsentierte.

Zu guter Letzt befand Herschel, daß der Mars die attraktivere himmlische Uhr sei. Die Strukturen, die er auf dieser näheren Welt wahrnehmen konnte, schienen in Form wie Farbe konstant zu sein, im Gegensatz zu den vergänglichen auf Jupiter. Bei Mars konnte man leichter glauben, daß die Strukturen fest auf dem Planeten saßen.

Die Herrschaft der Cassinis war um 1800 beendet. Das Zentrum der Jupiterbeobachtungen verschob sich vom Pariser Observatorium zu mehreren kleineren Einrichtungen in Deutschland. Der Aufstieg der deutschen Astronomen zu Weltgeltung hatte bereits früher begonnen. Herschel selbst stammte ja aus Hannover und war nur ausgewandert, als die Franzosen das herzogliche Haus besetzten.

Der erste bedeutende deutsche Planetenastronom war Johann Schröter (1745–1816), ein Rechtsanwalt aus Hannover. Ein Treffen mit der Familie Herschel belebte Schröters Interesse an der Astronomie neu. Nachdem er 1781 Chefmagistrat von Lilienthal geworden war,

223

hatte er die Zeit und die Mittel, um seinem Hobby nachzugehen. Schröter registrierte nicht nur den Anblick der alten und neuen Jupiterbänder, er zeichnete auch Veränderungen ihrer Albedos auf. Er erforschte die Rotationsrate Jupiters mit großer Genauigkeit, indem er südäquatoriale Flecken mit einem Mikrometer vermaß. Einige schienen zu beschleunigen und wieder abzubremsen! Schröter spekulierte, daß die Jupiteratmosphäre und mit ihr auch die Flecken zu bestimmten Zeiten schneller rotierten und zu anderen wieder langsamer – eine einzige Rotationsperiode für Jupiter war eindeutig ein Hirngespinst.

Ein anderer deutscher Planetenbeobachter war Johann Mädler (1794–1874); wie viele Astronomen hatte er sich den Planeten zugewandt, nachdem er in seiner Jugend einen Kometen gesehen hatte. Während er viel Arbeit der fruchtlosen Rotationsvermessung opferte, schrieb Mädler auch darüber, wie Jupiter aussah. Viele seiner Arbeiten verfaßte er zusammen mit seinem Gönner, einem Bankier namens Wilhelm Beer (1797–1850).

Mädlers erster Beitrag war eine kleine Notiz im November 1834. Darin erwähnte er, daß sich «auf der Jupiterscheibe außer anderen Flecken zwei sehr schwarze und scharf begrenzte in sehr geringer Entfernung von der nördlichen Äquatorzone zeigen». Der nachfolgende Fleck wuchs, während ihn Mädler und Beer verfolgten, bis zum April 1835. Die beiden wußten nicht, daß George Airy (1801–1895) zu dieser Zeit ebenfalls Jupiter beobachtete, kurz bevor er zum Astronomer Royal in England ernannt wurde. Er beschrieb «einen bemerkenswerten Fleck im scheinbaren südlichen Band, bald viermal so groß wie der Schatten des ersten Mondes, sehr gut definiert. Rund zwei Drittel seiner Breite lag scheinbar unterhalb des Bandes, ein Drittel darüber.» Am 13. Dezember gab es da «zwei Flecken auf dem scheinbaren unteren Band, beide gut definiert».

Airys Beschreibung dieser Flecken entspricht der von Mädler und Beer, womit wir den ersten Fall simultaner Beobachtungen von Strukturen auf Jupiter haben. Ort, Dunkelheit und ihr mehrfaches Vorkommen legen nahe, daß es sich um Beispiele zyklonischer Gebilde handelt, die «barges» (Flachboot) genannt werden. «Barges» sind

224

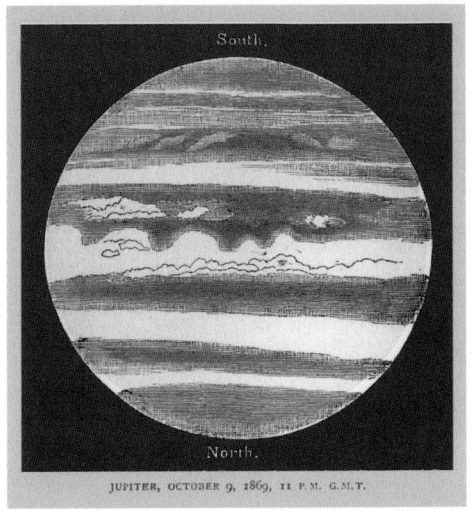

JUPITER, OCTOBER 9, 1869, 11 P.M. G.M.T.

Der englische Instrumentenmacher John Browning (1835–1929) zeichnete Jupiter, wie er durch sein Teleskop am 9. Oktober 1869 erschien. Dieser Holzschnitt wurde im ersten Band der Zeitschrift *Nature* wiedergegeben. Man beachte die großen, dunklen Gebilde in Jupiters südlicher Hemisphäre. Hätte eine Zeichnung der Shoemaker-Levy-9-Flecken aus dem 19. Jahrhundert wohl ähnlich ausgesehen?

relativ leicht zu sehen, weil sie einen hohen Kontrast zu ihrer Umgebung haben. Für Beobachter im frühen 19. Jahrhundert mußten sie besonders bedeutsam erscheinen, glaubte man doch immer noch, bei dunklen Flecken schaue man besonders tief in die Atmosphäre und sähe den «wahren» Jupiter.

Gegen Mitte des 19. Jahrhunderts endete die deutsche Dominanz in der Planetenbeobachtung und verlagerte sich erst nach England und dann nach Amerika. William Lassell (1799–1880), ein Engländer, der vom Brauer zum Astronomen geworden war, ist bekannt für seine Entdeckung des Neptunmonds Triton 1848 und den Fund zweier Uranusmonde 1851. Dazwischen, am 27. März 1850, machte er eine andere Art von Entdeckung. Bei Beobachtungen mit einem der in Mode gekommenen Reflektorteleskope entdeckte Lassell eine Reihe heller weißer Flecken in den südlichen gemäßigten Breiten Jupiters, wie sie noch nie zuvor gesehen worden waren. Während der Planet rotierte, behielten diese Flecken ihre räumliche Orientierung zueinander bei und mußten daher zu Jupiter selbst gehören.

Lassells Flecken bildeten ein Zickzackmuster über die Südtemperierte Zone. Diese auffälligen weißen Flecken sind mit denen identisch, die man heute noch auf Voyager- und Hubblebildern sieht, nur

225

ihre Größe stellte er übertrieben dar. Lassells Flecken waren damit keine Besonderheit, sondern die Manifestation eines oft auftretenden Phänomens. Jetzt, da Jupiter immer häufiger beobachtet wurde, begann man das wiederholte Auftreten bestimmter Arten von Flecken und anderer Strukturen bei bestimmten Breiten wahrzunehmen.

Ein Landarzt und Teilzeitpfarrer namens William Dawes (1799–1868) beschrieb ebenfalls ein Jupiterphänomen, das wir auch heute noch kennen. Während er Lassells weiße Flecken beobachtete, zeichnete er «festoon-shaped shadings» unterhalb des Nordäquatorbandes auf und verglich sie mit «fünf großen und nahezu regelmäßigen Bögen», die das Südäquatorband eindellten. In der modernen Nomenklatur werden bogenartige Wolkenstrukturen, die über den Äquator Jupiters ausgebreitet sind, «plumes» genannt. Wenn sie einzeln auftreten, mag ihre gekrümmte Natur nicht auffallen, und man nennt sie «streaks». Wenn sie sich dagegen periodisch rund um den Planeten gruppieren und paarweise auftreten, entsteht der Eindruck von Bögen.

Ab den 70er Jahren des 19. Jahrhunderts gab es zahlreiche Berichte, daß sich die Bänder Jupiters von hellen in dunkle verwandelten oder sich aufspalteten – und alles innerhalb kurzer Zeit. Offenkundig waren es sehr oberflächliche Gebilde, und der substantiellere Aspekt von Jupiter waren seine Winde. Seit dem späten 19. Jahrhundert ist die Dynamik von Jupiters energiereicher Atmosphäre lange und regelmäßig genug dokumentiert, um zu beweisen, daß die enormen Winde Jupiters konstant als Funktion der Länge sind und sich nicht vom Gang der Jahreszeiten beeinflussen lassen. Trotz vieler Versuche, Jupiter mit der Erde zu vergleichen, mußte man endlich einsehen, daß Jupiter seine Energie aus dem Inneren bezieht und eher Ähnlichkeiten mit der Sonne aufweist.

Es war der November 1878, als Carr Pritchett (1837–1888) nach vergeblicher Suche in der Literatur nach dem, was er gesehen hatte, beschloß, an den Herausgeber der neuen Zeitschrift *Observatory* zu schreiben. Er schilderte das Gebilde, das er als erster auf Jupiter gesehen hatte – erstmals in der Nacht des 6. Juli 1878 –, als eine «elliptische wolkenförmige Nase, abgesetzt von der generellen Form der Bänder. Diese Wolke war nahezu perfekt oval und ausgesprochen

226

rosa gefärbt. Aber die bemerkenswerteste Eigenschaft war die rasche Eigenbewegung dieser elliptischen Wolke.

Pritchett hatte zweifelsfrei gesehen, was wir heute als Großen Roten Fleck kennen – und nahezu gleichzeitig fand ihn die Gemeinschaft der Planetenbeobachter auf der ganzen Welt. Viele, die ihn erst übersehen hatten, fanden ihn in ihren Beobachtungsnotizen wieder, sobald sie von Pritchetts 1879 veröffentlichtem Bericht hörten. Eine Suche in älteren Aufzeichnungen zeigte, daß der Große Rote Fleck seinen mysteriösen Farbstoff schon jahrzehnte- wenn nicht jahrhundertelang aus den Tiefen Jupiters gefördert hatte – selbst Cassinis «Permanenter Fleck» könnte er gewesen sein. Seine Natur als einzelner, langlebiger Fleck war einfach nicht erkannt worden, bevor er 1878–1882 seinen noch nie dagewesenen Farbton annahm. Über 12 Jahrzehnte lang ist der GRF nun schon kontinuierlich beobachtet worden – bis 1994 war er das einzige Gebilde, dessen Größe an die Shoemaker-Levy-9-Flecken heranreichte.

Auch im 20. Jahrhundert bot Jupiter seinen Betrachtern neue «Tricks». Im Jahre 1939 sahen Beobachter rund um den Erdball, wie sich das damals helle Südtemperierte Band in drei Segmente aufspaltete, die dann zu weißen Ovalen zusammenschrumpften. Diese antizyklonartigen Flecken gibt es auch heute noch, und sie bilden einen markanten Kontrast gegenüber den dunklen Shoemaker-Levy-9-Flecken südlich davon.

Man stelle sich vor, der Komet sei nicht entdeckt worden. Irgendwo auf der Welt schaut dann am 16. Juli 1994 eine Astronomin (höchstwahrscheinlich aus der Kategorie Amateur und bestückt mit einem bescheidenen Teleskop in ihrem Garten) auf Jupiter, wie so viele Male zuvor. Aber in dieser Nacht, wie es schon so oft in seiner Geschichte geschehen ist, zeigt sich Jupiter wie noch nie zuvor. Neue dunkle Flecken enormer Größe rotieren ins Blickfeld. Unsere Jupiterbeobachterin reagiert erst überrascht, dann erfreut. Und nachdem sie die Szene mit der Hand festgehalten hat, so wie all ihre Vorgänger über Jahrhunderte hinweg, läuft sie zum Telefon oder Computer, um die Entdeckung der auffälligsten Flecken aller Zeiten auf Jupiter weiterzugeben – ihr Ursprung: unbekannt!

Thomas A. Hockey   227

Eine kurze Geschichte der Beobachtung Jupiters

Anhang 2
Die Zukunft der Kometen-
forschung

Die Erfolge der internationalen Raumflugmissionen zu den Kometen Halley und Giacobini-Zinner Mitte der achtziger Jahre lösten eine Vielzahl von Überlegungen und Planungen aus, jene Zeugen aus der Frühzeit unseres Planetensystems gezielter zu erforschen. Sicherlich sind die Schweifsterne eine Art ‹kosmischer Gefriertruhen›, in denen Materie als konservierte Botschaft aus der Vergangenheit verborgen ist. Ein anderer Aspekt weist für Diedrich Möhlmann von der Deutschen Forschungsanstalt für Luft- und Raumfahrt (DLR) direkt auf die Entwicklungsgeschichte der Erde hin: «Ein Großteil des Wassers der Ozeane stammt von Kometen , die als ‹schmutzige Schneebälle› auf die Erde trafen – und die eben mit dem Wasser eine entscheidende Grundlage für die Entwicklung des Lebens geliefert haben.» Das weltweite Interesse von Wissenschaft und Öffentlichkeit an der ‹Feuerbestattung› des Subkometen Shoemaker-Levy 9 auf Jupiter dürfte zu neuen Perspektiven für die Kometenforschung im besonderen und die Planetologie im allgemeinen führen.

Zur Erforschung der Kometen vor Ort bieten sich drei Möglichkeiten an: Vorbeiflüge (meist mit hohen Geschwindigkeiten) führen zu kurzfristigen Nahuntersuchungen, wie sie unter anderem von der ESA-Sonde Giotto (Halley) und dem NASA-Sendboten ICE (Giacobini-Zinner) durchgeführt wurden. Eine Rendezvous-Mission ermög-

Im Weltraumsimulator des Instituts für Raumsimulation (Quelle: DLR/Schmidt).

licht hingegen, einen Kometen über längere Zeit entlang seiner Bahn zu begleiten und – je nach Missionsziel – eventuell sein «Erwachen» bei der Annäherung an die Sonne zu verfolgen. Der Sinn von Landemanövern auf dem Kern könnte sein, Gesteinsproben einzusammeln, die gegebenenfalls auf der Erde ausgewertet werden könnten.

Mehrere in der Vergangenheit diskutierte Kometenmissionen kamen über die Planungsphase nicht hinaus oder wurden, wie die CRAF-Idee der NASA (Comet Rendezvous and Asteroid Flyby), Opfer finanzieller Probleme. Das im Frühjahr 1992 gestrichene CRAF-Unternehmen hatte den Kometen Kopff und den Asteroiden Hamburga zum Ziel. Nach dem für August 1995 geplanten Start wäre die Raumsonde zunächst im Januar 1998 an Hamburga vorbeigeflogen und hätte Kopff im August 2000 erreicht. Das Vehikel sollte den Kometen

230

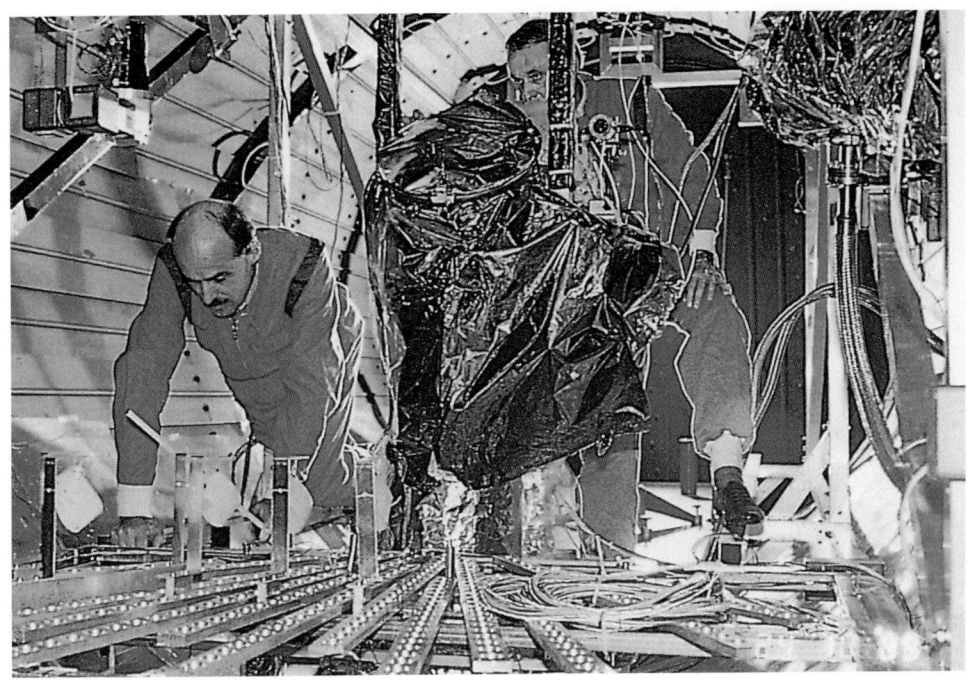

Zwei Wissenschaftler des Kometensimulations-Teams (KOSI) während der Integration ihres Experimentes im Weltraumsimulator des Instituts für Raumsimulation. DLR-Forschungszentrum Köln-Porz (Quelle: DLR/Kochan).

eine Zeitlang begleiten, seine verschiedenen Aktivitätsphasen beobachten und zudem ein Projektil mit wissenschaftlichen Instrumenten (Penetrator) in seine Oberfläche schießen. Die Mission sollte bis in das Jahr 2003 andauern.

Eine Kometenmission, die tatsächlich realisiert werden soll, stammt dagegen aus dem neuen «New-Millenium»-Programm der NASA, das in erster Linie der Erprobung kostensparender neuer Raumfahrttechnik dient. Bereits 1998 soll die 100-kg-Sonde ‹Deep Space One› als erster Vertreter dieser neuen Sondenklasse auf die Reise zu einem Asteroiden und einem Kometenkern gehen und dabei erstmals ausschließlich einen solarelektrischen Antrieb verwenden. Auch die Kamera an Bord ist ungewöhnlich: Das abbildende Spektrometer hat

231

nur 1/10 der bisher in der Planetenerkundung üblichen Masse und soll doch eine vergleichbare Leistung liefern.

Wesentlich aufwendiger ist dagegen die in einem fortgeschrittenen Entwicklungszustand befindliche Rosetta-Mission der Europäischen Weltraum-Agentur (ESA). Sie ist ein Projekt innerhalb des Langzeitprogramms «Horizont 2000» und wird mit ziemlicher Sicherheit auch durchgeführt werden. Der Start des Instrumententrägers ist für das Jahr 2003 vorgesehen. Nach einer Flugdauer von acht Jahren soll die Sonde im März 2011 den Kometen Wirtanen erreichen, in eine Umlaufbahn einschwenken und auf dem Kern zwei Lander, darunter vielleicht einen aus Deutschland namens ‹Roland› absetzen. Das Zielobjekt gehört mit einer Umlaufperiode von 5,5 Jahren zu den kurzperiodischen Kometen. Ausgerüstet mit Bohrinstrumenten, soll ‹Roland› etwa ein Jahr lang seine Daten über eine Distanz von mehreren 100 Millionen Kilometern zur Erde übertragen.

Bei der DLR in Köln-Porz sind inzwischen Vorversuche für die Rosetta-Mission im Gange. So wird in einer Weltraumkammer bei etwa minus 180 Grad Celsius ein künstlicher Komet nachgebildet und dessen Struktur untersucht. Insbesondere die bisher noch unbekannte Festigkeit von Kometenoberflächen ist für Landeunternehmen von größter Bedeutung. Da ein solch kleiner Himmelskörper keine nennenswerte Schwerkraft ausübt, muß das Landegerät über einen entsprechenden Mechanismus verfügen, der es am Boden hält. In den jetzt angelaufenen Untersuchungen wird eine Konstruktion getestet, die ähnlich wie eine Harpune funktionieren soll.

Nach den Ergebnissen der Halley-Missionen mußte Whipples Kometenmodell korrigiert werden – vom ‹dreckigen Schneeball› zum ‹eisigen Dreckball›. Während aber die Kometenforschung auf reine Beobachtungen und theoretische Berechnungen angewiesen ist, sind die Laborversuche am Institut für Raumsimulation der DLR (KOSI) weltweit die einzige Gelegenheit zu einer experimentellen Überprüfung. In den Versuchsreihen wurde eine aufgrund theoretischer Berechnungen zusammengestellte Mischung aus Eis, Mineralien und anderen Substanzen unter Vakuum und Weltraumtemperaturen einer simulierten Sonnenbestrahlung ausgesetzt. Dabei wurde bestätigt, daß

DER JUPITER CRASH

in Sonnennähe das Eis an der Kometenoberfläche verdampft, während dichtere Partikel wie Mineralien eine poröse Kruste bilden – sofern sie nicht vom Gasstrom mitgerissen werden.

In der Juli-Ausgabe (1994) der Zeitschrift *bild der wissenschaft* beschreibt Experimentator Klaus Thiel von der Abteilung Nuklearchemie der Universität zu Köln den Vorgang: «Bei einer frischen Probe verdampft zunächst das Eis der Oberflächenschicht. Zurück bleibt eine an flüchtigen Komponenten verarmte Staubschicht von weniger als einem Millimeter Dicke. Fast alle KOSI-Experimente zeigen, daß mit wachsender Bestrahlungsdauer die Dicke des Oberflächen-Staubmantels zunimmt... er kann schließlich so dick werden, daß jegliche Emission von Staubteilchen unterdrückt wird.» Zugleich stellte Thiel fest, daß aber selbst bei erloschener Aktivität durch erneute Bestrahlung der Mantel wieder aufbrechen und reaktiviert werden könne. Schließlich würde beim Überschreiten einer kritischen Gasemission eine erneute Staubemission einsetzen. «In dieser Phase kann es bei genügender Hangneigung der Oberfläche zum lokalen Abgleiten von Mantelschollen kommen», urteilt Thiel, «vergleichbar dem Abrutschen eines Schneebretts auf einem Luftkissen».

Die Landung auf einer Kometenoberfläche verspricht problematisch und spannend zugleich zu werden...

Die Zukunft der Kometenforschung

Literaturverzeichnis

Allgemeine Literatur über das Sonnensystem

Briggs, G. und F. Taylor: *Cambridge Fotoatlas der Planeten*, Franckh-Kosmos, Stuttgart.

Engelhardt, W.: *Planeten, Monde, Ringsysteme – Kamerasonden erforschen unser Sonnensystem*, Birkhäuser, Basel 1984.

Fischer, Daniel und Hilmar Duerbeck: *Hubble. Ein neues Fenster zum All*, Birkhäuser, Basel 1995.

Guest, J. et al.: *Planetologie*, Herder Verlag, Freiburg 1972.

Hahn, H.-M.: *Das neue Bild vom Sonnensystem*, Franckh-Kosmos, Stuttgart 1992.

Henbest, Nigel und Heather Couper: *Die Milchstraße*, Birkhäuser, Basel 1996.

Kippenhahn, R.: *Unheimliche Welten*, Deutsche Verlags-Anstalt, Stuttgart 1987.

Ksanfomality, L.: Planeten, MIR, Moskau 1985.

Moore, P. und G. Hunt: *Atlas des Sonnensystems*, Herder, Freiburg 1985.

Peterson, I.: *Was Newton nicht wußte. Chaos im Sonnensystem*, Birkhäuser, Basel 1994.

Planeten und Monde, Verlag Spektrum der Wissenschaft, Heidelberg 1988.

Schultz, L.: *Planetologie. Eine Einführung*, Birkhäuser, Basel 1993.

Smoluchowski, R.: *Das Sonnensystem*, Verlag Spektrum der Wissenschaft, Heidelberg 1985.

Asteroiden und Meteoriten

Bühler, R.W.: *Meteorite*, Birkhäuser, Basel 1988.

Cunningham, C.J.: *Introduction to Asteroids – The next Frontier*, Willmann-Bell, Richmond, Va. 1988.

Ekrutt, J.W.: *Die kleinen Planeten*, Kosmos-Bibliothek Nr. 296, Franckh-Kosmos, Stuttgart 1977.

Gehrels, T. (Hrsg.): *Asteroids*, University of Arizona Press, Tucson 1979.

Hahn, H.-M.: *Zwischen den Planeten*, Franckh-Kosmos, Stuttgart 1984.

Kowal, C.T.: *Asteroids – Their Nature and Utilization*, John Wiley & Sons, New York 1988.

Schmadel, L.D.: *Dictionary of Minor Planet Names*, Springer-Verlag, Heidelberg 1993.

Jupiter: der Gasriese

Gehrels, T. (Hrsg.): *Juptier*, University of Arizona Press, Tucson 1976.

Hunt, G.E. und P. Moore: *Jupiter*, Herder Verlag, Freiburg 1982.

Morrison, D. und J. Samz: *Voyage to Jupiter – NASA SP-439*, National Aeronautics and Space Administration, Washington D.C. 1981.

Peek, B.M.: *The Planet Jupiter*, Faber and Faber, London 1958.

Rogers, J.: *The Giant Planet Jupiter* (Practical Astronomy Handbooks 6), Cambridge University Press, Cambridge 1995.

Kometen

Brandt, J.C. und R.D. Chapman: *Rendezvous im Weltraum. Die Erforschung der Kometen*, Birkhäuser, Basel 1994.

Calder, N.: *Das Geheimnis der Kometen*, Umschau Verlag, Frankfurt/M. 1981.

Calder, N.: *Jenseits von Halley*, Springer-Verlag, Heidelberg 1994.

Kronk, G.W.: *Comets – A Descriptive Catalog*, Enslow Publishers, Hillside, New Jersey 1985.

Levy, D.: *Impact Jupiter*, Plenum Press, New York 1995.

Marsden, B.G.: *Catalog of Cometary Orbits*, Enslow Publishers, Hillside, New Jersey 1983.

Reichstein, M.: *Kometen – Kosmische Vagabunden*, Harri Deutsch, Leipzig 1985.

Sfountouris, A.: *Kometen, Meteore und Meteoriten*, Albert Müller Verlag, Zürich 1986.

Spencer, J.R. und J. Mitton (Hrsg.): *The Great Comet Crash*, Cambridge University Press, Cambridge 1995.

Tammann, G.A und P. Veron: *Halleys Komet*, Birkhäuser, Basel 1985.

West, R. und H. Böhnhardt: *European SL-9/Jupiter Workshop* February 13–15, 1995, ESO Conference and Workshop Proceedings No. 52, Garching 1995.

Whipple, F.L.: *The Mystery of Comets*, Smithsonian Institution Press, Washington, D.C. 1985.

Wilkening, L.L. *Comets*, University of Arizona Press, Tucson 1982.

236